21世纪高职高专系列规划教材

高职高专"十二五"规划教材

文化课系列

JISUANJI YINGYONGJICHU YU ANLIJIAOCHENG

计算机应用基础与案例教程

主 编◎张彩霞 崔雪炜

副主编◎解秀萍 冯 哲

参 编◎郑秀春 王 静 王黎玲

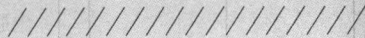

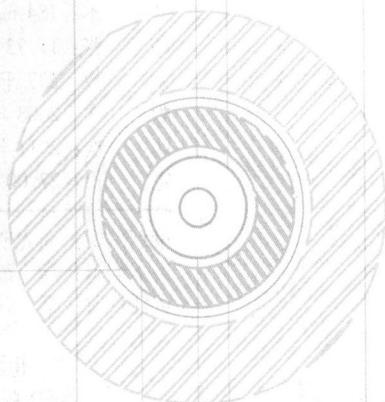

北京师范大学出版集团
BEIJING NORMAL UNIVERSITY PUBLISHING GROUP

北京师范大学出版社

图书在版编目(CIP)数据

计算机应用基础与案例教程/张彩霞,崔雪炜主编. —北京:北京师范大学出版社,2008.8(2011.4 重印)
(21 世纪高职高专系列规划教材)
ISBN 978 - 7 - 303 - 09359 - 5

Ⅰ.计…　Ⅱ.张…　Ⅲ.电子计算机 - 高等学校:技术学校 - 教材　Ⅳ. TP3

中国版本图书馆 CIP 数据核字(2008)第 091476 号

出版发行：北京师范大学出版社　www.bnup.com.cn
　　　　　北京新街口外大街 19 号
　　　　　邮政编码：100875
印　　刷：唐山市润丰印务有限公司
经　　销：全国新华书店
开　　本：184 mm×260 mm
印　　张：17.75
字　　数：237 千字
版　　次：2008 年 9 月第 1 版
印　　次：2011 年 4 月第 3 次印刷
定　　价：27.00 元

策划编辑：周光明　　　责任编辑：周光明
美术编辑：高　霞　　　装帧设计：李尘工作室
责任校对：李　菡　　　责任印制：孙文凯

出 版 说 明

  随着我国经济建设的发展，社会对技术型应用人才的需求日趋紧迫，这也促进了我国职业教育的迅猛发展，我国职业教育已经进入了平稳、持续、有序的发展阶段。为了适应社会对技术型应用人才的需求和职业教育的发展，教育部对职业教育进行了卓有成效的改革，职业教育与成人教育司、高等教育司分别颁布了调整后的中等职业教育、高等职业教育专业设置目录，为职业院校专业设置提供了依据。教育部连同其他五部委共同确定数控技术应用、计算机应用与软件技术、汽车运用与维修、护理为紧缺人才培养专业，选择了上千家高职、中职学校和企业作为示范培养单位，拨出专款进行扶持，力争培养一批具有较高实践能力的紧缺人才。

  职业教育的快速发展，也为职业教材的出版发行迎来了新的春天和新的挑战。教材出版发行为职业教育的发展服务，必须体现新的理念、新的要求，进行必要的改革。为此，在教育部高等教育司、职业教育与成人教育司、北京师范大学等的大力支持下，北京师范大学出版社在全国范围内筹建了"全国职业教育教材改革与出版领导小组"，集全国各地上百位专家、教授于一体，对中等高等职业院校的文化基础课、专业基础课、专业课教材的改革与出版工作进行深入的研究与指导。2004年8月，"全国职业教育教材改革与出版领导小组"召开了"全国有特色高职教材改革研讨会"，来自全国20多个省、市、区的近百位高职院校的院校长、系主任、教研室主任和一线骨干教师参加了此次会议。围绕如何编写出版好适应新形势发展的高等职业教育教材，与会代表进行了热烈的研讨，为新一轮教材的出版献计献策。这次会议共组织高职教材50余种，包括文化基础课、电工电子、数控、计算机教材。2005年～2006年期间，"全国职业教育教材改革与出版领导小组"先后在昆明、哈尔滨、天津召开高职高专教材研讨会，对当前高职高专教材的改革与发展、高职院校教学、师资培养等进行了深入的探讨，同时推出了一批公共素质教育、商贸、财会、旅游类高职教材。这些教材的特点如下。

  1. 紧紧围绕教育改革，适应新的教学要求。过渡时期具有新的教学要求，这批教材是在教育部的指导下，针对过渡时期教学的特点，以 3 年制为基础，兼顾 2 年制，以"实用、够用"为度，淡化理论，注重实践，消减过时、用不上的知识，内容体系更趋合理。

2. 教材配套齐全。将逐步完善各类专业课、专业基础课、文化基础课教材，所出版的教材都配有电子教案，部分教材配有电子课件和实验、习题指导。

3. 教材编写力求语言通俗简练，讲解深入浅出，使学生在理解的基础上学习，不囫囵吞枣，死记硬背。

4. 教材配有大量的例题、习题、实训，通过例题讲解、习题练习、实验实训，加强学生对理论的理解以及动手能力的培养。

5. 反映行业新的发展，教材编写注重吸收新知识、新技术、新工艺。

北京师范大学出版社是教育部职业教育教材出版基地之一，有着近 20 年的职业教材出版历史，具有丰富的编辑出版经验。这批高职教材的编写得到了教育部相关部门的大力支持，部分教材通过教育部审核，被列入职业教育与成人教育司高职推荐教材，并有 25 种教材列为"十一五"国家级规划教材。我们还将开发电子信息类的通信、机电、电气、计算机、工商管理等专业教材，希望广大师生积极选用。

教材建设是一项任重道远的工作，需要教师、专家、学校、出版社、教育行政部门的共同努力才能逐步获得发展。我们衷心希望更多的学校、更多的专家加入到我们的教材改革出版工作中来，北京师范大学出版社职业教育与教师教育分社全体人员也将备加努力，为职业教育的改革与发展服务。

全国职业教育教材改革与出版领导小组
北京师范大学出版社

参加教材编写的单位名单

（排名不分先后）

沈阳工程学院	四川工商职业技术学院
山东劳动职业技术学院	常州轻工职业技术学院
济宁职业技术学院	河北工业职业技术学院
辽宁省交通高等专科学校	陕西纺织服装职业技术学院
浙江机电职业技术学院	唐山学院
杭州职业技术学院	江西现代职业技术学院
西安科技大学电子信息学院	江西生物科技职业学院
西安科技大学通信学院	黄冈高级技工学校
西安科技大学机械学院	深圳高级技工学校
天津渤海职业技术学院	徐州技师学院
天津渤海集团公司教育中心	天津理工大学中环信息学院
连云港职业技术学院	天津机械职工技术学院
景德镇高等专科学校	西安工程大学
徐州工业职业技术学院	青岛船舶学院
广州科技贸易职业学院	河北中信联信息技术有限公司
江西信息应用职业技术学院	张家港职教中心
浙江商业职业技术学院	太原理工大学轻纺学院
内蒙古电子信息职业技术学院	浙江交通职业技术学院
济源职业技术学院	保定职业技术学院
河南科技学院	绵阳职业技术学院
苏州经贸职业技术学院	北岳职业技术学院
苏州技师学院	天津职业大学
苏州工业园区职业技术学院	石家庄信息工程职业学院
苏州江南赛特数控设备有限公司	襄樊职业技术学院
苏州机械技工学院	九江职业技术学院
浙江工商职业技术学院	青岛远洋船员学院
温州大学	无锡科技职业学院

广东白云职业技术学院	济南职业技术学院
三峡大学职业技术学院	山东省经济管理干部学院
西安欧亚学院实验中心	鲁东大学
天津机电职业技术学院	山东财政学院
中华女子学院山东分院	山东省农业管理干部学院
漯河职业技术学院	浙江工贸职业技术学院
济南市高级技工学校	天津中德职业技术学院
沈阳职业技术学院	天津现代职业技术学院
江西新余高等专科学校	天津青年职业技术学院
赣南师范学院	无锡南洋学院
江西交通职业技术学院	北京城市学院
河北农业大学城建学院	北京经济技术职业学院
华北电力大学	北京联合大学
北京工业职业技术学院	北京信息职业技术学院
湖北职业技术学院	北京财贸职业学院
河北化工医药职业技术学院	华北科技学院
天津电子信息职业技术学院	青岛科技大学技术专修学院
广东松山职业技术学院	山东大王职业学院
北京师范大学	大红鹰职业技术学院
山西大学工程学院	广东华立学院
平顶山工学院	广西工贸职业技术学院
黄石理工学院	贵州商业高等专科学校
广东岭南职业技术学院	桂林旅游职业技术学院
青岛港湾职业技术学院	河北司法警官职业学院
郑州铁路职业技术学院	黑龙江省教科院
北京电子科技职业学院	湖北财经高等专科学校
北京农业职业技术学院	华东师范大学职成教所
宁波职业技术学院	淮南职业技术学院
宁波工程学院	淮阴工学院
北京化工大学成教学院	黄河水利职业技术学院
天津交通职业技术学院	南京工业职业技术学院
济南电子机械工程学院	南京铁道职业技术学院
山东职业技术学院	黔南民族职业技术学院

青岛职业技术学院

陕西财经职业技术学院

陕西职业技术学院

深圳信息职业技术学院

深圳职业技术学院

石家庄职业技术学院

四川建筑职业技术学院

四川职业技术学院

太原旅游职业技术学院

泰山职业技术学院

温州职业技术学院

无锡商业职业技术学院

武汉商业服务学院

杨凌职业技术学院

浙江工贸职业技术学院

郑州旅游职业技术学院

淄博职业技术学院

云南机电职业技术学院

山东省贸易职工大学

聊城职业技术学院

山东司法警官职业学院

河南质量工程职业学院

山东科技大学职业技术学院

云南林业职业技术学院

云南国防工业职业技术学院

云南文化艺术职业学院

云南农业职业技术学院

云南能源职业技术学院

云南交通职业技术学院

云南司法警官职业学院

云南热带作物职业技术学院

西双版纳职业技术学院

玉溪农业职业技术学院

云南科技信息职业学院

昆明艺术职业学院

云南经济管理职业学院

云南爱因森软件职业学院

云南农业大学

云南师范大学

昆明大学

陕西安康师范学院

云南水利水电学校

昆明工业职业技术学院

云南财税学院

云南大学高职学院

山西综合职业技术学院

温州科技职业技术学院

昆明广播电视大学

天津职教中心

天津工程职业技术学院

天狮职业技术学院

天津师范大学

天津管理干部学院

天津滨海职业技术学院

天津铁道职业技术学院

天津音乐学院

天津石油职业技术学院

渤海石油职业技术学院

天津冶金职业技术学院

天津城市职业学院

常州机电职业技术学院

天津公安警官职业技术学院

武警昆明指挥学院

天津工业大学

天津开发区职业技术学院

黑龙江大兴安岭职业学院

黑龙江农业经济职业技术学院　　　　四川成都农业科技职业技术学院

黑龙江农业工程职业技术学院　　　　四川宜宾职业技术学院

黑龙江农业职业技术学院　　　　　　江西省委党校

黑龙江生物科技职业技术学院　　　　齐齐哈尔职业学院

黑龙江旅游职业技术学院　　　　　　深圳安泰信电子有限公司

中国民航飞行学院　　　　　　　　　维坊教育学院

四川信息职业技术学院　　　　　　　德州科技职业技术学院

四川航天职业技术学院　　　　　　　天一学院

四川成都纺织高等专科学校　　　　　成都烹饪高等专科学校

四川科技职业学院　　　　　　　　　四川教育学院汽车应用技术学院

四川乐山职业技术学院　　　　　　　河南质量工程职业技术学院

四川泸州职业技术学院

前　言

　　"计算机应用基础"课程是高职院校的学生开设的一门公共基础课，它是高职学生学习应用计算机这一现代工具的技术基础，其目的是使学生掌握计算机软、硬件技术的基础知识，培养学生在本专业与相关领域中的计算机应用，以及学生利用计算机分析问题、解决问题的意识，为以后的专业学习和工作奠定良好的计算机基础。

　　然而，随着计算机技术的普及，大学入学新生的计算机应用能力存在较大的差距：有的学生在入学时便能熟练使用计算机，而有的学生却从未或很少接触计算机。上述两种原因使传统的以教师为核心，课堂讲授加上机实验的教学模式难以适应目前计算机文化基础课程所面临的实际情况，迫切需要一些新颖而有效的教学模式。

　　本书是多名一线教师长年教学经验的汇总，是从教学实践中归纳整理编出来的。"任务驱动，案例教学"是编写本书的出发点，作者从案例入手，将计算机应用基础的知识点恰当地融入案例的分析和制作过程中，使学生在学习过程中不但能掌握独立的知识点，而且具备了综合的分析问题和解决问题的能力。

　　本书的创新在于用案例贯穿知识点的教学，培养大学生综合应用计算机的素质，提高各专业大学生毕业设计的创新与开发能力。每一个案例都是经过作者精心设计的，由浅入深、由简及繁，尽可能多涉及软件中必要的知识点，又尽可能具有实用性和代表性。在每一个单元任务完成之后，还加入了相关的知识点及综合实训任务，帮助读者更为深入、全面地了解每一个软件的功能。

　　本书的内容涵盖了计算机基础知识、Windows XP、Internet 应用、文字处理软件 Word 2003、电子表格 Excel 2003、及演示文稿 PowerPoint 2003 等六方面内容。其中计算机基础知识单元由王黎玲编写，Windows XP 单元由王静编写，Internet 应用单元由崔雪炜编写，Word 单元由解秀萍编写，Excel 单元由冯哲编写，PowerPoint 单元由郑秀春编写。本书由张彩霞规划和统稿，同时在编写和出版过程中得到北师大出版社的大力支持，在此表示衷心的感谢。

　　由于时间仓促，书中难免存在一些不妥之处，欢迎读者指正。

编　者
2008 年 7 月

目 录

1

单元一　认识计算机

在日常工作和学习中，人们经常使用计算机及其外围设备和杀毒软件来解决所面临的问题。本单元就将带大家认识组成计算机的硬件系统，学会扫描仪、打印机、移动硬盘等办公设备的使用，学会如何使用杀毒软件扫描、查杀病毒。

能力目标
- 认识组成计算机的硬件设备
- 能下载、安装和使用杀毒软件
- 会使用打印机、扫描仪、U 盘等设备

▶ 任务一　认识计算机硬件设备——计算机硬件系统的构成

任务描述

电脑艺术设计专业学生张伟是某学校大三的学生，按照学校的要求大四第一学期要完成一个室内装潢的毕业设计。为了保证毕业设计的顺利进行，张伟利用暑假的时间到电脑城组装了一台电脑，具体配置如图 1.1 所示。

名称	配置
主板	华硕 965
CPU	Intel Core Ⅱ E6500
内存	DDR Ⅱ 2G
硬盘	160G SATA
显卡	nVIDIA GeForce 8600GS
机箱电源	航嘉 400W
键盘、鼠标	双飞燕套装
显示器	三星 21 英寸宽屏

图 1.1　电脑配置单

根据此配置单，利用因特网查找各硬件设备的图片及相关知识。

任务分析

做室内装潢的毕业设计，通常要用到 Photoshop、3ds max、Lightscape 等相关设计软件。这些软件运行会占用大量的内存资源，从而降低了计算机的运行速度，所以在配置计算机时要尽量选择双核的 CPU 和大容量的内存。

图像处理、3D 建模和图像渲染操作对计算机图像显示要求都相当高，为了使图像显示更清晰、更流畅，建议选购独立显卡。

方法与步骤

1. 认识主板

主板是一块大型印制电路板，又称系统板或母板，如图 1.2 所示。主板上通常有 CPU 插槽、内存储器插槽、输入/输出控制电路、扩展插槽、I/O 接口、面板控制开关和与指示灯相连接的插件等。

主板上有一些插槽或 I/O 通道，不同型号主板所含的扩展槽个数不同。扩展槽可以随意插入某个标准选件，如显卡、声卡、网卡和视频解压卡等。扩展槽有 16 位和 32 位槽等几种。主板上的总线并行地与扩展槽相连，数据、地址和控制信号由主板通过扩展槽送到选件板，再传送到与计算机相连的外部设备上。

图 1.2 华硕 965 主板

2. 认识 CPU

CPU 如图 1.3 所示，它相当于人的大脑，是整个计算机系统的核心，一台计算机档次的高低基本可以由 CPU 的优劣来决定。可见，CPU 是整个计算机系统的核心，其主要性能指标如下。

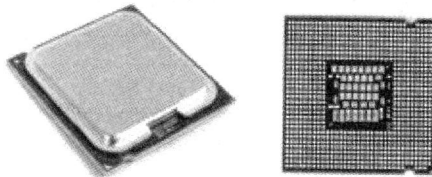

图 1.3 CPU（Intel Core Ⅱ）

* **主频**：即 CPU 的时钟频率，单位是 MHz。一般来说，主频越高速度越快。但由于内部制造结构不同，并非所有的时钟频率相同的 CPU 的性能都一样。

* **一级和二级高速缓存**：内置高速缓存可以提高 CPU 的运行效率，这也正是 Pentium 4 比 Pentium Ⅱ 快的原因。内置的一级高速缓存的容量和结构对 CPU 的性能影响较大。

* **内存总线速度**：是指 CPU 与二级（L2）高速缓存和内存之间的通信速度。

* **工作电压**：是指 CPU 正常工作所需的电压。随着 CPU 主频的提高，CPU 工作电压有逐步下降的趋势，以解决发热过高的问题。

* **制造工艺**：精细的工艺使得原有晶体管门电路更大限度地缩小了，能耗越来越低，CPU 也就更省电，同时也可以提高 CPU 的集成度和工作频率。

3．认识内存

内存如图 1.4 所示，它的全称是"内存储器"，用来存放运行的程序和当前使用的数据，它可以直接与 CPU 交换信息。一般内存分为 RAM（Random Access Memory，随机读写存储器）和 ROM（Read Only Memory，只读存储器）两种，它通常是以 MB（兆字节）为存储容量单位的。

（1）RAM。

RAM 在计算机工作时，既可从中读出信息，也可随时写入
图 1.4　DDR Ⅱ内存条

信息，所以，RAM 是一种在计算机正常工作时可读/写的存储器。在随机存储器中，以任意次序读写任意存储单元所用时间是相同的。目前所有的计算机大都使用半导体随机存储器。半导体随机存储器是一种集成电路，其中有成千上万个存储单元。根据元器件结构的不同，随机存储器又可分为静态随机存储器（Static RAM，SRAM）和动态随机存储器（Dynamic RAM，DRAM）两种。静态随机存储器（SRAM）集成度低，价格高，但存取速度快，它常用做高速缓冲存储器（Cache）。高速缓冲存储器是指工作速度比一般内存快得多的存储器，它的速度基本上与 CPU 速度相匹配，它的位置在 CPU 与内存之间，如图 1.5 所示。在通常情况下，Cache 中保存着内存中部分数据映像。CPU 在读写数据时，首先访问 Cache。如果 Cache 中含有所需的数据，就不需要访问内存；如果 Cache 中没有所需的数据，才去访问内存。设置 Cache 的目的就是为了提高机器运行速度。动态随机存储器是使用半导体器件中分布电容上有无电荷来表示"0"和"1"的，因为保存在分布电容上的电荷会随着电容器的漏电而逐步消失，所以需要周期性地给电容充电，称为刷新。这类存储器集成度高、价格低、存储速度慢。随机存储器存储当前使用的程序和数据，一旦机器断电，就会丢失数据，而且无法恢复。因此，用户在操作计算机过程中应养成随时存盘的习惯，以免断电时丢失数据。

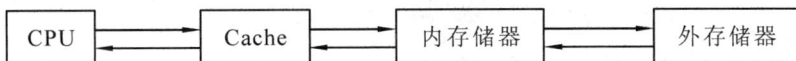

```
┌─────┐    ┌───────┐    ┌─────────┐    ┌─────────┐
│ CPU │ ←→ │ Cache │ ←→ │ 内存储器 │ ←→ │ 外存储器 │
└─────┘    └───────┘    └─────────┘    └─────────┘
```

图 1.5　Cache 在存储器中的位置

（2）ROM。

只读存储器（ROM）只能做读出操作而不能做写入操作。其中的信息是在制造时用专门的设备一次性写入的，只读存储器用来存放固定不变重复执行的程序，其中的内容是永久性的，即使关机或断电也不会消失。目前，有多种形式的只读存储器，常见的有如下几种：PROM，可编程的只读存储器。EPROM，可擦除的可编程只读存储器。EEPROM，可用电擦除的可编程只读存储器。CPU（运算器和控制器）和主存储器组成了计算机的主机部分。

4．认识硬盘

外存的全称是"外存储器"，它又被称为"辅助存储器"，用来存放暂时不用的程序和数据，它不能直接与 CPU 交换信息，只能和内存交换数据。外存相对于内存而言，存取速度较慢，但存取容量大，价格较低，信息不会因掉电而丢失。目前常用的外存有硬盘和光盘。

硬盘的外形如图 1.6 所示，它是至今最重要的外存储器，它具有磁盘容量大、存取速

度较快、可靠性高、每兆字节成本低等优点。目前较常见的有 80GB、120GB 和 160GB 等规格的硬盘。硬盘内的洁净度要求非常高,采用了密封型空气循环方式和空气过滤装置,所以不得任意拆卸。

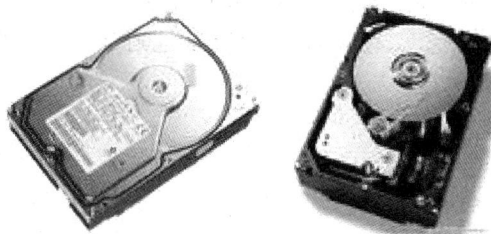

图 1.6　硬盘

　　硬盘接口如图 1.7 所示,是硬盘与主机系统间的连接部件,作用是在硬盘缓存和主机内存之间传输数据。硬盘接口决定着硬盘与计算机之间的连接速度,在整个系统中,硬盘接口的优劣直接影响着程序运行的快慢和系统性能的好坏。从整体的角度上,硬盘接口分为 IDE、SATA、SCSI 和光纤通道 4 种,IDE 接口是最早出现的一种接口类型,这种类型的接口随着接口技术的发展已经被淘汰了。SCSI 接口的硬盘则主要应用于服务器市场,而光纤通道只应用在高端服务器上,价格昂贵。SATA 接口又叫串口,目前市场上的硬盘多采用此接口,SATA 接口具有纠错能力强、结构简单、支持热插拔等优点。

图 1.7　IDE 接口(上)和 SATA 接口(下)

　　提示:

　　一个存储器中所包含的字节数称为该存储器的容量,简称存储容量。存储容量通常用 KB、MB 或 GB 表示,其中 B 是字节(Byte),并且 1KB＝1024B,1MB＝1024KB,1GB＝1024MB。例如,640KB 就表示 640×1024＝655360 个字节。

　　5. 认识显卡

　　显卡是很重要的计算机配件之一,如图 1.8 所示。它的性能好坏直接关系到计算机显示性能的好坏。

图 1.8　显卡

显卡是计算机中负责处理图像信号的专用设备,在显示器上显示的图形都是由显卡生成并传送给显示器的,因此显卡的性能好坏决定着机器的显示效果。显卡分为主板集成的集成显卡和独立显卡,在品牌机中采用集成显卡和独立显卡的产品约各占一半,在低端的产品中更多的是采用集成显卡,在中、高端市场则较多采用独立显卡。

独立显卡是指显卡成独立的板卡存在,需要插在主板的 AGP 或 PCI-E 等接口上,独立显卡具备单独的显存,不占用系统内存,而且技术上领先于集成显卡,能够提供更好的显示效果和运行性能;集成显卡是将显示芯片集成在主板芯片组中,在价格方面更具优势,但不具备显存,需要占用系统内存(占用的容量大小可以调节)。

显示芯片是显卡的核心芯片,它负责系统内视频数据的处理,决定着显卡的级别、性能。不同的显示芯片,无论从内部结构设计还是性能表现上,都有着较大的差异。显示芯片在显卡中的地位,就相当于计算机中 CPU 的地位,是整个显卡的核心。

6. 认识机箱电源

机箱是计算机的外壳,从外观上分为卧式和立式两种。机箱一般包括外壳、用于固定软硬盘驱动器的支架、面板上必要的开关、指示灯和显示数码管等。配套的机箱内还有电源。

通常在主机箱的正面都有电源开关 Power 和 Reset 按钮,Reset 按钮用来重新启动计算机系统(有些机器没有 Reset 按钮)。在主机箱的正面都有一个或两个软盘驱动器的插口,用以安装软盘驱动器。此外,通常还有一个光盘驱动器插口。

在主机箱的背面配有电源插座,用来给主机及其他的外部设备提供电源。一般的 PC 都有一个并行接口和两个串行接口,并行接口用于连接打印机,串行接口用于连接鼠标、数字化仪等串行设备。另外,通常 PC 还配有一排扩展卡插口,用来连接其他的外部设备,如图 1.9 所示。

图 1.9 机箱电源

7. 认识键盘和鼠标

(1)键盘。

键盘是常用的输入设备,它是由一组开关矩阵组成的,包括数字键、字母键、符号键、功能键及控制键等。每一个按键在计算机中都有它的唯一代码。当按下某个键时,键盘接口将该键的二进制代码送入计算机主机中,并将按键字符显示在显示器上。当快速大量输入字符,主机来不及处理时,先将这些字符的代码送往内存的键盘缓冲区,然后再从该缓冲区中取出进行分析处理。键盘接口电路多采用单片微处理器,由它控制整个键盘的工作,如上电时对键盘的自检、键盘扫描、按键代码的产生、发送及与主机的通信等。键盘是人机对话的最基本的输入设备，用户可以通过键盘输入命令程序和数据。目前常用的标准键盘有 101 键和 104 键两种，如图 1.10 所示。按键盘结构分，通常有机械式键盘和电容式键盘两种，一般地，电容式键盘手感较好。

（2）鼠标。

图 1.10　键盘

鼠标是一种手持式屏幕坐标相对定位设备，是人机对话的基本输入设备。鼠标比键盘更加灵活方便，它是适应菜单操作的软件和图形处理环境而出现的一种输入设备，特别是在现今流行的 Windows 图形操作系统环境下，应用鼠标器方便快捷。常用的鼠标器有两种，一种是机械式的，另一种是光电式的。

机械式鼠标的底座上装有一个可以滚动的金属球，当鼠标器在桌面上移动时，金属球与桌面摩擦，发生转动，如图 1.11 所示。金属球与 4 个方向的电位器接触，可测量出上下左右 4 个方向的位移量，用以控制屏幕上光标的移动。光标和鼠标器的移动方向是一致的，而且移动的距离成比例。

图 1.11 机械式鼠标　　　　图 1.12　光电式鼠标

光电式鼠标的底部装有两个平行放置的小光源，如图 1.12 所示。这种鼠标器在反射板上移动，光源发出的光经反射板反射后，由鼠标器接收，并转换为电移动信号送入计算机，使屏幕的光标随之移动。其他方面与机械式鼠标器一样。

8. 认识显示器

显示器的外形如图 1.13 所示，市场上目前常见的显示器一般可以分为以下两种。

CRT（阴极射线管显示器）：它的外形与家用电视机相似，体积大而笨重，但却是最常用、最成熟的显示器件。

图 1.13　CRT 显示器和 LCD 显示器

LCD（液晶显示器）：它体积小，重量轻，便于携带，主要应用在笔记本电脑、桌上型显示器、摄录像机液晶显示屏、车用导航器、电话显示屏等方面。

以上几种设备是组成计算机硬件系统必不可缺的部件。

相关知识与技能

计算机是一种可以进行自动控制、具有记忆功能的现代化计算工具和信息处理工具。它以运算速度快、计算精度高、具有存储能力和逻辑判断能力等诸多特点被广泛地应用到人类社会活动的各个领域。

一个完整的计算机系统是由硬件系统和软件系统两大部分组成的，如图1.14所示。

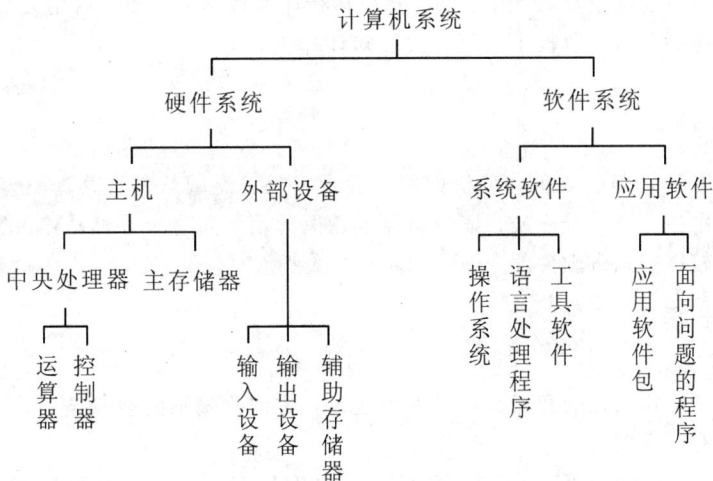

计算机系统
硬件系统　软件系统
主机　外部设备　系统软件　应用软件
中央处理器　主存储器　操作系统　语言处理程序　工具软件　应用软件包　面向问题的程序
运算器　控制器　输入设备　输出设备　辅助存储器

图1.14　计算机系统组成

硬件就是泛指的实际的物理设备，主要包括运算器、控制器、存储器、输入设备和输出设备5部分。只有硬件的裸机是无法运行的，还需要软件的支持。所谓软件，是指为解决问题而编制的程序及其文档。计算机软件包括计算机本身运行所需要的系统软件和用户完成任务所需要的应用软件。计算机是依靠硬件系统和软件系统的协同工作来执行给定任务的。

在计算机系统中，硬件是物质基础，软件是指挥枢纽、灵魂，软件发挥如何管理和使用计算机的作用。软件的功能与质量在很大程度上决定了整个计算机的性能。故软件和硬件一样，是计算机工作必不可少的组成部分。

计算机组装完成后，首先要安装操作系统即系统软件，如 Windows XP、Windows 2000 Server 等，然后安装应用软件，如办公软件 Office 2003、Photoshop、3ds max、Lightscape 等。

>>>>>>>>>>>>>>>>>>>>>>>> 复习思考题 <<<<<<<<<<<<<<<<<<<<<<<<

1. 主板性能的好坏主要取决于什么？
2. CPU 的主要性能指标有哪些？

▶ 任务二　使用杀毒软件查杀计算机病毒——计算机安全

任务描述

张伟将购置的计算机放入寝室内，并接入了因特网。室友每天都排队上网聊 QQ、下载电影、打游戏等，时间不长，张伟发现计算机运行速度特别慢，而且占用大量的 CPU 和内存资源。他打电话请教专业技术人员，被告知计算机可能是中病毒了，让他先杀一遍病毒再试试。

任务分析

如今的互联网，陷阱处处，危机四伏，病毒木马、流氓软件、菜鸟黑客，为祸甚深，稍不留神就会中招——系统瘫痪，账号被盗，欲哭无泪。防患于未然，建议网民一定要安装一款安全性较高的杀毒软件。

方法与步骤

1. 检测病毒

提高预防计算机病毒的意识并尽早发现病毒，是清除病毒的前提条件。计算机病毒的检测方法一般有以下两种。

• **人工检测**：通过 DEBUG、PCTOOLS、NORTON 等工具软件提供的功能进行病毒的检测。这种方法比较复杂，因而不易普及。

• **自动检测**：通过一些专门的诊断、查毒软件来扫描检查系统或移动存储设备是否有病毒。自动检测比较简单，是一般计算机用户最常用的。

2. 使用杀毒软件

常用的杀毒软件主要有瑞星、江民、卡巴斯基、金山毒霸等，此外，在软件的选择上，易用性和可查杀的病毒数量也是一个重要的性能指标。是否提供免费的升级服务也是用户选择杀毒软件的重要条件。下面以杀毒利器——瑞星杀毒软件为例介绍杀毒软件的使用。

第一步

执行"开始｜程序｜瑞星杀毒软件｜瑞星杀毒软件"命令，或双击任务栏右侧的瑞星杀毒软件图标，可以启动杀毒程序，打开控制中心主界面，如图 1.15 所示。

第二步

在主程序界面左侧的"查杀目标"窗格中，选择需要查杀的对象。

第三步

如果希望指定更详细的磁盘路径和目录，可以单击"查杀目标"下方的目标硬盘，然后再选择相应文件夹，找到需要检查的某一个具体文件。

第四步

如果需要对查杀病毒的设置进行更改，可以在主程序界面上执行"设置｜详细设置"命令，弹出"详细设置"对话框，如图 1.16 所示。在这里可以对"手动扫描""快捷扫描"和"定制任务"等 8 个主要部分进行设置。

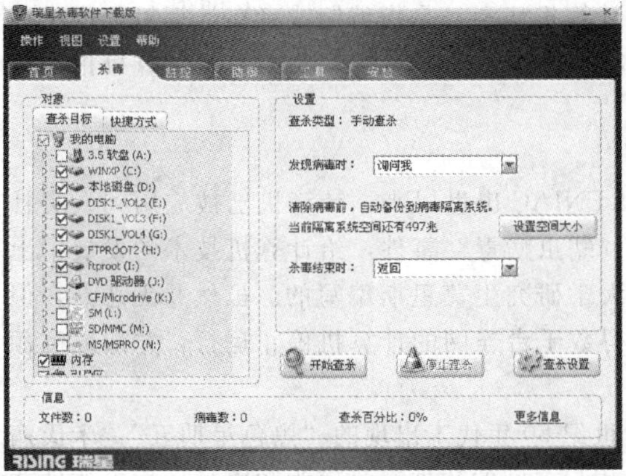

图 1.15　瑞星杀毒软件控制中心界面 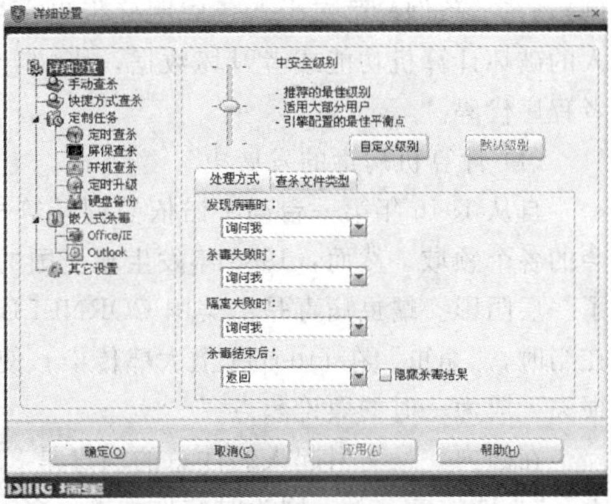　　　图 1.16　"详细设置"对话框

第五步

对杀毒选项设置完毕后，单击"确定"按钮，即可重新返回主程序界面准备进行病毒扫描。

相关知识与技能

如今，计算机安全已成为社会治安问题的新领域，也已成为衡量计算机系统性能的一个重要指标。

1. 计算机犯罪

计算机犯罪可以认为是借助于计算机或是使用计算机技术进行的犯罪行为。它的范围很广，许多都是在人们毫无察觉的情况下进行的。在美国，从 1999 年计算机安全协会（SCI）和 FBI 共同进行的计算机犯罪和安全报告中显示，521 家企业、财政部门以及大学和政府部门网站在过去的 12 个月里，有 62% 的计算机的安全受到了破坏。破坏的方式包括系统被外来者侵入，数据的修改和被盗，金融诈骗，篡改网页，窃取密码以及禁止合法用户访问系统等。在调查过程中，大约有 1/3 的单位向执法人员提到发生过重大事故。

调查显示：由于系统安全受到破坏而造成的财政损失高达 1.2 亿美元之多。实际的损失可能还要更高，因为有 40% 的单位不能够提供具体的损失数额。据保守估计，每年由于计算机犯罪各个企业以及政府机关造成的损失达数十亿美元。

我国的计算机犯罪，也正以每年平均数十倍甚至上百倍的速度猛增。当初，危害领域主要是金融系统，现在，则已发展到邮电、科研、卫生、生产等几乎所有使用计算机的领域。受害的往往是整个地区、行业系统、社会和国家。

目前，计算机犯罪已成为任何一个国家不得不予以关注的社会公共安全问题。

2. 计算机病毒

"计算机病毒"为什么叫做病毒？首先，与医学上的"病毒"不同，它不是天然存在的，是某些人利用计算机软、硬件所固有的脆弱性，编制的具有特殊功能的程序。由于它与生物医学上的"病毒"同样有传染和破坏的特性，因此这一名词是由生物医学上的"病毒"概念引申而来的。

1994 年 2 月 18 日，我国正式颁布实施了《中华人民共和国计算机信息系统安全保护条例》，在《条例》第二十八条中明确指出："计算机病毒，是指编制或者在计算机程序中插入的破坏计算机功能或者毁坏数据，影响计算机使用，并能自我复制的一组计算机指令或者程序代码。"

（1）计算机病毒的发展史。

自从 1946 年第一台冯·诺依曼型计算机 ENIAC 出世以来，计算机已被应用到人类社会的各个领域。然而，1988 年发生在美国的"蠕虫病毒"事件，给计算机技术的发展罩上了一层阴影。蠕虫病毒是由美国 CORNELL 大学研究生莫里斯编写的。虽然并无恶意，但在当时，"蠕虫"在 internet 上大肆传染，使得数千台连网的计算机停止运行，并造成巨额损失，成为一时的舆论焦点。

在国内，最初引起人们注意的病毒是 20 世纪 80 年代末出现的"黑色星期五""米氏病毒""小球病毒"等。因当时软件种类不多，用户之间的软件交流较为频繁且反病毒软件并不普及，造成病毒的广泛流行。后来出现的 Word 宏病毒及 Windows95 下的 CIH 病毒，使人们对病毒的认识更加深了一步。

那么究竟它是如何产生的呢？其过程可分为：程序设计—传播—潜伏—触发—运行—实行攻击。究其产生的原因不外乎以下几种。

开个玩笑，一个恶作剧。某些爱好计算机并对计算机技术精通的人士为了炫耀自己的高超技术和智慧，凭借对软硬件的深入了解，编制这些特殊的程序。这些程序通过载体传播出去后，在一定条件下被触发。如显示一些动画，播放一段音乐，或提一些智力问答题目等，其目的无非是自我表现一下。这类病毒一般都是良性的，不会有破坏操作。

产生于个别人的报复心理。每个人都处于社会环境中，但总有人对社会不满或受到不公正的待遇。如果这种情况发生在一个编程高手身上，那么他有可能会编制一些危险的程序。在国外有这样的事例：某公司职员在职期间编制了一段代码隐藏在其公司的系统中，一旦检测到他的名字在工资报表中删除，该程序立即发作，破坏整个系统。类似案例在国内亦出现过。

用于版权保护。计算机发展初期，由于在法律上对于软件版权保护还没有像今天这样完善。很多商业软件被非法复制，有些开发商为了保护自己的利益制作了一些特殊程序，附在产品中。如巴基斯坦病毒，其制作者是为了追踪那些非法复制他们产品的用户。用于这种目的的病毒目前已不多见。

用于特殊目的。某组织或个人为达到特殊目的，对政府机构、单位的特殊系统进行宣传或破坏，或用于军事目的。

（2）计算机病毒的特点。

病毒具有寄生性、传染性、潜伏性、隐蔽性、破坏性和可触发性。除此之外，所有病毒还都具有两个特征：一是不以独立的文件形式存在，而依附于别的程序上，当调用该程序时，此病毒则首先运行；二是能将自身复制到其他程序中。二者缺其一则不成为病毒。

① 寄生性。病毒程序一般不单独存在，而是依附或寄生在其他媒体上，如磁盘、光盘的系统区或文件中。侵入磁盘系统区的病毒称为系统型病毒，寄生于文件中的病毒称为文件型病毒。还有一类既寄生于文件中又侵占系统区的病毒，属于混合型病毒。

② 传染性。源病毒可以是一个独立的程序体，它具有很强的再生机制，病毒程序代码一旦进入计算机系统并被执行后，就会自动搜寻其他符合其传染条件的程序或存储介质，

确定目标后再将自身代码插入其中，达到自我繁殖的目的。

③ 潜伏性。计算机病毒具有依附到其他媒体上的能力，可以长时间地潜伏在计算机文件中而很难被发现。在潜伏期中，病毒并不影响系统的正常运行，只是秘密地进行传播、繁殖、扩散，使更多的正常程序成为病毒的"携带者"，一旦满足某种触发条件，病毒会突然发作，显露出其巨大的破坏性。

④ 隐蔽性。计算机病毒具有很强的隐蔽性，有的可以通过病毒软件检查出来，有的根本就查不出来，有的时隐时现、变化无常，这类病毒处理起来通常很困难。

⑤ 破坏性。计算机病毒由于种类不同，其破坏性差别极大。有的仅干扰软件数据或程序，使其无法恢复；有的占用 CPU 时间和内存资源，从而造成进程阻塞；有的恶性病毒甚至会损坏整个系统，导致系统崩溃和硬件损坏，造成巨大的经济损失。

⑥ 可触发性。因某个事件或数值的出现，诱使病毒实施感染或进行攻击的特性称为可触发性。为了隐蔽自己，病毒必须潜伏，少做动作。如果完全不动，一直潜伏的话，病毒既不能感染也不能进行破坏，便失去了杀伤力。病毒既要隐蔽又要维持杀伤力，它必须具有可触发性。病毒的触发机制就是用来控制感染和破坏动作的频率的。病毒具有预定的触发条件，这些条件可能是时间、日期、文件类型或某些特定数据等。病毒运行时，触发机制检查预定条件是否满足，如果满足，启动感染或破坏动作，使病毒进行感染或攻击；如果不满足，使病毒继续潜伏。

（3）计算机病毒的分类。

从第一个病毒出世以来，究竟世界上有多少种病毒，说法不一。无论多少种，病毒的数量仍在不断增加。据国外统计，计算机病毒以 10 种/周的速度递增，另据我国公安部统计，国内以 4 种/月的速度递增。如此多的种类，做一下分类可更好地了解它们。

按传染方式分为：引导型病毒、文件型病毒、网络型病毒和复合型病毒。

引导型病毒攻击的对象是磁盘的引导扇区，这样能使系统在启动时病毒程序获得优先的执行权，从而达到控制整个系统的目的。这类病毒因为感染的是引导扇区，所以一般造成的损失也比较大，可能会造成系统无法正常启动。

文件型病毒一般是感染以 .exe，.com 等为扩展名的可执行文件，当执行某个可执行文件时病毒程序就会被激活。当前也有一些病毒感染以 .dll、.ovl、.sys 等为扩展名的文件，因为这些文件通常是某程序的配置、衔接文件，所以执行某程序时病毒也就会通过插入到这些文件的空白字节中的方法被加载。

网络型病毒感染的对象不再局限于单一的模式和单一的可执行文件，而是更加综合、隐蔽。现在一些网络型病毒几乎可以对所有的 Office 文件进行感染，如 Word、Excel 文件和电子邮件等。其传播的途径发生了质的变化，不再局限于磁盘，而是通过电子邮件和短消息等更加隐蔽的方式进行传播。

复合型病毒同时具备了"引导型"和"文件型"病毒的某些特点，既可以感染磁盘的引导扇区，也可以感染某些类型的可执行文件。

按连接方式可以分为：源码型病毒、入侵型病毒、操作系统型病毒、外壳型病毒。

按破坏性可分为：良性病毒、恶性病毒。

（4）计算机中毒的症状。

病毒无时无刻不在寻找着入侵计算机的机会，因此要时刻保持对计算机病毒的高度警惕性。被病毒感染的系统，会因具体病毒程序的特征的不同而表现出多样性，但从目前所发现的计算机病毒的情况看，主要症状有以下几种。

① 计算机系统出现异常现象。

- 计算机系统运行速度降低，出现嗡鸣声或其他异样的声音。
- 系统可用内存空间减少，磁盘文件数目无故增多。
- 系统出现无故死机或重新启动的现象。
- 虽然未对磁盘执行写操作，但系统出现"磁盘写保护"的错误提示信息。
- 系统无故丢失某个驱动器。
- 磁盘上多出了不能识别的文件。
- 系统显示文件分配表错误的提示信息。
- 硬盘不能正常引导系统。
- 磁盘上的文件突然消失。

② 出现一些不相干的提示、发出一段音乐、鼠标自己在动、进行游戏算法等。

③ 屏幕上出现异常现象，例如出现异常图形或异常雪花点。

④ 打印机发生异常现象。如打印机的运行速度降低，在调入汉字驱动程序后不能正确打印汉字等。

（5）预防病毒的注意事项

① 重要资料，及时备份。资料是最重要的，程序损坏了可重新复制或再买一份，但是自己输入的资料，可能是 3 年的会计资料或画了 3 个月的图纸，结果某一天，硬盘坏了或者因为病毒而损坏了资料，会让人欲哭无泪，所以对于重要资料及时备份是绝对必要的。

② 尽量避免在无杀毒软件的机器上使用可移动存储介质。一般人都以为不要使用别人的磁盘，即可防毒，但是不要随便使用别人的计算机也是非常重要的，否则有可能带一大堆病毒回家。

③ 使用新软件时，先用扫毒程序检查，可减少中毒机会。

④ 准备一份具有杀毒及保护功能的软件，将有助于杜绝病毒。

⑤ 不要在 Internet 上随意下载软件。病毒的一大传播途径，就是 Internet。潜伏在网络上的各种可下载程序中，如果你随意下载、随意打开，对于制造病毒者来说，可真是再好不过了。因此，不要贪图免费软件，如果实在需要，请在下载后执行杀毒软件彻底检查。

⑥ 不要轻易打开电子邮件的附件。近年来造成大规模破坏的许多病毒，都是通过电子邮件传播的。不要以为只打开熟人发送的附件就一定保险，有的病毒会自动检查受害人计算机上的通讯录并向其中的所有地址自动发送带病毒文件。最妥当的做法，是将附件保存下来，不要打开，先用查毒软件彻底检查。

>>>>>>>>>>>>>>>>>>>>>>>>> 复习思考题 <<<<<<<<<<<<<<<<<<<<<<<<<

1. 下载并安装卡巴斯基杀毒软件，对系统盘进行查杀病毒操作。
2. 登录 http：//www.antivirus-china.org.cn ，了解有关病毒的最新知识。

▶ 任务三　信息的采集、存储和打印——计算机外围设备

任务描述

张伟已经开始为毕业设计做前期的准备工作，需要采集大量图片信息作为创作的源素材。在创作后期还要将自己的作品拿给指导老师看，请老师提出修改意见和见解。最后再将作品打印装订成册。

任务分析

采集图片信息可以通过两种途径完成，一种是通过数码相机采集，另一种是通过扫描仪采集。

室内装潢的毕业设计中包含大量图像信息，一般占用的存储空间较大。如果用E-mail发送给老师需要较长的时间，那么最直接的方法就是利用移动存储设备（如移动硬盘、U盘等）复制到老师的计算机上。

毕业设计的最后一步就是将作品打印出稿，此过程可以利用打印设备来完成，为了能体现出室内装潢的效果，建议用图像专用的绘图仪进行打印。

方法与步骤

1. 认识数码相机

数码相机，又称电子相机，如图 1.17 所示。它可以直接把拍摄的图片记录在磁盘上，不需要胶卷，省去了胶卷冲洗扩印等过程；也不需要再进行扫描；可由磁盘直接输入计算机进行处理。

图 1.17　数码相机

提示：

数码相机的工作原理是：首先通过镜头接收光线，然后被称为 CCD（电耦合元件）的摄影元件（有时也使用 CMOS 传感器）将所接收的光线转换成电信号，最后将电信号作为数据记录到内置存储器和存储卡中。在数码相机的基本性能中，像素数、摄影元件、变焦倍率和镜头亮度这几个技术指标最为关键。

所谓像素数，可以理解为在摄影元件上设置的像栅格一样的东西。而光线的颜色和强度则以这种栅格为单位接收到相机中。所以，栅格越细（也就是像素越高），照片的颗粒就越细，相应的拍摄对象的细节部分就表现得越好。

2. 认识扫描仪

扫描仪如图 1.18 所示，它是图片输入的主要设备，能把一幅画或一张照片转换成数字

信号存储在计算机内,然后可以利用有关的软件编辑、显示或打印。扫描仪在计算机领域中具有广泛的用途,除处理图像信息外,还可以通过尚书等文字识别软件,处理文本信息。

技巧:

很多用户在使用扫描仪时,常常会产生采用多大分辨率扫描的疑问,其实,这由用户的实际应用需求决定。如果扫描的目的是为了在显示器上观看,扫描分辨率设为100dpi即可;如果为打印而扫描,采用300dpi的分辨率即可,要想将作品通过扫描印刷出版,至少需要300dpi以上的分辨率,当然若能使用600dpi则更佳。

图1.18 扫描仪

选择合适的扫描类型,不仅会有助于提高扫描仪的识别成功率,而且还能生成合适尺寸的文件。通常扫描仪可以为用户提供照片、灰度以及黑白3种扫描类型,在扫描之前必须根据扫描对象的不同,正确选择合适的扫描类型。照片扫描类型适用于扫描彩色照片,它要对红绿蓝3个通道进行多等级的采样和存储,这种方式会生成较大尺寸的文件;灰度扫描类型则常用于既有图片又有文字的图文混排稿样,该类型扫描兼顾文字和具有多个灰度等级的图片,文件大小尺寸适中;黑白扫描类型常见于白纸黑字的原稿扫描,用这种类型扫描时,扫描仪会按照一个位来表示黑与白两种像素,而且这种方式生成的文件尺寸是最小的。

3. 认识移动存储设备

在相连的计算机之间传输较大数据文件一直是一件很麻烦的事,移动存储设备的出现解决了这个问题。它使用USB接口,具有可以进行热插拔(即可以在你不关闭电源的情况下装拆外设)、无外接电源、体积小、重量轻、携带方便等特点。任何带有USB接口的计算机都可以使用移动存储设备。

移动存储设备具有以下优异特性。

- 不需要驱动器,无外接电源。
- 容量大(64MB到几十GB以上)。
- 体积小、重量轻。
- 使用简便,即插即用,可带电插拔。
- 存取速度快,约为软盘存取速度的15倍。
- 可靠性好,可反复擦写,数据至少可保存10年。
- 携带方便。
- 使用USB接口,带写保护功能。
- 具备系统启动、杀毒、加密保护等功能。

(1)移动硬盘。

移动硬盘如图1.19所示,顾名思义是以硬盘为存储介质,强调便携性的存储产品。目前市场上绝大多数的移动硬盘都是以标准硬盘为基础的,而只有很少部分是以微型硬盘(1.8英寸硬盘)等为基础的,价格因素决定了是以主流移动硬盘还是

图1.19 移动硬盘

以标准笔记本硬盘为基础。由于采用硬盘为存储介质，因此移动硬盘数据的读写模式与标准 IDE 硬盘是相同的。移动硬盘多采用 USB、IEEE1394 等传输速度较快的接口，可以以较高的速度与系统进行数据传输。

移动硬盘可以提供相当大的存储容量，是一种性价比较高的移动存储产品。目前，大容量"闪存盘"价格还难以被用户所接受，而移动硬盘能在用户可以接受的价格范围内提供给用户较大的存储容量和不错的便携性。目前市场中的移动硬盘能提供 20GB、40GB、80GB 等容量，一定程度上满足了用户的需求。

移动硬盘大多采用 USB、IEEE1394 接口，能提供较高的数据传输速度。不过移动硬盘的数据传输速度在一定程度上还受到接口速度的限制，尤其在 USB1.1 接口规范的产品上，在传输较大数据量时，将考验用户的耐心。而 USB2.0 和 IEEE1394 接口就相对好很多。

现在的 PC 基本配备了 USB 功能，主板通常可以提供 2～8 个 USB 接口，一些显示器也提供了 USB 转接器，USB 接口已成为个人计算机中的必备接口。USB 设备在大多数版本的 Windows 操作系统中，都可以不需要安装驱动程序，具有真正的"即插即用"特性，使用起来灵活方便。

（2）U 盘。

U 盘也称为优盘、闪存盘，是采用 USB 接口技术与计算机相连接工作的。使用方法很简单，只需要将 U 盘插入计算机的 USB 接口，然后安装驱动程序（一般安装购买时自带的驱动程序，如果确实没有，可以到网上去下载一个万能 USB 驱动程序），如图 1.20 所示，是不同类型的 U 盘。

一般的 U 盘在 Windows 2000 系统以上的版本中是不需要安装驱动程序而由系统自动识别的，使用起来非常方便。

U 盘的读取速度较软盘快几十倍至几百倍，U 盘的存储容量最小的为 6MB（现在市场上已经买不到），最大的数十 GB，而软盘的容量只有 1.44GB，就容量来说是天壤之别。U 盘不容易损坏，而软盘容易损坏，不便于长期保存资料。

可能在 U 盘出现的时候在某些问题上还离不开软盘，例如，系统崩溃，需要软盘来引导系统，对系统进行恢复。现在很多 U 盘都支持系统引导，并且引导速度比软盘更快，所以现在软盘已经基本被淘汰。

图 1.20　U 盘

提示：

在对 U 盘进行读取写入后，切勿直接拔除（Windows 98 除外），因为 U 盘在 Windows 98 以上版本系统中使用的时候，会把数据写入缓存，如果这时候直接拔除可能导致数据丢失。正确操作应该是双击右下角系统托盘区的新硬件图标，先在系统里停止设备的运行（即清除缓存，保存数据），然后再拔除。

4. 认识打印设备

打印机也是计算机系统的重要输出设备之一，它的作用是把计算机中的信息打印在纸张或其他介质上。目前常见的打印机有针式打印机、喷墨打印机、激光打印机等几种。

（1）针式打印机。

针式打印机主要有打印头、运载打印头的小车装置、色带机构、输纸机构和控制电路几部分组成，如图 1.21 所示。打印头是针式打印机的核心部件，它包括打印针、电磁铁、衔铁和复位弹簧。打印头通常有 24 针组成。这些针组成了针的点阵，当在线圈中通一脉冲电流时，衔铁被电磁铁吸合，使打印针通过色带打击在转筒上的打印纸而实现由点阵组成的字符或汉字。当线圈中的电流消失时，钢针在复位弹簧的推动作用下，回复到打印前的位置，等候下一次脉冲电流。一般针式打印机价格便宜，对纸张要求低，噪声大，字迹质量不高，针头易耗损。

图 1.21　针式打印机　　　　图 1.22　喷墨打印机

（2）喷墨打印机。

喷墨打印机属于非打击式打印机，如图 1.22 所示。和针式打印机相比较它的最大优点是噪声低。它是用极细的喷墨管将墨水喷射到打印介质上，在打印介质上形成图形和文字。喷墨打印机价格低、体积小、噪声低、打印质量高，但对纸张要求高、墨水的消耗量大。

（3）激光打印机。

激光打印机是激光技术和电子照相技术的复合产物，如图 1.23 所示，它将计算机输出信号转换成静电磁信号，磁信号使磁粉吸附在纸上形成有色字符。激光打印机打印质量高，字符光滑美观，打印噪声小，价格稍高，打印速度快，每分钟可打印几十页，是未来打印机的主流方向。

图 1.23　激光打印机　　　　图 1.24　绘图仪

（4）绘图仪。

对于大幅绘画作品或工程图纸，用打印机一般无能为力，这时就需要用绘图仪来完成绘图的输出工作，如图 1.24 所示。用绘图仪可以输出地图、设计图纸、海报等。绘图仪按工作原理分为喷墨式和静电式等种类。

相关知识与技能

输入设备和输出设备是计算机硬件系统的重要组成部分。

输入设备用于从外界将数据、命令输入到计算机的内存，供计算机处理。目前常用的设备有键盘、鼠标、扫描仪、录音笔、CD-ROM和视频摄像机等。

输出设备用以将计算机处理后的结果信息，转换成外界能够识别的和使用的数字、字符、声音、图像、图形等信息形式。常用的输出设备有显示器、打印机、绘图仪、音箱等。有些设备既可以作为输入设备，也可以作为输出设备，如移动硬盘、U盘、刻录机、调制解调器等。

1. 认识刻录机

刻录机如图1.25所示，它的专业用途就是备份资料和制作光盘，目前使用的频率比较高。

CD-RW刻录机按外观分为内置和外置两种，内置的较为多见，而外置的多为专业便携机。刻录机的接口主要分为两种，SCSI接口性能稳定，CPU占用率低，数据传输效果平稳，刻录成功率高，但其价格高，安装时需要专门的SCSI扩展卡，使用不太方便。IDE接口规格的刻录机是目前的主流产品，其安装简单，制造成本不高，而且由于目前CPU速度越来越快，一般便宜的赛扬300A都能胜任IDE接口刻录机的工作。

此外，目前市场上的刻录机还有一些外置型接口的规格，如并口、串口和USB接口。

图1.25 刻录机

提示：

CD-RW刻录机速度一般是指刻写和擦写速度，而读盘速度并不是刻录机的关键指标。一般采用8倍速刻写一张650MB CD-R光盘只需花费10分钟左右的时间，采用倍速越高，刻录花费的时间就越短。

2. 认识调制解调器

调制解调器（MODEM）是计算机与电话线之间进行信号转换的装置，由调制器和解调器两部分组成，调制器是把计算机的数字信号（如文件等）调制成可在电话线上传输的声音信号的装置，在接收端，解调器再把声音信号转换成计算机能接收的数字信号。通过调制解调器和电话线就可以实现计算机与互联网的连接了。

调制解调器可以分为两种：内置式和外置式，如图1.26所示。

图1.26 外置式和内置式调制解调器

内置式调制解调器其实就是一块计算机的扩展卡，插入计算机内的一个扩展槽即可使用，它无须占用计算机的串行端口。它的连线相当简单，把电话线接头插入卡上的 Line 插口，卡上另一个接口 Phone 则与电话机相连，平时不用调制解调器时，电话机使用一点也不受影响。

外置式调制解调器则是一个放在计算机外部的盒式装置，它需占用计算机的一个串行端口，还需要连接单独的电源才能工作，外置式调制解调器面板上有几盏状态指示灯，可方便监视 MODEM 的通信状态。外置式调制解调器安装和拆卸容易，设置和维修也很方便，还便于携带。外置式调制解调器 Phone 和 Line 的接法同内置式调制解调器类似。但是外置式调制解调器得用一根串行电缆把计算机的一个串行口和调制解调器串行口连起来，这根串行线一般随外置式调制解调器配送。

>>>>>>>>>>>>>>>>>>>>>>>>>>>>> 复习思考题 <<<<<<<<<<<<<<<<<<<<<<<<<<<<<

1. 家庭用哪种打印机的较多？一般办公用哪种打印机的较多？银行、移动公司等单位用哪种打印机的较多？为什么？

2. 利用周末时间去电脑城认识一些计算机外部设备，并了解其具体型号、功能和价格等信息。

单元二　Windows XP 操作系统的使用

　　Microsoft 公司推出的 Windows XP 采用的是 Windows NT 的核心技术，它具有运行可靠、稳定而且速度快的特点，这将为用户的计算机的安全正常高效运行提供保障。它不但使用更加成熟的技术，而且外观设计也焕然一新，桌面风格清新明快、优雅大方，用鲜艳的色彩取代以往版本的灰色基调，使用户有良好的视觉享受。Windows XP 系统大大增强了多媒体性能，对其中的媒体播放器进行了彻底的改造，使之与系统完全融为一体，用户无须安装其他多媒体播放软件，使用系统的"娱乐"功能，就可以播放和管理各种格式的音频和视频文件。Windows XP 系统中增加了众多的新技术和新功能，用户能轻松地完成各种管理和操作。

单元二能力分解图表

任务名称	能力目标	具体技能	建议课时数
任务一 对 Windows XP 进行个性化设置	1. 设置显示属性 2. 设置键盘、鼠标 3. 更改日期和时间 4. 设置用户	1. 更改桌面图片 2. 添加屏幕保护程序 3. 调整屏幕分辨率和刷新频率 4. 调整键盘、鼠标的反应速度 5. 调整系统日期和时间 6. 更改用户图片 7. 设置用户密码	2
任务二 在 Windows XP 中管理文件	1. 文件或文件夹操作 2. 使用搜索功能 3. 创建快捷方式	1. 创建树形文件夹结构 2. 文件或文件夹的创建、重命名、复制、剪切、粘贴和删除操作 3. 搜索符合条件的文件 4. 对搜索的结果进行操作 5. 创建文件、文件夹或应用程序的快捷方式	2
任务三 使用 Windows XP 的附件工具	1. 使用画图工具 2. 安装打印机 3. 使用记事本 4. 使用计算器	1. 运用画图工具创作图片 2. 安装打印机驱动程序 3. 设置图片页面并打印 4. 将图片设为桌面背景 5. 使用记事本编辑文字 6. 使用计算机进行计算	2

▶ 任务一 对 Windows XP 进行个性化设置

任务描述

今天是上班的第一天，来到自己的工作间，赶快打开自己的计算机按自己的喜好设置 Windows XP 操作系统，不仅方便今后的日常操作，而且可以以轻松愉快的心情投入到工作中去！

任务分析

将自己喜爱的图片设置为桌面，经常更换桌面的图片，避免每天面对同样的工作环境，给人以全新的感觉。

设置有个性的屏幕保护程序，可以起到保护显示器的作用。

调整好屏幕的分辨率、颜色质量和刷新频率，满足自己的视觉享受。

将键盘、鼠标调整到自己满意的程度，方便日常操作。

为自己的计算机设置用户图片，更改用户密码和恢复时使用的密码，这样别人就无法使用你的计算机了。

将日期和时间调整准确，争分夺秒地努力工作吧！

方法与步骤

1. 打开桌面属性窗口

在桌面任意空白处右击，在弹出的快捷菜单中执行"属性"命令，会弹出"显示 属性"对话框，如图 2.1 所示。

2. 更改桌面图片

在"显示 属性"对话框中选择"桌面"选项卡，如图 2.2 所示，在"背景"列表框中可选择一幅自己喜爱的背景图片，例如，系统自带的图片 Home，选项卡上的"显示器"中将显示此图片作为桌面背景的效果。

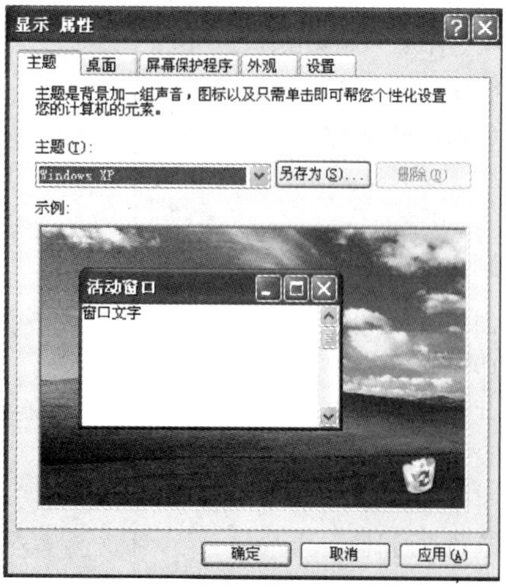

图 2.1 "显示 属性"对话框

图 2.2 "桌面"选项卡

3．添加屏幕保护程序

在"显示 属性"对话框中选择"屏幕保护程序"选项卡，如图 2.3 所示，在"屏幕保护程序"下拉列表中选择一种自己喜欢的动感效果，例如，三维文字。在等待时间文本框中输入 5，这就意味着对计算机没有任何操作 5 分钟后，进入屏幕保护程序。

4．对"三维文字"设置自定义文字

在屏幕保护程序列表框右侧单击"设置"按钮，弹出"三维文字设置"对话框，如图 2.4 所示。在文本中选择"自定义文字"单选按钮，在右侧文本框中输入"微笑＋自信＋努力＝成功"。

图 2.3　"屏幕保护程序"选项卡　　　　图 2.4　"三维文字设置"对话框

5．对"三维文字"设置字体

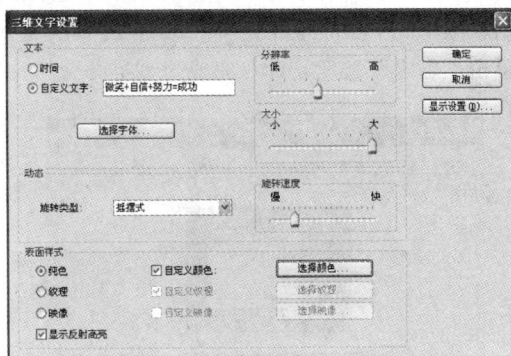

在"三维文字设置"对话框中单击"选择字体"按钮，在如图 2.5 所示"字体"对话框中选择字体为"华文行楷"、字形为"粗斜体"，单击"确定"按钮，返回到"三维文字设置"对话框。

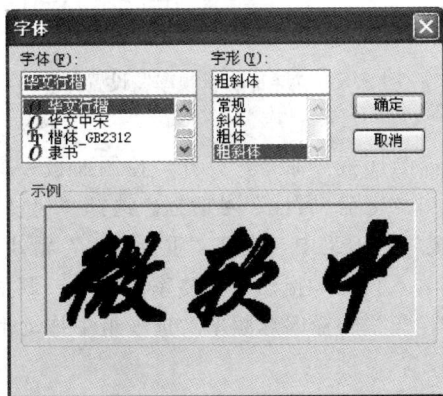

图 2.5　"字体"对话框　　　　　　　　图 2.6　"颜色"对话框

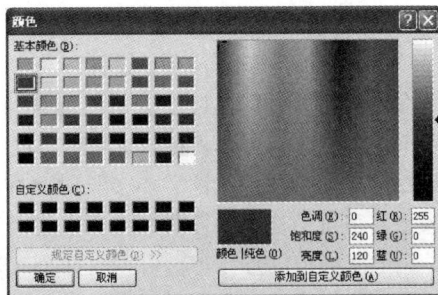

6. 对"三维文字"设置动态和颜色

在"三维文字设置"对话框中的"旋转类型"下拉列表中选择"摇摆式";在表面样式中选择"纯色"单选按钮,选中"自定义颜色"复选框;单击"选择颜色"按钮,在如图2.6所示的"颜色"对话框中选择"红色",单击"确定"按钮返回到"三维文字设置"对话框中,再次单击"确定"按钮,即可完成对"三维文字"屏幕保护程序的个性化设置,在"屏幕保护程序"选项卡中单击"预览"按钮可以看到预览效果。

7. 调整"屏幕分辨率"和"颜色质量"

在"显示 属性"对话框中选择"设置"选项卡,如图2.7所示,通过拖动滑块设置"屏幕分辨率"为1024×768;在"颜色质量"下拉列表中选择"最高(32位)"。

8. 调整"屏幕刷新频率"

在"设置"选项卡中单击"高级"按钮,会弹出"即插即用监视器和NVIDIA GeForce 8600 GT 属性"对话框,在该对话框中选择"监视器"选项卡,如图2.8所示,在"屏幕刷新频率"下拉列表中选择"85赫兹"。单击"确定"按钮返回到"设置"选项卡中,再次单击"确定"按钮,即可完成对"屏幕分辨率""颜色质量"和"屏幕刷新频率"的设置。

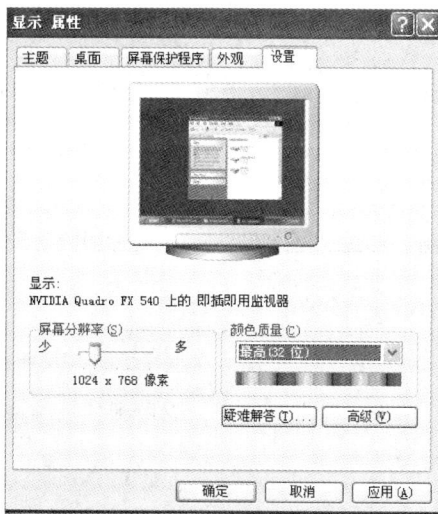

图2.7 "设置"选项卡

图2.8 "屏幕刷新频率"设置

9. 键盘设置

单击"开始"按钮,在"设置"菜单中执行"控制面板"命令,打开"控制面板"窗口。在"控制面板"窗口中双击"键盘"图标,弹出"键盘 属性"对话框。选择"速度"选项卡,如图2.9所示。在该选项卡中的"字符重复"选项组中,拖动"重复延迟"滑块,调整在键盘上按住一个键需要多长时间才开始重复输入该键;拖动"重复率"滑块,调整输入重复字符的速率,可在文本框中进行输入测试;在"光标闪烁频率"选项组中拖动滑块,调整光标的闪烁频率。可以根据个人爱好随意设置。

10. 鼠标键设置

单击"开始"按钮,在"设置"菜单中执行"控制面板"命令,打开"控制面板"窗口。在"控制面板"窗口中双击"鼠标"图标,弹出"鼠标 属性"对话框。选择"鼠标键"选项卡，如图 2.10 所示，系统默认鼠标左键为主要键，在"双击速度"选项组中拖动滑块调整鼠标的双击速度，可在右侧"文件夹"图标上对该项设置进行测试。

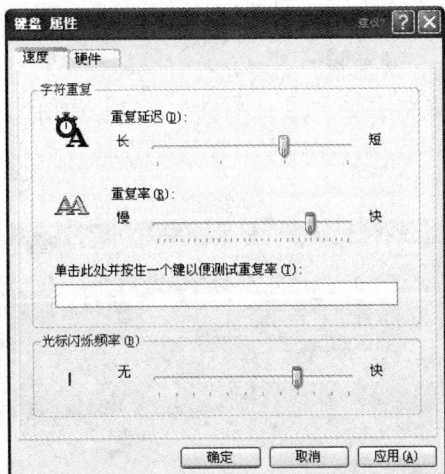

图 2.9   "速度"选项卡

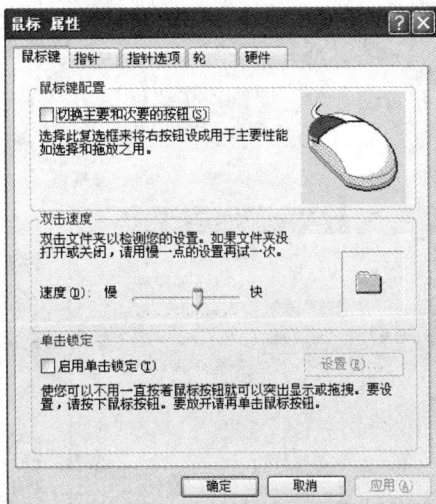

图 2.10   "鼠标键"选项卡

11. 鼠标指针设置

选择"指针"选项卡如图 2.11 所示，在该选项卡的"方案"下拉列表中提供了多种鼠标指针的显示方案，可以选择一种自己喜欢的鼠标指针方案，例如，恐龙（系统方案）。

12. 鼠标指针选项设置

选择"指针选项"选项卡如图 2.12 所示，在"移动"选项中拖动滑块调整鼠标指针的移动速度；在"可见性"选项中选中"在打字时隐藏指针"复选框，这样在输入文字时将隐藏鼠标指针。

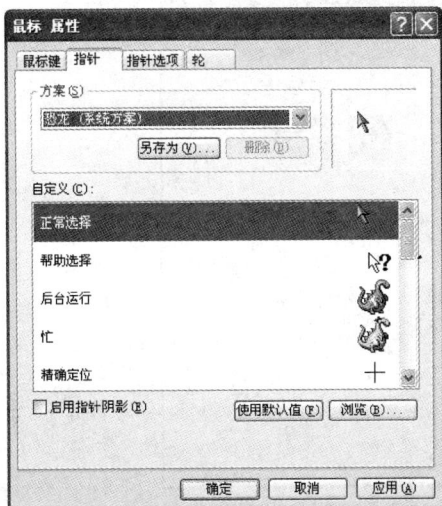

图 2.11   "指针"选项卡

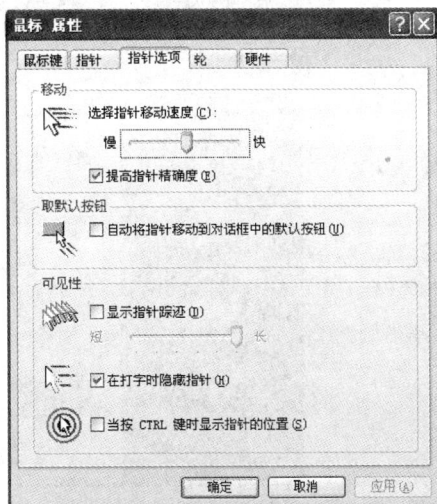

图 2.12   "指针选项"选项卡

13. 鼠标轮设置

选择"轮"选项卡如图 2.13 所示，可以设置三键鼠标中间滑轮一个齿格的滚动距离。选择"一次滚动下列行数"单选按钮，在文本框中输入 3。

14. 设置用户帐户

单击"开始"按钮，在"设置"菜单中执行"控制面板"命令，打开"控制面板"窗口。在"控制面板"窗口中双击"用户帐户"图标，打开"用户帐户"窗口，如图 2.14 所示。

图 2.13　"轮"选项卡

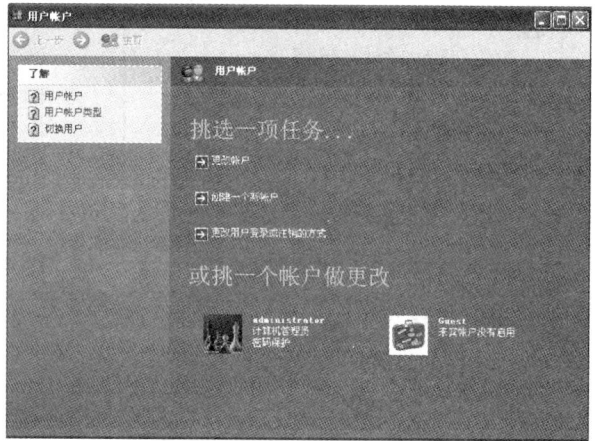

图 2.14　"用户帐户"窗口

15. 选择一个帐户做更改

在上述窗口中的"或挑一个帐户做更改"中选择一个 administrator 帐户进入个性化设置，如图 2.15 所示。

图 2.15　"用户帐户"更改帐户窗口

16. 设置用户密码

执行"更改密码"命令后，可以在如图 2.16 所示窗口中输入登录该系统的计算机管理员 administrator 的密码。将文本框填写好后，单击"更改密码"按钮即可。

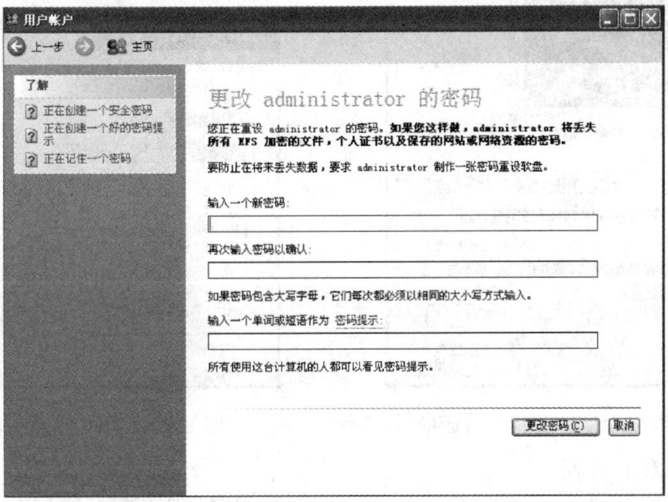

图 2.16　"用户帐户"更改密码窗口

17. 设置用户图片

在"您想更改 administrator 的帐户的什么"窗口中执行"更改图片"命令后，可以在如图 2.17 所示窗口中选择自己喜爱的用户图片，例如，red flower 图片，单击"更改图片"按钮即可。

图 2.17　"用户帐户"更改图像窗口

18. 设置屏幕保护恢复时使用的密码

再次打开"屏幕保护程序"选项卡并选中"在恢复时使用密码保护"复选框，如图 2.18 所示。这就意味着当你离开片刻，计算机进入屏幕保护后，如果有人想用这台计算机没有密码是无法使用的。这个密码与刚才设置的用户密码是一致的。

图 2.18 "恢复时使用密码"对话框   图 2.19 "时间和日期"选项卡

19. 设置日期和时间

双击任务栏最右侧的"时间",会弹出"日期和时间 属性"对话框,选择"时间和日期"选项卡,如图 2.19 所示。在该选项卡中可以通过微调按钮调节年份,在下拉列表中可选择月份,在列表框中单击日期;在"时间"文本框中可以直接输入或通过按钮调节时间。更改完毕后,单击"确定"按钮即可。

相关知识与技能

一、Windows XP 的启动和退出

1. 启动

安装好 Windows XP 操作系统的计算机,只要打开电源,系统会首先运行 BIOS 中的自检程序,如果检测硬件没有问题,则自动进入 Windows XP 的启动界面。经过短暂的欢迎画面,出现系统登录对话框。此时,选择对应的用户后即可进入系统桌面;如果没有设置多用户,则不出现登录界面而直接进入系统。

2. 退出

Windows XP 是一个多任务操作系统,为避免造成数据丢失并保存必要的参数设置,必须按照下述操作步骤正确退出系统。

(1)关闭正在运行的所有应用程序窗口。

(2)单击桌面上的"开始"按钮,选择"关闭计算机"选项,会弹出如图 2.20 所示的"关闭计算机"对话框。

(3)单击"关闭"按钮,经过短暂的时间,系统自动安全地关闭电源。

如果只是希望重新启动 Windows XP 系统,则可以单击"重新启动"按钮;如果只是在一段时间内停止使用计算机,而又不想关机,则可以单击"待机"按钮,让系统进入休眠状态,此时计算机以低能耗保持工作。

图 2.20 "关闭计算机"对话框

二、Windows XP 的桌面组成及其操作

1. 桌面组成

启动 Windows XP 后，屏幕上显示的整个区域称为桌面，如图 2.21 所示。桌面是用户操作计算机的最基本界面，Windows XP 中所有的操作都是基于桌面的。

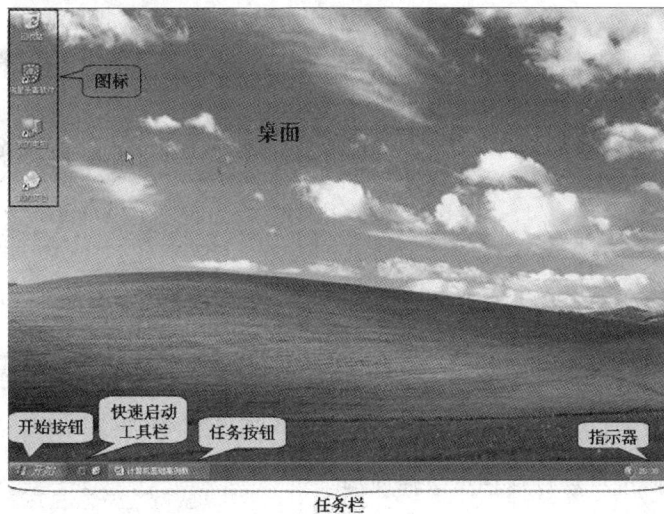

图 2.21 Windows XP 的桌面

2. 鼠标的基本操作

（1）指向：将鼠标指针移动到要操作的对象上，为下一步操作做好准备。

（2）单击：是指快速按一下鼠标左键，然后松开。一般用于选定对象或执行菜单命令等。

（3）右击：是指快速按一下鼠标右键，然后松开。该操作通常会弹出所指对象的快捷菜单。

（4）双击：是指快速连续地按两下鼠标按键。一般来说，双击都是指双击鼠标左键，

该操作会打开与所指对象相关的窗口。

（5）拖动：是将鼠标指针移动到操作对象上，按住鼠标按键不放，同时移动鼠标到其他位置，然后松开鼠标按键。按住鼠标左键拖动，在本窗口内用于移动对象，在不同窗口之间用于复制对象；按住鼠标右键拖动，在本窗口内可以选择移动或复制对象，在不同窗口之间用于复制对象。

（6）三键鼠标中间的滑轮：用于在窗口中浏览时滚动换行。

三、任务栏的操作

任务栏是位于桌面最下方的一个小长条，它显示了系统正在运行的程序和打开的窗口、当前时间等内容，通过任务栏可以完成许多操作，而且也可以对它进行一系列的设置。

1. 任务栏的组成

任务栏可分为"开始"菜单按钮栏、快速启动栏、窗口按钮栏、语言栏和通知区域等几部分，如图 2.22 所示。

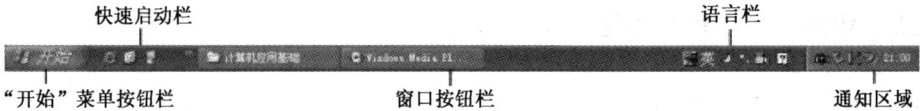

图 2.22　任务栏

2. 任务栏的属性

在任务栏上的非按钮区域右击，在弹出的快捷菜单中执行"属性"命令，即可弹出"任务栏和「开始」菜单属性"对话框，如图 2.23 所示。

提示：

在任意图标上按住鼠标左键可将其拖放到任务栏的"快速启动"栏内。

四、窗口的操作

打开每一个文件或应用程序，都会出现一个窗口，窗口是用户进行操作时的重要组成部分，熟练地对窗口进行操作，会提高用户的工作效率。

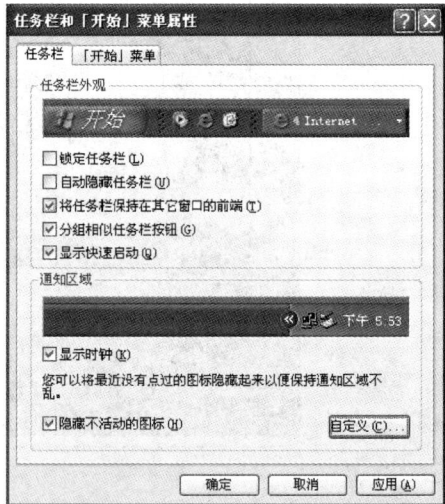

图 2.23　"任务栏和「开始」菜单属性"对话框

1. 窗口的组成

在 Windows XP 中有多种窗口，其中大部分都包括了相同的组件，如图 2.24 所示是一个标准的窗口，它由标题栏、菜单栏、工具栏等几部分组成。

2. 窗口的类型

上面提到在 Windows XP 中有多种窗口，下面分别用图片展示不同的窗口类型。

（1）磁盘窗口，如图 2.25 所示。

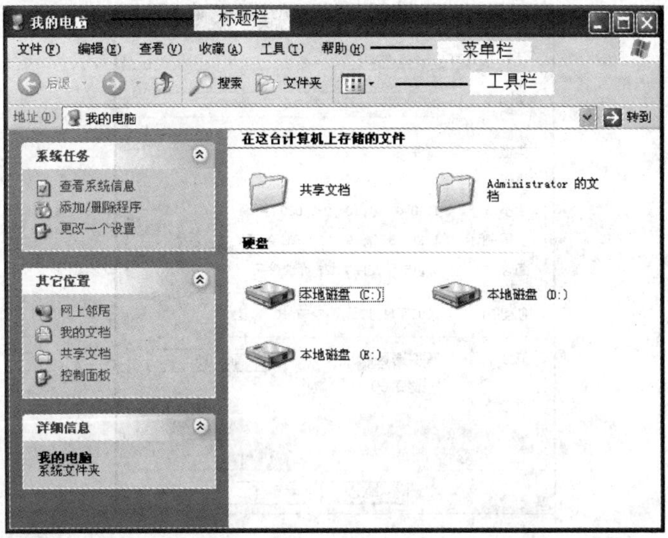

图 2.24　示例窗口

图 2.25　C 盘窗口

（2）对话框窗口，例如："属性"对话框，如图 2.26 所示。

（3）应用程序窗口与文档窗口，如图 2.27 所示。

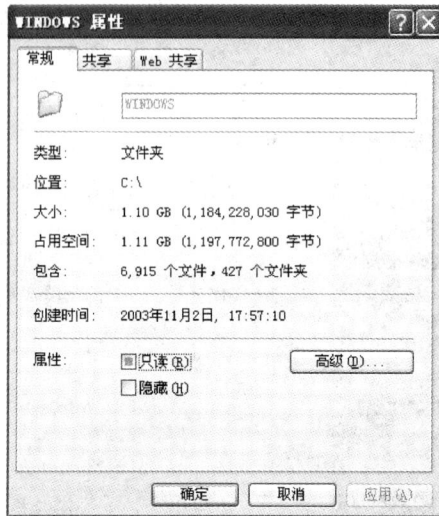

图 2.26 "属性"对话框

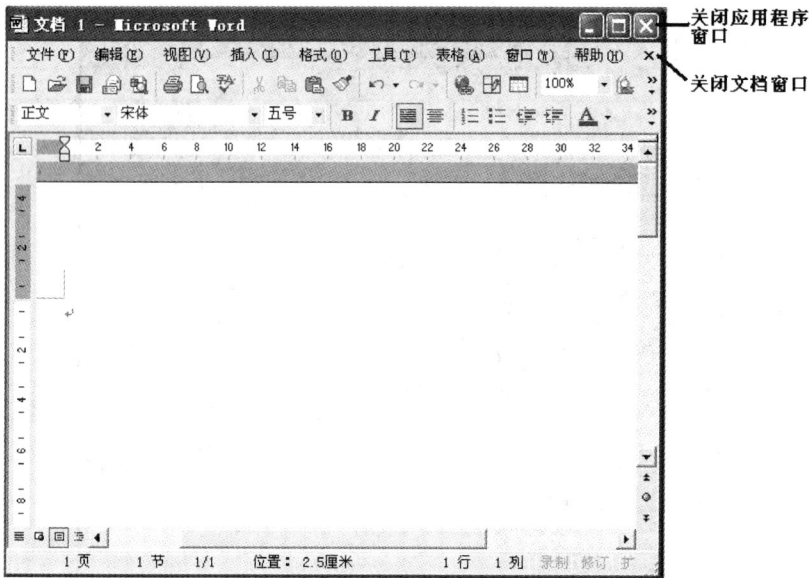

图 2.27 Word 应用程序窗口

3. 窗口的基本操作

窗口操作在 Windows XP 操作系统的使用中是很重要的一部分内容,不但可以通过鼠标使用窗口上的各种命令来操作,而且可以通过键盘对窗口进行操作,方法为:按住 Alt键的同时,按窗口上菜单名称旁括号内相应的字母键,即可打开该菜单;在菜单中通过上、下方向键选中菜单中的命令,选中命令后按回车键完成该命令。

4. 窗口的排列

当打开了多个窗口时,需要全部处于显示状态,这就涉及窗口的排列问题,在 Windows XP 操作系统中为人们提供了 3 种排列的方案可供选择,它们分别是:层叠窗口、横向平铺窗口和纵向平铺窗口。在任务栏上的非按钮区域右击，在弹出的快捷菜单中进行设置，如图 2.28 所示。

5. 窗口的关闭

当不再需要使用某个窗口时，可以通过多种方法将该窗口关闭。

（1）通过单击窗口右上角的红色·"关闭"按钮。

（2）通过执行窗口中"文件"菜单中的"退出"命令。

（3）通过 Alt＋F4 组合键关闭当前窗口。

（4）在窗口的标题栏内右击，在快捷菜单中执行"关闭"命令。

（5）在任务栏内相应窗口的按钮上右击，在快捷菜单中执行"关闭"命令。

五、显示属性设置

每天面对一成不变的桌面，不免会让人觉得枯燥，可以根据自己的个性、爱好改变显示属性设置，使工作环境更加新颖、活泼，为工作和学习增加更多趣味。打开显示属性对话框的方法有以下两种。

方法一：在桌面任意空白处右击，在弹出的快捷菜单中执行"属性"命令。

方法二：单击"开始"按钮，执行"控制面板"命令，在弹出的"控制面板"窗口中双击"显示"图标。

1. 主题

选择"主题"选项卡如图 2.29 所示，主题是背景加一组声音、图标及帮助用户进行个性化设置的一些内容，主题下拉列表中有"Windows 经典"、Windows XP 等选项，不同的选项会带来不同的主题内容，即不同的用户可使设置不同的个性化的主题内容。

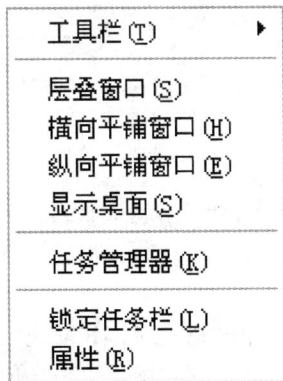

图 2.28　任务栏快捷菜单　　　　图 2.29　"主题"选项卡

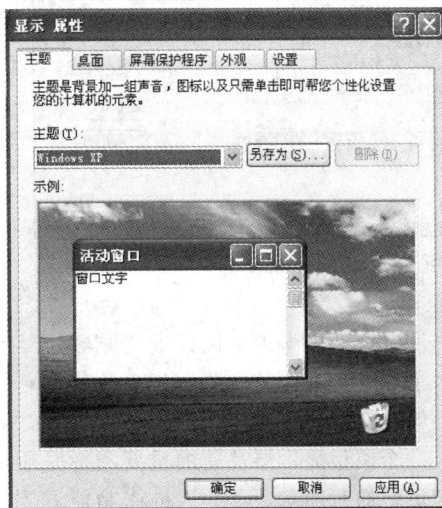

2. 桌面背景

如果列表框中没有满意的图片，还可以单击"浏览"按钮，在本地磁盘或其他位置选择图片作为桌面背景。

在"位置"下拉列表中有居中、平铺和拉伸 3 种选项，可调整背景图片在桌面上的位置。

（1）居中方式：对图片不进行任何缩放，直接摆放在屏幕中央。

（2）平铺方式：对图片不进行任何缩放，像铺地砖一样，一幅接一幅铺满全屏，主要适用于尺寸较小的图片。

（3）拉伸方式：根据屏幕大小，将图片缩放至整个屏幕。

若用户想用纯色作为桌面背景颜色，或者当图片不能覆盖整个屏幕时，可在"颜色"下拉列表中选择喜欢的颜色，填充屏幕或作为图片四周的衬托颜色。

3．外观

通过外观的设置可以对活动窗口标题栏、非活动窗口标题栏、窗口、消息框、三维物体等项目进行更加个性化的方案设计，从而使你的显示效果更加与众不同，如图 2.30 所示。

通常人们可以使用现成的样式方便自己的个性化外观设置，在"色彩方案"和"字体大小"下拉列表中进行统一更改。也可以单击"高级"按钮，如图 2.31 所示，选择相应的项目进行大小、颜色等的精确设置。

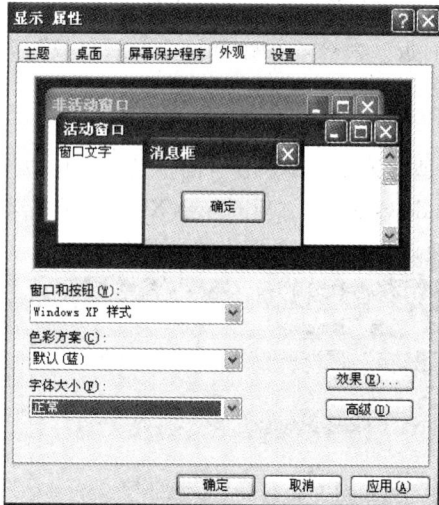

图 2.30　"外观"选项卡　　　　图 2.31　"高级外观"设置

4．设置

在"设置"选项卡中可以设置"屏幕分辨率"和"颜色质量"。分辨率是指计算机能够支持的水平和垂直方向的点阵密度，分辨率越高则会扩大整个屏幕区域，尽管屏幕上的项目将变小但是清晰度更高。颜色指每个点所支持的颜色数。

另外一个调整显示器性能的重要指标是刷新频率。电子束扫描过后，其发光亮度只能维持极其短暂的时间，为了让人的眼睛能看到稳定的图像，就必须在图像消失之前使电子束不断地反复地扫描整个屏幕，这个过程称为刷新。每秒刷新的次数称为刷新频率。通常刷新频率是越高越好，因为屏幕刷新频率越低，画面的闪烁感就越强，眼睛就越容易疲劳，从而引起视力的下降。一般显示器刷新频率不低于 75 Hz。

六、鼠标设置

弹出"鼠标属性"对话框，在"指针"选项卡中的"方案"下拉列表中提供了多种鼠标指针的显示方案，在"自定义"列表框中显示了该方案中鼠标指针在各种状态下显示的样式。若用户对某种样式不满意，可选中它，单击"浏览"按钮，在弹出的"浏览"对话框中进行选择，如图 2.32 所示。

拓展与提高

一、删除程序

在使用计算机的过程中，会经常安装其他应用软件来满足人们的使用需求，安装的程序会占用计算机的磁盘空间，当不再需要该软件时，可以通过删除程序释放磁盘空间，提高计算机的利用率。删除程序的操作可以通过在"开始"菜单中执行"控制面板"命令，在"控制面板"窗口中双击"添加或删除程序"图标，打开"添加或删除程序"窗口，如图 2.33 所示。具体操作方法如下。

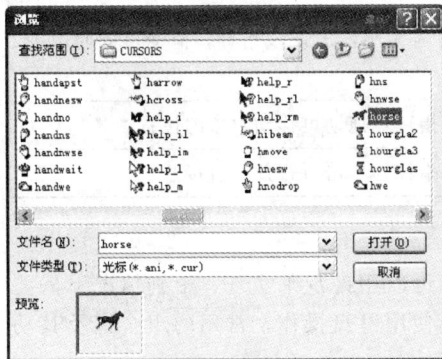

图 2.32　"浏览"对话框　　　　　图 2.33　"添加或删除程序"窗口

打开"添加或删除程序"窗口后，默认选中的是"更改或删除程序"按钮，在"当前安装的程序"列表中，选择要删改的应用程序，单击其右下角的"更改/删除"按钮即可彻底删除该应用程序。其中有些应用程序只有"删除"按钮，单击它便会彻底删除；有些应用程序有"更改"项，单击它可以删除或添加该程序的子功能项。

注意：将不需要的软件拖放到"回收站"中并没有真正的卸载该软件，它仍然占用磁盘空间。不需要的软件必须正确卸载，因为只有这样才能保证程序被彻底删除并释放磁盘空间。

二、鼠标指针及含义

在 Windows XP 中，随着鼠标指针指向屏幕的不同区域，鼠标指针的形状会发生相应的变化，因此对应的操作也会有所不同。鼠标指针的常见形状及其相应的含义如表 2-1 所示。

表 2-1 鼠标指针的常见形状及相应的含义

指针形状	含 义 说 明
↖	系统处于就绪状态，用于指向、单击、双击、拖动等操作
↖?	求助指针，此时指向某个对象并单击，即可显示该项目的帮助说明
↖⌛	表示当前操作正在后台运行
⌛	表示系统忙，要等待操作完成后，才能接收鼠标操作
I	出现在文本区，用于选择文本或定位插入点
⊘	不可用指针，表示当前操作无效
↕	垂直调整指针，鼠标指向可改变对象上、下边界的大小，出现该指针，拖动可改变对象的纵向大小
↔	水平调整指针，鼠标指向可改变对象左、右边界的大小，出现该指针，拖动可改变对象的横向大小
↖ ↗	对角线调整指针，鼠标指向可改变对象四角的大小，出现该指针，拖动可同时改变对象的纵向和横向大小
✛	移动指针，鼠标指向可移动对象时，出现该指针，拖动可移动对象的位置
☝	超级链接指针，鼠标指向超级链接时出现该指针，单击可打开该链接

三、常用的组合键

在 Windows XP 中，一般能用鼠标控制的操作都可以用键盘来实现，个别情况下需要多个键组合来完成某项操作。根据个人习惯可以选择使用键盘操作，常用的组合键及其功能如表 2-2 所示。

表 2-2 常用组合键及其功能

常用组合键	功 能 描 述
Ctrl+S	保存
Ctrl+W	关闭程序
Ctrl+N	新建
Ctrl+O	打开
Ctrl+Z	撤销
Ctrl+F	查找
Ctrl+X	剪切
Ctrl+C	复制
Ctrl+V	粘贴
Ctrl+A	全选
Ctrl+〔	缩小文字

续表

常用组合键	功 能 描 述
Ctrl+]	放大文字
Ctrl+B	粗体
Ctrl+I	斜体
Ctrl+U	下划线
Ctrl+Shift	输入法切换
Ctrl+空格键	中英文切换
Ctrl+Home	光标快速移到文件头
Ctrl+End	光标快速移到文件尾
Ctrl+拖动文件	复制文件
Alt+F4	关闭当前程序
Alt+Tab	任务栏窗口之间切换
Alt+Esc	任务栏非最小化窗口之间切换
Delete	删除
Shift+Delete	永久删除所选项且不放到"回收站"中
Shift+空格键	全角/半角切换
Print Screen	将当前屏幕复制到剪贴板
Alt+Print Screen	将当前活动窗口复制到剪贴板

>>>>>>>>>>>>>>>>>>>>>>>> 复习思考题 <<<<<<<<<<<<<<<<<<<<<<<<<

1. 如何查看"我的电脑"中各磁盘的容量和使用程度？
2. "分组相似任务栏按钮"的作用是什么？
3. 试试看窗口的不同排列方式效果如何？
4. 如何显示任务栏上的"快速启动栏"和"语言栏"？

▶ 任务二　在 Windows XP 中管理文件

任务描述

刚刚接手公司业务部的工作，发现以前的业务员在计算机上存放的文件十分零乱，今后需要将国内各省市（如北京、上海和河北）的相关文件分门别类地存放，特别是针对河北的宣传资料要将保定和石家庄的分别存放，而在石家庄内要把桥东区和桥西区的分别存放。每个城市的文件要有明细表和情况说明。将以前业务员存放在计算机中的业务宣传照片搜索出来按城市分别存放，并把没用的资料删除。最后在桌面上创建快捷方式，便于每天对文件的管理和操作。

任务分析

在 D 盘下创建如图 2.34 所示树形文件夹结构。

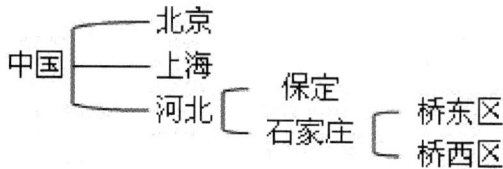

图 2.34　树形文件夹结构

在桌面上创建"明细表.xls"和"情况介绍.doc"两个文件，并复制到"北京""上海"和"河北"文件夹中，更改文件名称以体现省市名称。将"河北"文件夹中的文件移动到"石家庄"文件夹内，并删除桌面上的"明细表.xls"和"情况介绍.doc"这两个文件。

在 C 盘下搜索第二个字符是英文字母 o 的.jpg图片文件，将搜索出的第一张图片复制到"河北"文件夹中。

在桌面上创建"中国"文件夹的快捷方式，并将快捷方式命名为"业务"。

方法与步骤

1. 打开"我的电脑"

在桌面上双击"我的电脑"图标，即可打开"我的电脑"窗口，如图 2.35 所示。

2. 打开"D 盘"

在"我的电脑"窗口中双击"本地磁盘（D:）"图标，即可打开"本地磁盘（D:）"窗口，如图 2.36 所示。

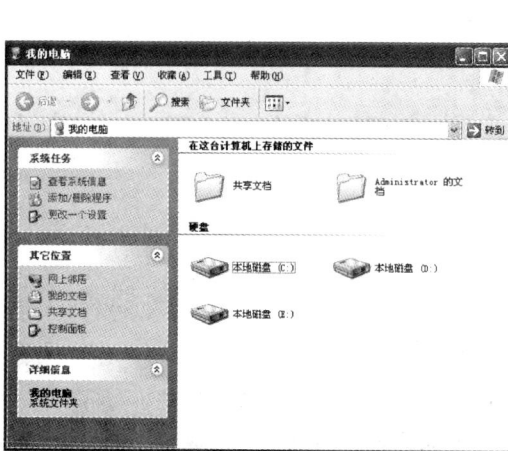

图 2.35　"我的电脑"窗口

图 2.36　"本地磁盘（D:）"窗口

3．新建文件夹"中国"

在图 2.36 所示窗口空白区域右击，在弹出的快捷菜单中执行"新建"中的"文件夹"命令，出现新建文件夹后输入"中国"并按回车键，结果如图 2.37 所示。

4．新建文件夹"北京""上海"和"河北"

双击"中国"文件夹图标，打开"中国"文件夹窗口，用上述方法在该文件夹内新建 3 个文件夹，并分别命名为"北京""上海"和"河北"，结果如图 2.38 所示。

图 2.37　创建"中国"文件夹

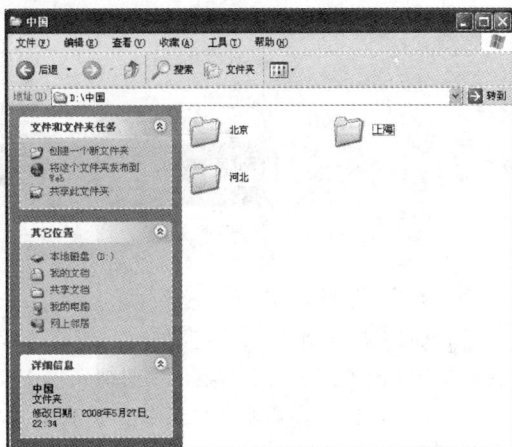

图 2.38　"中国"文件夹窗口

5．新建文件夹"保定"和"石家庄"

双击"河北"文件夹图标，打开"河北"文件夹窗口，用上述方法在该文件夹内新建两个文件夹，并分别命名为"保定"和"石家庄"，结果如图 2.39 所示。

6．新建文件夹"桥东区"和"桥西区"

双击"石家庄"文件夹图标，打开"石家庄"文件夹窗口，用上述方法在该文件夹内新建两个文件夹，并分别命名为"桥东区"和"桥西区"，结果如图 2.40 所示。

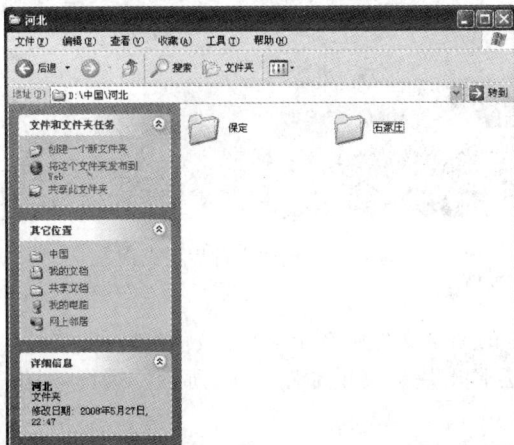

图 2.39　"河北"文件夹窗口

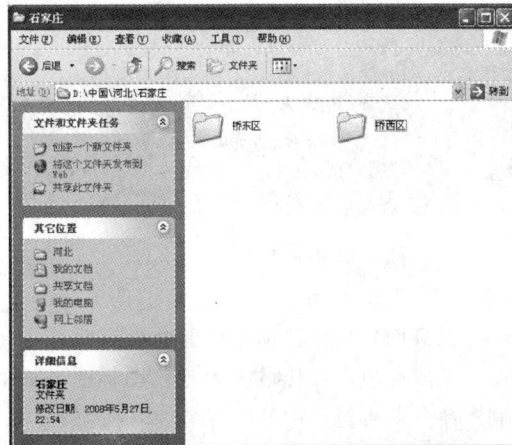

图 2.40　"石家庄"文件夹窗口

注意：地址栏内的路径是当前窗口所在的位置。

7. 新建".xls"文件

在桌面上空白区域右击，在弹出的快捷菜单中执行"新建"中的"Microsoft Excel 工作表"命令，如图 2.41 所示。

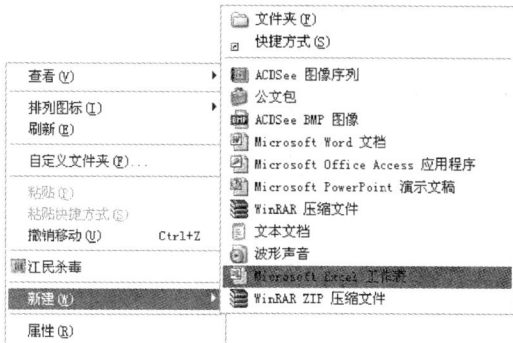

图 2.41 "新建"菜单

8. 命名".xls"文件

当桌面上出现新建的文件图标后，如图 2.42 所示，若默认的文件名中包含扩展名".xls"，则将"."之左的文字选中后输入"明细表"并按回车键，即创建了"明细表.xls"文件。

注意：若默认的文件名中不包含扩展名".xls"，则将默认文件名的全部文字选中输入"明细表"，即创建了"明细表.xls"文件。

9. 新建"情况说明.doc"文件

在桌面上空白区域右击，在弹出的快捷菜单中执行"新建"中的"Microsoft Word 文档"命令，并命名为"情况说明"，结果如图 2.43 所示。

图 2.42 命名".xls"文件

图 2.43 创建文件后的桌面

10. 复制文件

在桌面上按住鼠标左键拖出矩形框，将新建的两个文件画在矩形框内，被选中的文件图标变成蓝色，在任意一个蓝色图标上右击，会弹出快捷菜单如图 2.44 所示，执行"复制"命令即可将选中的所有文件复制。

11. 粘贴文件

通过"我的电脑"打开刚才在 D 盘下创建的树形文件夹中的"北京"文件夹，在"北京"文件夹窗口空白区域中右击，在快捷菜单中执行"粘贴"命令，如图 2.45 所示，即可将两个文件同时粘贴到该文件夹内。

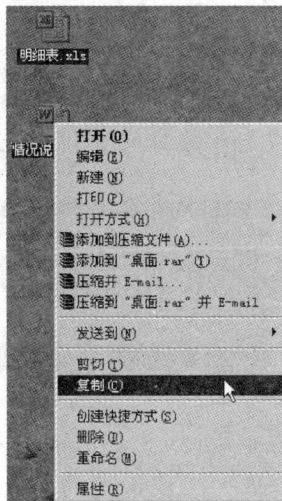

图 2.44　"复制"文件　　　　　　　　图 2.45　"粘贴"文件

12. 文件重命名

当两个文件粘贴到文件夹中后，还是都处于选中的状态，单击窗口中空白区域即可取消同时选中状态。右击"明细表.xls"文件图标，在快捷菜单中执行"重命名"命令，此时光标在文件名称框中闪烁，单击"明"字左侧，输入"北京"后按回车键，即可将"明细表.xls"文件重命名为"北京明细表.xls"。同理将"情况说明.doc"文件重命名为"北京情况说明.doc"，如图 2.46 所示。

13. 重复上述粘贴和重命名文件的操作

分别打开"上海"和"河北"文件夹，在空白区域右击，在快捷菜单中执行"粘贴"命令，并将文件重命名为"上海明细表.xls""上海情况介绍.doc"和"河北明细表.xls""河北情况介绍.doc"，例如"河北"文件夹中的结果如图 2.47 所示。

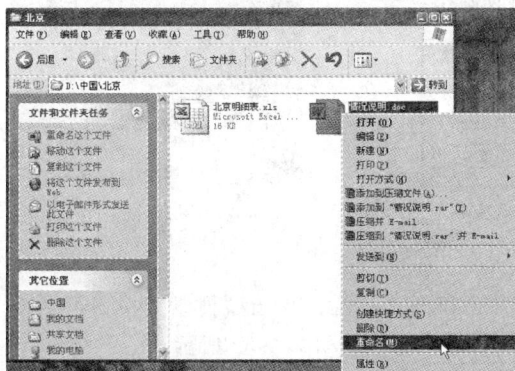

图 2.46　"重命名"文件　　　　　　　图 2.47　"河北"文件夹

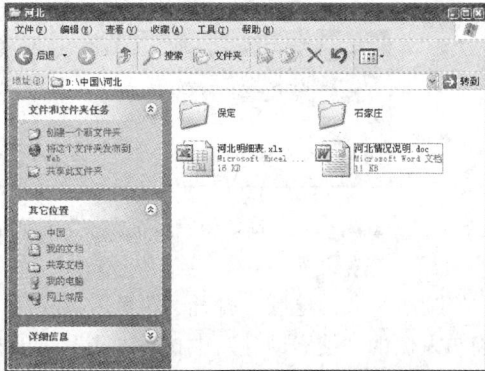

注意：复制一次后，可以重复粘贴若干次。

14．移动文件

在"河北"文件夹窗口中选中"河北明细表.xls"和"河北情况介绍.doc"两个文件，在任意一个蓝色图标上右击，在弹出的快捷菜单中执行"剪切"命令，如图 2.48 所示。

15．粘贴文件

打开"石家庄"文件夹，在空白区域右击，在快捷菜单中执行"粘贴"命令，结果如图 2.49 所示。

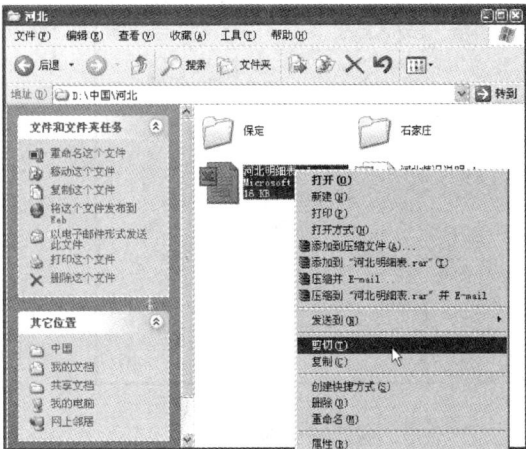

图 2.48　"剪切"文件　　　　　　　　　　　图 2.49　"粘贴"文件

注意：文件剪切并粘贴到其他位置后，原来位置就没有该文件了。

16．删除文件

选中桌面上的"明细表.xls"和"情况说明.doc"两个文件，在任意一个蓝色图标上右击，在弹出的快捷菜单中执行"删除"命令，如图 2.50 所示。

17．确认删除多个文件

执行"删除"命令后，会弹出确认删除的提示对话框，如图 2.51 所示，单击"是"按钮，将文件放入回收站中。

图 2.51　"确认删除多个文件"对话框

图 2.50　"删除"文件

18．搜索文件

通过"我的电脑"打开"C盘"，在"C盘"窗口的工具栏上单击"搜索"按钮，在该窗口左侧的"搜索助理"中执行"图片、音乐或视频"命令，如图 2.52 所示。

19. 输入搜索的文件名称

在"搜索助理"区域，选中"图片和相片"复选框，在"全部或部分文件名"文本框内输入"？o＊.jpg"，如图 2.53 所示。

图 2.52　"搜索"窗口

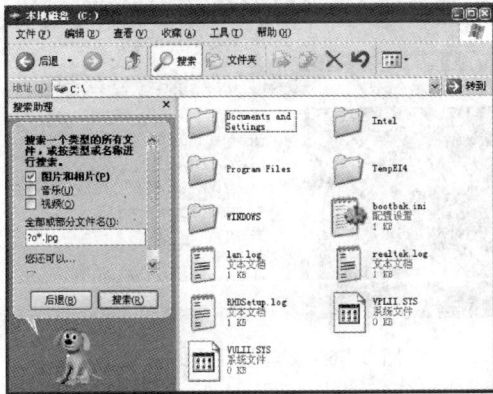

图 2.53　输入搜索的文件名

20. 进行搜索

在"搜索助理"区域单击"搜索"按钮，即可开始在 C 盘内进行搜索，结果显示在当前窗口内，如图 2.54 所示。

21. 对搜索结果进行操作

在搜索出的第一张图片上右击，在快捷菜单中执行"复制"命令，打开"河北"文件夹，在空白区域右击，在快捷菜单中执行"粘贴"命令，结果如图 2.55 所示。

图 2.54　"搜索结果"窗口

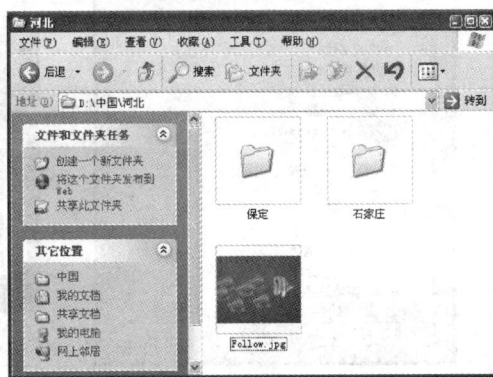

图 2.55　"河北"文件夹

22. 创建快捷方式

在桌面上的空白区域右击，在弹出的快捷菜单中执行"新建"中的"快捷方式"命令，如图 2.56 所示。

23. 键入项目的位置

在弹出的"创建快捷方式"对话框中，单击"浏览"按钮，如图 2.57 所示。

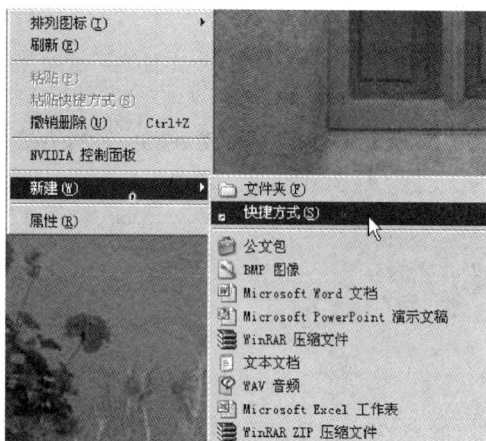

图 2.56 新建快捷方式菜单

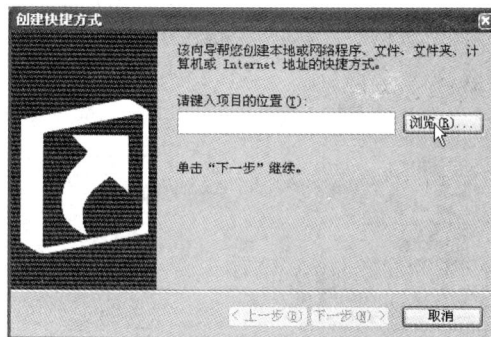

图 2.57 "创建快捷方式"对话框

24. 选择目标

在弹出的"浏览文件夹"对话框显示的树形文件夹结构中，选择 D 盘下的"中国"文件夹图标，如图 2.58 所示。单击"确定"按钮返回到"创建快捷方式"对话框。

25. 继续创建快捷方式

此时"创建快捷方式"对话框中已经键入了项目的位置，如图 2.59 所示，单击"下一步"按钮。

图 2.58 "浏览文件夹"对话框

图 2.59 "创建快捷方式"对话框"下一步"

26. 键入快捷方式的名称

在弹出的"选择程序标题"对话框中的"键入该快捷方式的名称"文本框中输入"业务"，如图 2.60 所示，单击"完成"按钮。

27. 创建快捷方式的结果

单击"完成"按钮后，桌面上创建好了指向"中国"文件夹的快捷方式，并命名为"业务"，如图 2.61 所示。双击该快捷方式即可打开 D 盘中的"中国"文件夹。

图 2.60   "选择程序标题"对话框

图 2.61   创建快捷方式的结果

相关知识与技能

一、"我的电脑"与"资源管理器"

"我的电脑"与"资源管理器"是 Windows XP 管理系统资源的两个重要工具。它们的操作方法和功能有很多相同之处，而且可以方便地相互切换。

1. "我的电脑"

启动"我的电脑"，在桌面上双击"我的电脑"图标即可打开，如图 2.62 所示。

从"我的电脑"窗口可以看出，它列出了计算机中所有驱动器的图标，是以驱动器为工作的起点，通过打开驱动器，实现对磁盘上存储文件的操作。它偏重于磁盘管理，可以方便地实现格式化磁盘、复制磁盘等操作。单击"我的电脑"窗口中的"文件夹"工具按钮，可以快速切换到"资源管理器"窗口。

2. "资源管理器"

启动"资源管理器"的方法列出如下几种。

（1）在任务栏中右击"开始"按钮，在快捷菜单中执行"资源管理器"命令。

（2）在桌面上右击"我的电脑"或"我的文档"等图标，在快捷菜单中执行"资源管

图 2.62   "我的电脑"窗口

图 2.63   "资源管理器"窗口

理器"命令。

（3）单击"开始"按钮，执行"所有程序"|"附件"|"Windows 资源管理器"命令。

（4）在"我的电脑"窗口中，单击工具栏上的"文件夹"按钮。

从"资源管理器"窗口可以看出，其左窗格显示了系统资源的目录树，它偏重于强调资源的上下级关系。在这目录树中，若驱动器或文件夹前面有"＋"号，表明该驱动器或文件夹有下一级子文件夹，单击该"＋"号可展开其所包含的子文件夹，当展开驱动器或文件夹后，"＋"号会变成"－"号，表明该驱动器或文件夹已展开，单击"－"号，可折叠已展开的内容，如图 2.63 所示。

二、文件与文件夹概述

1. 文件与文件夹的概念

文件就是用户赋予了名字并存储在磁盘上的信息的集合，它可以是用户创建的文档，也可以是可执行的应用程序或一张图片、一段声音等。文件夹是系统组织和管理文件的一种形式，是为方便用户查找、维护和存储而设置的，用户可以将文件分门别类地存放在不同的文件夹中。

2. 文件与文件夹命名的有关规则

（1）格式：文件的名称由文件主名和扩展名两部分组成，其中，主名与扩展名之间用小数点隔开，如果文件名中包含多个小数点，则最右端一个小数点后面的部分是扩展名。文件夹只需要有文件夹名称，而不需要扩展名。

（2）文件或文件夹命名时，最多由 255 个字符组成。这些字符可以是字母、数字、空格、汉字和一些特定符号，其中英文字母不区分大小写。

（3）文件或文件夹的名字不允许使用下列具有特殊含义的字符，如：? \ * " ＜ ＞ : | 。

（4）在同一存储位置不允许有文件名（包括扩展名）完全相同的文件，也不允许有文件夹名称相同的文件夹。

注意：无论是文件还是文件夹都要明确其存放位置。

3. 文件类型

根据文件的不同用途，可将文件分为程序文件和文档文件两类。在 Windows XP 中，系统是根据文件的扩展名进行分类的，同时用不同的图标进行标识。所谓程序文件就是扩展名为 .com、.exe 等的文件，其显示图标由程序作者设定。文档文件是由程序文件创建的，其扩展名一般由应用程序指定，图标也由系统指定。表 2-3 列出了一些常见文档文件的扩展名及其图标。

表 2-3　常见文档文件的扩展名及其图标

文件类型	扩展名	图标	文件类型	扩展名	图标
文本文件	.txt		Excel 工作簿	.xls	
位图文件	.bmp		演示文稿	.ppt	
Word 文档	.doc		Web 页文件	.htm	

不同类型的文件有不同的使用方法，由于扩展名决定了文件类型，在 Windows XP 中，

为了防止用户不小心删除或修改文件的扩展名，造成文件不能使用，因此采用了隐藏文件扩展名的保护措施。

4. 文件夹结构

磁盘上可以存储大量的文件，但为了便于管理，一般将相关文件分类后分别存放在不同的文件夹中，就像日常工作中把不同类型的文件资料用不同的文件夹来分类整理和保存一样。文件夹中可以存放文件，也可以存放文件夹，把存放在文件夹中的文件夹称为子文件夹，子文件夹中同样可以存放文件和下一级的子文件夹，这样文件夹是分层管理的，其结构像一棵树，又称树形结构。这种树形结构可以从"资源管理器"中看出来。

三、文件或文件夹的操作

1. 在文件或文件夹的基本操作中，注意以下事项

（1）若要一次移动或复制多个相邻的文件或文件夹，可以先选择起始文件或文件夹，再按住 Shift 键选择末尾文件或文件夹；若要一次移动或复制多个不相邻的文件或文件夹，可按住 Ctrl 键选择多个不相邻的文件或文件夹；若非选文件或文件夹较少，可先选择非选文件或文件夹，然后执行编辑"|"反向选择"命令即可；若要选择所有的文件或文件夹，可执行"编辑"|"全部选定"命令或按 Ctrl＋A 组合键。

（2）在进行重命名操作之前，必须关闭此文件或文件夹才能对其进行重命名操作。除上述方法外，也可在文件或文件夹名称处直接单击两次（两次单击时间间隔稍长一些，避免形成双击），使其处于编辑状态，输入新的名称进行重命名操作。

2. 更改文件或文件夹属性

文件或文件夹包含 3 种属性：只读、隐藏和存档。若将文件或文件夹设置为"只读"属性，则该文件或文件夹不允许更改和删除；若将文件或文件夹设置为"隐藏"属性，则该文件或文件夹在常规显示中将不被看到；若将文件或文件夹设置为"存档"属性，则表示该文件或文件夹已存档，有些程序用此选项来确定哪些文件需做备份。

更改文件或文件夹属性的操作步骤如下。

右击选中要更改属性的文件或文件夹，在打开的快捷菜单中执行"属性"命令，在弹出的"新建文件夹 属性"对话框中选择"常规"选项卡，如图 2.64 所示。在该选项卡的"属性"选项组中选中需要的属性复选框后，单击"确定"按钮即可。

四、文件夹选项设置

"文件夹选项"能够改变文件或文件夹的显示方式。打开"文件夹选项"对话框的方法有以下两种。

方法一：单击"开始"按钮，执行"控制面板"命令，在"控制面板"窗口中双击"文件夹选项"图标，即可弹出"文件夹选项"对话框。

方法二：在任意窗口中，执行"工具|文件夹选项"命令，弹出"文件夹选项"对话框。选择"查看"选项卡，如图 2.65 所示。

在"高级设置"中可以通过"隐藏文件和文件夹"选项设置为"隐藏"的文件和文件夹；可以通过取消"隐藏已知文件类型的扩展名"复选框来显示文件的扩展名；可以设置是否在地址栏中显示完整路径等各项设置。

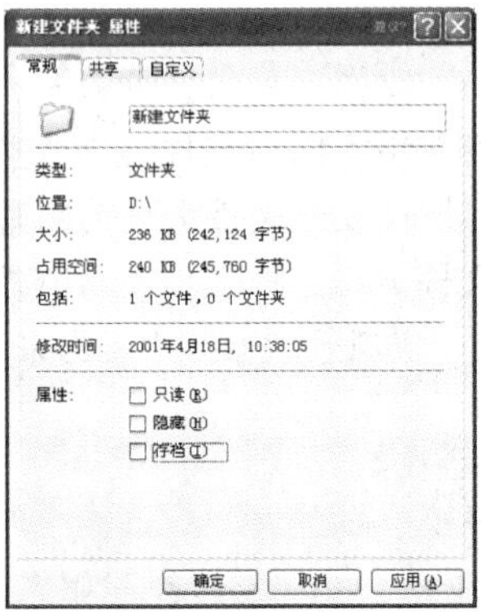

图 2.64　"常规"选项卡 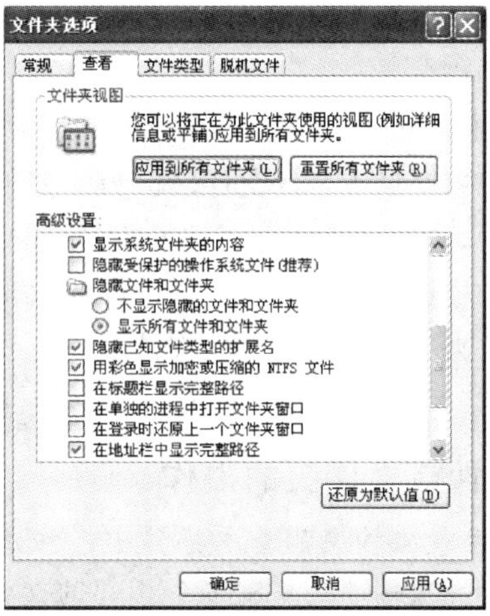　　　　图 2.65　"查看"选项卡

五、搜索文件和文件夹

有时候用户需要察看某个文件或文件夹的内容，却忘记了该文件或文件夹存放的具体的位置或具体名称，Windows XP 提供的搜索文件或文件夹功能可以帮用户查找该文件或文件夹。

1. 打开"搜索"窗口，有两种方法

方法一：单击"开始"按钮，执行"搜索"命令。

方法二：在搜索的磁盘驱动器或文件夹窗口中，单击工具栏中的"搜索"按钮。

2. 指定搜索条件

要查找文件或文件夹，就需要提供查找线索。搜索条件至少要输入一条，也可以使用多条组合。

（1）在"全部或部分文件名"中，输入要查找的文件或文件夹名称。如果不能准确确定文件名，在 Windows XP 中，文件名支持通配符"＊"和"？"。"＊"表示该符号的位置可以用任意的一串字符来代替；"？"表示该符号位置可以用任意的一个字符来代替。例如，搜索第三个字符是 a 的文件名称，可以使用"？？ a＊.＊"来进行搜索。

（2）在"文件中的一个字或词组"中，输入要查找文件所包含的一段文字。这也就是按文件内容查找。

（3）在"在这里寻找"中，输入指定查找的驱动器范围或通过"浏览"窗口指定到具体的某一文件夹位置。

（4）在"什么时候修改的？"下拉菜单中，可以指定文件的修改日期，按照指定的日期范围查找。

（5）在"大小是？"下拉菜单中，可以指定文件的大小进行查找。

（6）在"更多高级选项"下拉菜单中，可以指定文件类型和其他选项设置。

六、快捷方式的创建

用户可以为经常使用的程序、文档等在桌面上创建快捷图标，以后再次使用时只需双击这些图标即可打开使用，无须查找，非常方便。每一个快捷方式用一个左下角带有弧形箭头的图标表示，称为快捷图标。因为快捷图标是一个连接对象的图标，它不是这个对象的本身，而是指向这个对象的指针，所以删除或移动快捷方式，对原对象没有影响；删除原对象，则所有该文件的快捷方式都将失去作用。

创建的快捷方式的操作方法有多种，除上述操作方法外还有如下几种。

方法一：在要创建快捷方式的对象上右击，执行"发送到"|"桌面快捷方式"命令，这样可以在桌面生成此对象的快捷方式。

方法二：在要创建快捷方式的对象上右击，执行"创建快捷方式"命令，这样可以在本地窗口或本级菜单创建此对象的快捷方式。

方法三：在要创建快捷方式的对象上右击，执行"复制"命令，在要存放此对象快捷方式的位置执行"粘贴快捷方式"命令，可以实现在本地创建异地对象的快捷方式。

拓展与提高

一、文件与文件夹的显示风格

1. 显示风格

文件和文件夹的显示方式有缩略图、平铺、图标、列表和详细资料几种。通过单击任意窗口中的"查看"菜单，打开如图 2.66 所示的菜单，在其中可以切换相应的文件显示方式。

2. 排列图标

图标有序排列可以方便分类和查找。排列图标的操作是：执行"查看"|"排列图标"命令，然后根据需要执行"名称""大小""类型""修改时间"其中一个命令即可。

（1）名称：按文件主名字符的排列顺序排列图标。

（2）大小：按文件的大小排列图标。

（3）类型：按文件类型扩展名字符的排列顺序排列图标。

（4）修改时间：按文件修改时间的顺序排列图标。

图 2.66　"查看"菜单

二、回收站的使用

在 Windows XP 系统安装好后，会在桌面上显示"回收站"图标。"回收站"是用来存放被删除的文件的。当"回收站"是空的时候图标就像一个空的垃圾桶；当"回收站"中有了被删除的文件时，图标中的"垃圾桶"里就有了白色的"垃圾"。

"回收站"中所有被删除的文件按删除时间顺序排列，最近删除的放在最上面，当队列溢出时，最先删除的将被永久删除。对"回收站"的操作如下。

1. 查看"回收站"的内容

双击桌面上的"回收站"图标，打开"回收站"窗口，如图 2.67 所示。

2. 还原被删除的文件或文件夹

在"回收站"窗口中选中要还原的文件或文件夹右击，在打开的快捷菜单中执行"还原"命令，文件或文件夹将还原到被删除之前的位置。

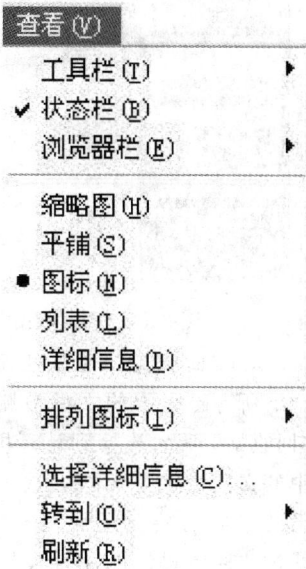

提示：

如果被删除的文件原来所在位置的文件夹也已被删除，则将重新建立该文件夹并存放还原的文件。

3. 清空"回收站"的内容

如果"回收站"中的文件已不再需要，为了释放磁盘空间可以将"回收站"清空，也就意味着"回收站"里的内容彻底删除不能再还原。可以在打开的"回收站"窗口中左上方的"回收站任务"中选择"清空回收站"；或者在该窗口的"文件"菜单中选择"清空回收站"；或者在桌面上右击"回收站"图标，在快捷菜单中执行"清空回收站"命令，会弹出"确认删除多个文件"对话框，如图2.68所示，选择"是"则彻底删除"回收站"中的所有内容。

图2.67　"回收站"窗口　　　　　图2.68　"确认删除多个文件"对话框

4. "回收站"的属性设置

所有磁盘中的文件被删除时都会放入"回收站"吗？连接到计算机上的移动磁盘中的文件被删除时，会放入"回收站"中以备人们需要时还原吗？答案是否定的。通过"回收站"的属性设置可以看出仅有本地磁盘可以设置"回收站"，而移动磁盘或者软盘都不能设置"回收站"空间。对"回收站"的属性设置操作如下。

在桌面上右击"回收站"图标，在快捷菜单中执行"属性"命令，会弹出"回收站　属性"对话框，如图2.69所示。

在该对话框的"全局"选项卡中，可以改变"回收站"所占磁盘空间的大小（默认值为10%）。选择"所有驱动器均使用同一设置"则对所有磁盘都设成同样的效果。选择"独立配置驱动器"则可以对不同的磁盘分别进行设置。这样，不但可

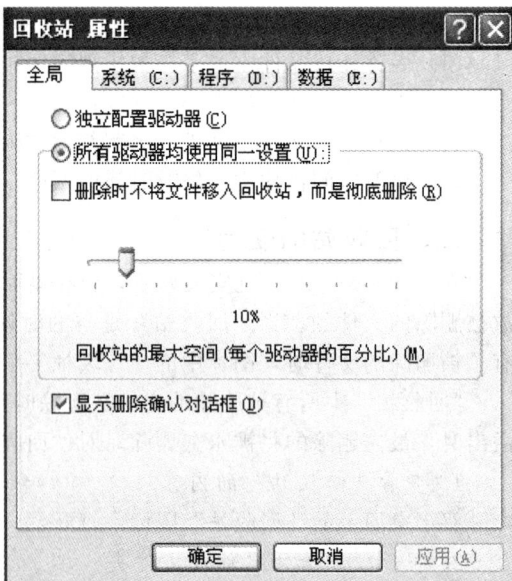

图2.69　"回收站　属性"对话框

以使每个磁盘的"回收站"空间大小不同，而且还可以根据需要对某磁盘不设置"回收站"，这样该磁盘的文件被删除时将不进入"回收站"。

选中"删除时不将文件移入回收站，而是彻底删除"复选框时，该磁盘的文件一旦删除就是彻底删除，无法还原。

选中"显示删除确认对话框"复选框时，在删除文件时会有相应的对话框提示。

各项设置好后，单击"确定"按钮即可。

提示：

进行设置后，单击"确定"按钮响应当前设置的同时，关闭属性设置窗口；如果希望响应当前设置又不需要关闭该窗口，则可以单击"应用"按钮。

>>>>>>>>>>>>>>>>>>>>>>>>> 复习思考题 <<<<<<<<<<<<<<<<<<<<<<<<<<<<<

1. 在"资源管理器"中完成任务二的操作。

2. 将 C 盘中任意一个大小在 2KB 以下的文件复制到桌面上，并在"搜索结果"窗口中查看该文件所在的位置。

3. 在选中"隐藏已知文件类型的扩展名"的设置下，在 D 盘中创建"作业.doc"文件时需要输入".doc"扩展名吗？

4. 如何将上述"作业.doc"文件重命名为"成绩.xls"文件？

5. 将"成绩.xls"文件隐藏后，再将其显示出来。

▶ 任务三 使用 Windows XP 的附件工具

任务描述

今天有一个商业洽谈会，公司临时接到通知要去参加。计算机中没有专业的绘图软件，又要求马上制作一幅以"邀您加盟"为主题的宣传画，并设为桌面背景。同时，安装上刚送来的 Apple Color LW 12/660 PS 型打印机，将作品打印 5 份。会后写出报销清单，并计算报销金额。

任务分析

由于时间紧迫，在没有专业的绘图软件的情况下，使用计算机中 D 盘下已有的 house.jpg 图片进行加工创作。

连接 Apple Color LW 12/660 PS 型打印机，并安装好驱动程序后，打印 5 份制作的宣传画。

通过"显示属性"对话框将制作的图片设为桌面背景。

使用附件中的"记事本"工具写出"报销清单.txt"，并使用系统自带的"计算器"计算报销金额。

方法与步骤

1. 启动"画图"应用程序

单击"开始"按钮，执行"程序|附件|画图"命令，即可打开"画图"窗口，如图2.70所示。

2. 打开图片

执行"文件"菜单中的"打开"命令，如图2.71所示，在"打开"对话框中选择文件位置为D盘，并选中house.jpg图片，单击"打开"按钮。

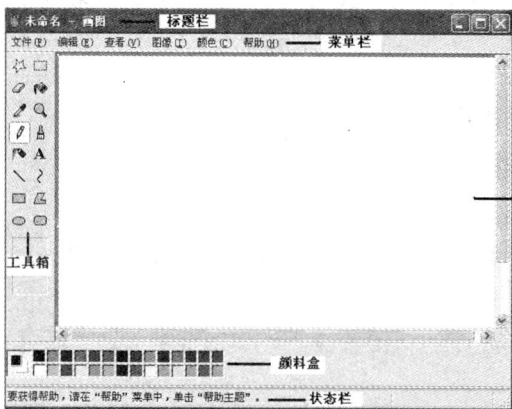

图2.70 "画图"窗口

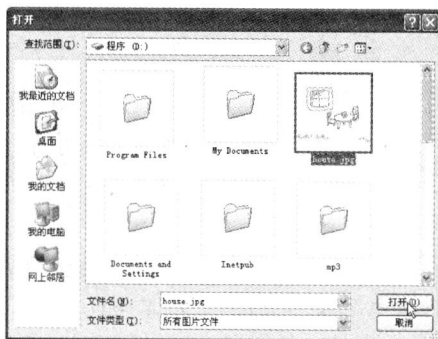

图2.71 "打开"对话框

3. 图片另存为

画图程序窗口中打开了上述图片，为了保留原始图片不被更改，绘画之前先进行图片的另存工作。执行"文件"菜单中的"另存为"命令，如图2.72所示，在"另存为"对话框中选择保存文件的位置为D盘，文件名为"邀您加盟.jpg"，单击"保存"按钮。

4. 放大图片

此时画图程序窗口的标题栏为"邀您加盟.jpg"，就可以开始创作了。单击左侧工具箱中的"放大镜"按钮，在下方弹出的辅助选择框中选择"6×"，如图2.73所示，放大的图片便于更加精细的绘画。

图2.72 "另存为"对话框

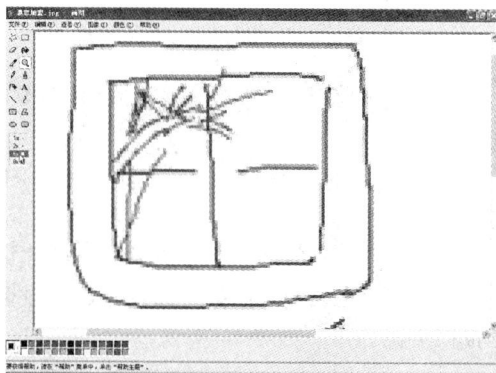

图2.73 "放大镜"工具

5. 使用工具箱和颜料盒

单击工具箱中的工具按钮，在辅助选择框中选择相应的样式，在颜料盒中选择自己喜欢的色块，在绘图区通过按住鼠标左键，给图片填充颜色，效果如图2.74和图2.75所示。

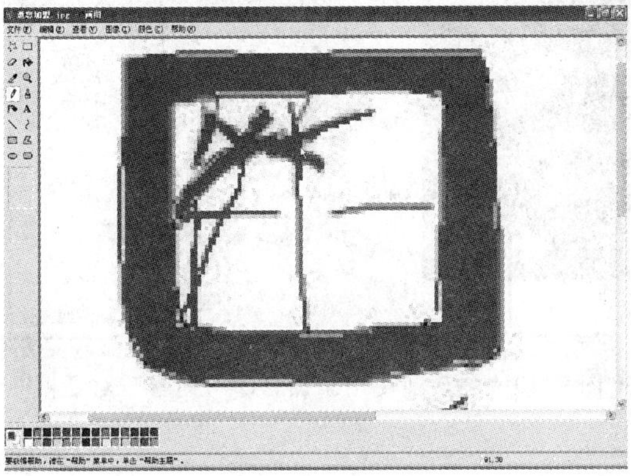

图 2.74　窗户绘制效果图

图 2.75　桌椅绘制效果

注意：绘制满意时要随时注意保存。操作失误时，"编辑"菜单中的"撤销"命令可以撤销最近的若干步操作。

6. 取消放大

填色基本完成，要退出放大效果，再次选择工具箱中的"放大镜"按钮，在下方弹出的辅助选择框中选择"1×"，如图2.76所示，放大的图片还原回原始大小。

7. 使用"橡皮""直线""椭圆"和"文字"工具

将图片下方文字擦掉，绘制图形并添加文本效果如图2.77所示。

图 2.76　还原图片大小

图 2.77　图片绘制效果

提示：

使用"椭圆"工具时按住Shift键可以画出正圆。"字体"工具栏在使用"文字"工具时启用，并可以通过"查看"菜单打开"字体"工具栏。

8. 打开"打印机和传真"窗口

在断电情况下，把打印机的数据线与计算机的LPT1端口相连，并且接通电源。单击"开始"按钮，在"设置"菜单中执行"打印机和传真"命令，会打开"打印机和传真"窗口，如图2.78所示。

图 2.78 "打印机和传真"窗口

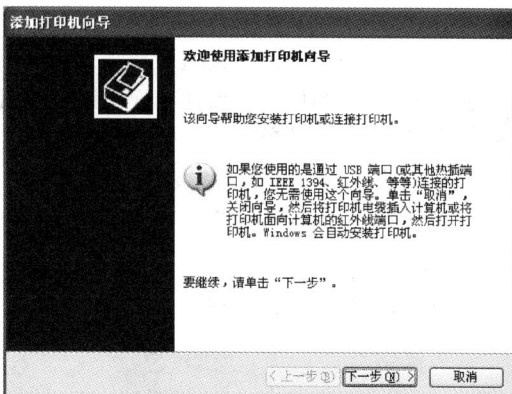

图 2.79 "欢迎使用添加打印机向导"对话框

9. 添加打印机

在上述窗口中单击"添加打印机"图标,弹出"添加打印机向导"对话框,如图 2.79 所示。

10. 选择本地打印机

单击"下一步"按钮,弹出"本地或网络打印机"对话框,选择"连接到这台计算机的本地打印机"单选按钮,如图 2.80 所示。

11. 检测打印机

单击"下一步"按钮,会弹出"新打印机检测"对话框,搜索结束后会提示用户检测的结果,如图 2.81 所示。

图 2.80 "本地或网络打印机"对话框

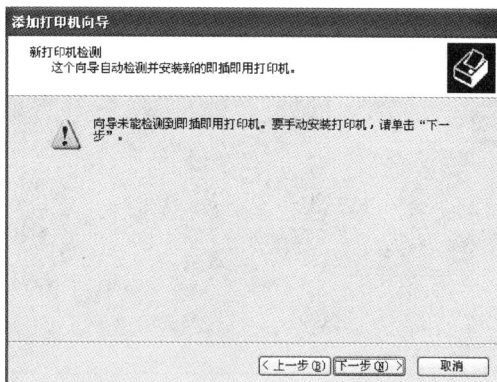

图 2.81 "新打印机检测"对话框

12. 选择打印机端口

单击"下一步"按钮,会弹出"选择打印机端口"对话框,在"使用以下端口"下拉列表框中选择系统推荐的打印机端口 LPT1,如图 2.82 所示。

13. 选择打印机型号

单击"下一步"按钮,会弹出如图 2.83 所示对话框,在左侧"厂商"列表框中选择 Apple,在右侧的"打印机"列表框中选择 Apple Color LW 12/660 PS 型号。

图 2.82　"选择打印机端口"对话框

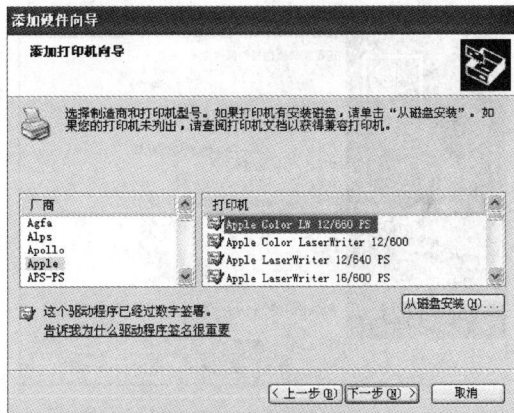

图 2.83　选择打印机型号

14. 命名打印机

单击"下一步"按钮，会弹出"命名打印机"对话框，如图 2.84 所示。可以在"打印机名"文本框中为自己安装的打印机起一个名字，这里不做更改，在"是否希望将这台打印机设置为默认打印机？"中选择"是"单选按钮。

15. 打印测试页

单击"下一步"按钮，会弹出"打印测试页"对话框，如图 2.85 所示，在"要打印测试页吗？"选项下选择"是"单选按钮，这样完成打印机的安装后，打印机会自动打印出测试页。

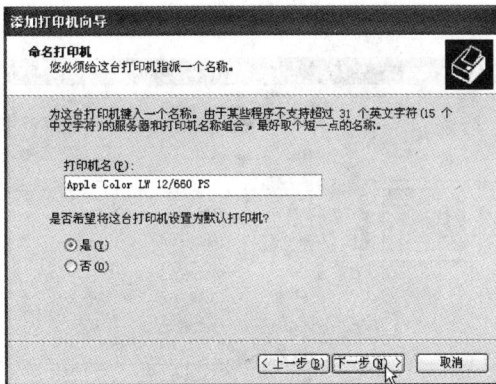

图 2.84　"命名打印机"对话框

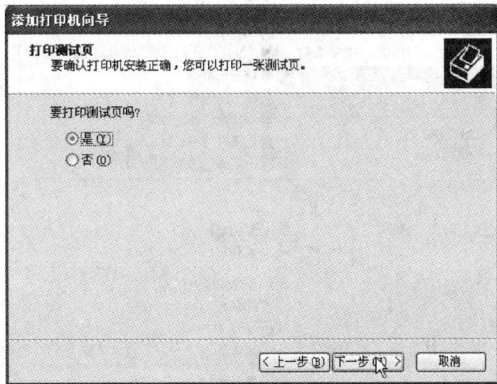

图 2.85　"打印测试页"对话框

16. 显示打印机信息

单击"下一步"按钮，会弹出"正在完成添加打印机向导"对话框，在该对话框中显示了所添加打印机的信息，如图 2.86 所示。

17. 完成添加打印机

单击"完成"按钮，屏幕上会弹出"正在复制文件"对话框，当文件复制完成后，在"打印机和传真"窗口中会出现刚添加的打印机图标，如图 2.87 所示。这样添加打印机就完成了，关闭"打印机和传真"窗口即可。

图 2.86 "正在完成添加打印机向导"对话框

图 2.87 完成添加打印机

18. 打开图片

打开 D 盘，在"邀您加盟.jpg"图标上右击，在快捷菜单中执行"打开方式"中的"画图"命令，如图 2.88 所示。

19. 图片页面设置

在画图程序窗口中执行"文件"菜单中的"页面设置"命令，在弹出的"页面设置"对话框中设置：方向为"横向"，居中为"水平"和"垂直"，缩放比例选择"调整到"并在后面的文本框中输入 280，如图 2.89 所示。单击"确定"按钮返回到画图程序窗口。

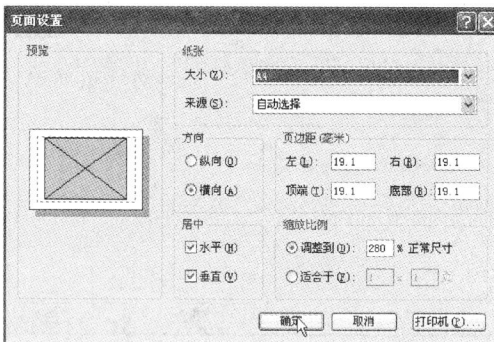

图 2.88 打开图片

图 2.89 "页面设置"对话框

20. 打印预览

在画图程序窗口中执行"文件"菜单中的"打印预览"命令，打开图片的预览效果窗口，如图 2.90 所示。预览完毕单击窗口标题栏下方的"关闭"按钮即可返回画图程序窗口。

21. 打印图片

在画图程序窗口中执行"文件"菜单中的"打印"命令，在弹出的"打印"对话框中的份数文本框内输入 5，如图 2.91 所示。单击"打印"按钮即可实现连续打印 5 份。

图 2.90　预览效果窗口

图 2.91　"打印"对话框

22. 将图片设为桌面背景

在桌面任意空白处右击，在弹出的快捷菜单中执行"属性"命令，会弹出"显示 属性"对话框。在"显示 属性"对话框中选择"桌面"选项卡，单击"浏览"按钮，在弹出的"浏览"对话框中选择"邀您加盟.jpg"图标，单击"打开"按钮，如图 2.92 所示。

23. 位置设置

返回"桌面"选项卡中，在"位置"下拉列表中选择"拉伸"，如图 2.93 所示，单击"确定"按钮即可将自己的作品设为桌面背景。

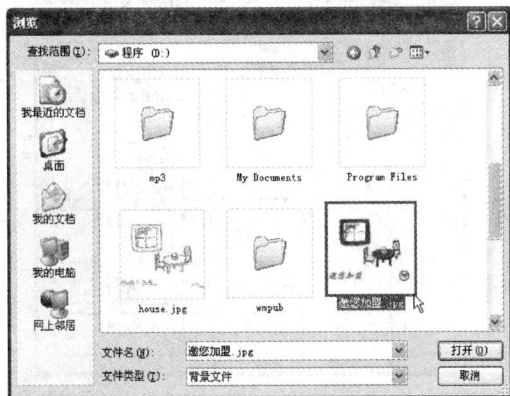

图 2.92　"浏览"对话框

图 2.93　位置设置

24. 打开"记事本"程序

单击"开始"按钮，执行"程序|附件|记事本"命令，即可打开记事本窗口，如图 2.94 所示。

25. 录入文字

在编辑区域单击鼠标，录入文字并按回车键换行，如图2.95所示。

图2.94 "记事本"窗口   图2.95 录入文字

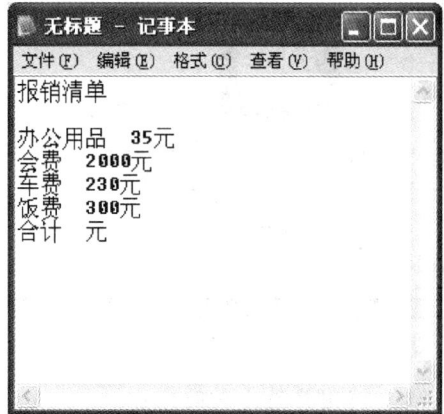

26. 使用"计算器"工具

单击"开始"按钮，执行"程序|附件|计算器"命令，即可打开"计算器"窗口，如图2.96所示。

27. 进行计算

单击计算器上相应的数字按钮和符号进行计算，将"记事本"中的各项费用相加计算出结果，执行"编辑"菜单中的"复制"命令，如图2.97所示。

图2.96 "计算器"窗口   图2.97 复制结果

28. 粘贴结果

在"记事本"编辑区域"合计"后的"元"字左侧右击，执行"粘贴"命令，即可将计算的结果填写在报销清单中，如图2.98所示。

29. 保存"报销清单.txt"文件

在"记事本"窗口中执行"文件"菜单中的"保存"命令，在弹出的"另存为"对话框中选择保存在 D 盘，文件名为"报销清单.txt"，单击"保存"按钮，如图 2.99 所示。返回到"记事本"窗口后，关闭窗口即可。

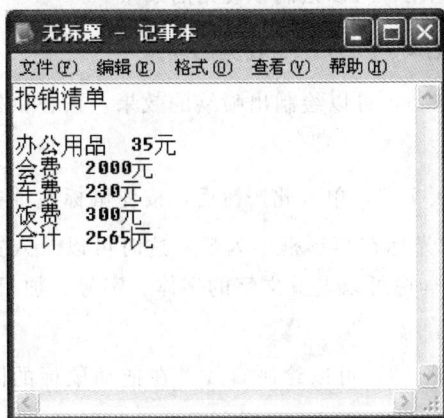

图 2.98　粘贴结果　　　　　　　　图 2.99　保存"报销清单.txt"文件

相关知识与技能

一、画图

"画图"程序是一个位图编辑器，用户可以自己绘制图画，也可以对已保存的图片进行修改和编辑，在编辑完后，可以以 .bmp、.jpg 或 .gif 等格式存档，用户还可以将绘制好的图画保存为"24 位位图 ∗.bmp"格式后，通过"文件"菜单设置为墙纸，使自己计算机的桌面独一无二。

1. 工具的使用

在"工具箱"中，提供了常用的 16 种工具，单击相应的工具按钮可以选择使用此工具。选择了个别工具后，会在下面的辅助选择框中提供该工具的更多选项。例如，选择"喷枪"工具时，辅助选择框中会出现喷头大小的选项；选择"文字"工具时，辅助选择框中会出现文字背景是否为透明的选项。这时可以根据自己的绘画需要进一步进行选择。各绘图工具的功能如下。

裁剪工具：可以对图片进行任意形状的裁切，单击此按钮后，按住鼠标左键不要松开，对多选对象进行圈选后再松开手，此时出现虚线框，拖动该框，即可实现裁剪效果。

选定工具：单击此按钮后，按住鼠标左键拖动，可以拉出一个矩形框，用户可对矩形框中的内容进行复制、移动、剪切等操作。

橡皮工具：可以擦除绘图中不需要的部分，但是橡皮工具的颜色为背景色。

填充工具：可以对绘制的封闭区域填充颜色，提高绘画效率。

取色工具：当绘画过程中前、背景色已经调乱时，为保证颜色一致，可以使用此工具在图片中选择需要的颜色。单击此按钮后，单击则颜料盒中的前景色随之改变，右击则背景色会发生相应的改变。

放大镜工具 🔍：可以使用此工具放大选择区域，进行仔细观察。

铅笔工具 ✏：单击此按钮后，按住鼠标左键拖动，可以绘制不规则的线条。

刷子工具 🖌：单击此按钮后，按住鼠标左键拖动，可以绘制较宽的线条。

喷枪工具 🖌：单击此按钮后，按住鼠标左键拖动，可以绘制出喷绘的效果。按住鼠标左键在某一点停留的时间越长，喷绘的浓度就越大。

文字工具 **A**：使用文字工具可以在图画中加入文字，单击此按钮后，按住鼠标左键在图片相应位置拖动，出现编辑文字的矩形框，同时光标在矩形框中闪烁，这时可以录入文字。选中文字后通过"查看"菜单中的"文字"工具栏可以设置文字的字体、字号、加粗、倾斜、加下划线、改变文字的显示方向等。

直线工具 ＼：单击此按钮后，按住鼠标左键拖动，可以绘制直线。在拖动鼠标的同时按住 Shift 键，可以画出水平线、垂直线或与水平线成 45°的直线。

曲线工具 ↗：单击此按钮后，按住鼠标左键拖动，至终止位置再松开，然后在绘制的线条上选择一点，按住鼠标左键移动则线条会随之变化，调整到合适的弧度即可。

矩形工具 ▢、椭圆工具 ⬭、圆角矩形工具 ▭：这 3 种工具的使用方法基本相同，单击此按钮后，按住鼠标左键拖动，可以绘制相应的图形。在辅助选择框中有 3 种选项：以前景色为边框的图形、以前景色为边框背景色填充的图形、以前景色填充没有边框的图形。在拖动鼠标的同时按住 Shift 键，可以分别画出正方形、正圆、正圆角矩形。

多边形工具 ◺：单击此按钮后，按住鼠标左键拖动，当需要弯曲时松开手，继续绘制则再次按住鼠标左键拖动，如此反复，到终止位置时双击，即可得到相应的多边形。

2. 前景色与背景色

在"颜料盒"的左端有两个上下层叠的色块，上层的色块代表前景色，下层的色块代表背景色。在"颜料盒"的右侧的色块中：通过鼠标左键选择前景色；通过鼠标右键选择背景色。确定了前景色和背景色后，在绘画过程中使用能够绘制出颜色的工具时，使用鼠标左键画出的是前景色，使用鼠标右键画出的是背景色。

在绘画中用到的颜色是多种多样的，显然颜料盒中提供几种颜色是远远不够的，可以执行"颜色"菜单中的"编辑颜色"命令，在弹出的"编辑颜色"对话框中进行选择，也可以单击此对话框中的"添加到自定义颜色"按钮，自定义颜色后再添加到"自定义颜色"选项组中，便于今后的使用，如图 2.100 所示。

3. 图像和颜色的编辑

当图片绘制完成之后，可以根据自己的需要对图像或颜色进行编辑。操作方法如下：在"图像"菜单中，用户可对图像和颜色进行编辑，内容如下。

（1）执行"翻转和旋转"命令，弹出对话框如图 2.101 所示。可以将绘制的图像水平翻转、垂直翻转或者按一定角度旋转。

图 2.100　添加到"编辑颜色"对话框　　　　图 2.101　"翻转和旋转"对话框

（2）执行"拉伸和扭曲"命令，弹出对话框如图 2.102 所示。可以通过设置水平和垂直方向拉伸的比例及扭曲的角度，将图像进行相应的调整。

（3）执行"反色"命令，可以将图像呈反色显示，如图 2.103 和图 2.104 所示是执行"反色"命令前后的两幅图片的对比效果。

图 2.102　"拉伸和扭曲"对话框　　　　　图 2.103　"反色"前

（4）执行"属性"命令，弹出对话框如图 2.105 所示，可以设置画布的高度和宽度，也可以选择不同的单位进行查看。

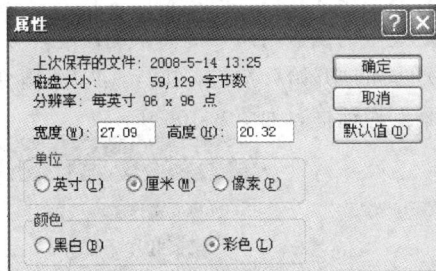

图 2.104　"反色"后　　　　　　　图 2.105　"属性"对话框

注意：Print Screen 键是用来捕捉当前显示器屏幕上显示的画面的，通过单击此键即可把当前屏幕作为图片放入剪贴板中，在"画图"窗口或文档中通过"编辑"菜单中的"粘贴"命令或者右击执行"粘贴"命令等方法，即可把抓屏的图片粘贴到相应位置，再进行编辑。

二、添加硬件

在使用计算机的过程中，往往会因为工作和学习的需要添加各种新的硬件，安装新硬件时，包括两个步骤：第一步要先将添加的硬件与计算机连接，第二步安装该硬件的驱动程序。安装打印机也可以通过在"控制面板"窗口中双击"添加硬件"图标，弹出"添加硬件向导"对话框，根据提示进行安装。

注意：如果使用的是通过 USB 端口（或其他热插端口，如 IEEE 1394、红外线等）连接的打印机，则无需使用这个向导。将打印机电缆插入计算机或将打印机面向计算机的红外线端口，打开打印机 Windows 会自动进行安装。

三、记事本

记事本用于纯文本文档的编辑，功能没有 Word 处理软件强大，因其使用方便、快捷，所以应用较多。例如，一些程序可以使用记事本来编写；多数软件的 read me 文件以记事本的形式保存。当记事本中的文字仅在一行之内显示时，可以在"格式"菜单中执行"自动换行"命令，使文字在该窗口内换行显示。

四、计算器

Windows 操作系统中自带的计算器可以帮助人们完成多种数据计算，运算的结果不能直接保存，但可以对结果进行复制或粘贴操作。计算器可以分为"标准型"和"科学型"两种，通过"查看"菜单可以选择"标准型"或"科学型"计算器。"标准型"用以完成常用的简单的算术运算；"科学型"用以完成比较复杂的科学运算，例如，数制之间的转换运算等。

拓展与提高

一、系统工具

1. 磁盘清理

在计算机使用过程中，运行程序或浏览网页时会产生一些临时文件，删除这些临时文件不会影响使用计算机，但是临时文件大量积累会占据一定的磁盘空间，为了删除垃圾文件，退还宝贵的磁盘空间，提高系统性能，可以进行"磁盘清理"工作，操作方法如下。

（1）单击"开始"按钮，执行"程序|附件|系统工具|磁盘清理"命令，即可弹出"选择驱动器"对话框，如图 2.106 所示。

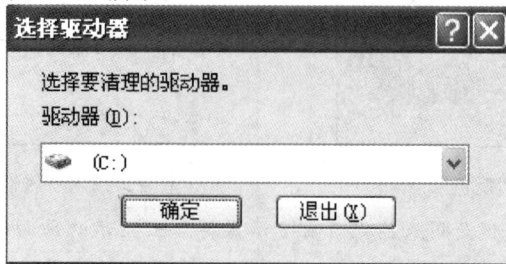

图 2.106　"选择驱动器"对话框

（2）在"选择驱动器"对话框的下拉列表中选择要清理的驱动器，例如对 C 盘进行清理，单击"确定"按钮后，经过一段时间的扫描，弹出该驱动器的"磁盘清理"对话框，选择"磁盘清理"选项卡，如图 2.107 所示。

（3）在该选项卡中的"要删除的文件"列表框中列出了可删除的文件类型及其所占用的磁盘空间大小，选中要删除文件类型前的复选框，单击"确定"按钮，在弹出的"磁盘清理"确认删除对话框中选择"是"，经过一段时间的清理完成对所选磁盘的清理工作。

提示：

磁盘清理还可以通过如下方法操作：打开"我的电脑"，在"我的电脑"窗口中右击选择要清理的磁盘盘符，在弹出的菜单中执行"属性"命令，在该磁盘"属性"对话框的"常规"选项卡中单击"磁盘清理"按钮，也可完成上述的相应操作。

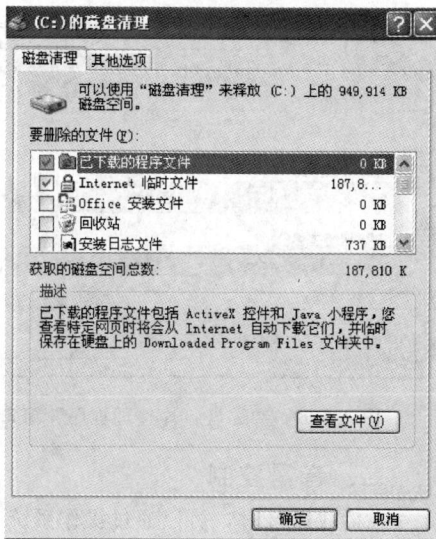

图 2.107　"磁盘清理"选项卡

2. 磁盘碎片整理

磁盘经过一段时间的使用后，由于文件频繁存取会将磁盘拆分成很多零散的空间，文件被分散保存到磁盘的不同地方，系统在读文件的时候来回寻找，引起系统性能下降。同时由于磁盘中的可用空间是零散的，使计算机运行变得迟缓。Windows XP 中磁盘碎片整理程序可以把文件碎片重新组合在一起，同时合并可用空间，实现提高磁盘利用率和运行速度的目的。

运行磁盘碎片整理程序的操作方法如下。

（1）单击"开始"按钮，执行"程序|附件|系统工具|磁盘碎片整理程序"命令，即可打开"磁盘碎片整理程序"窗口，如图 2.108 所示。

（2）在图 2.108 所示窗口中显示了磁盘状态和系统信息。选择需要整理的磁盘，单击"分析"按钮，系统便会分析该磁盘是否需要进行磁盘整理，并弹出提示对话框；单击"查看报告"按钮，可弹出"分析报告"对话框显示该磁盘的卷标信息及最零碎的文件信息；单击"碎片整理"按钮，即开始对该磁盘碎片进行整理，系统会以不同的颜色条来显示各类文件及碎片整理的进度，如图 2.109 所示。

（3）整理完毕后，会弹出提示用户磁盘整理程序已完成的对话框，单击"关闭"按钮即可结束磁盘碎片整理程序。

提示：

磁盘碎片整理还可以通过如下方法操作：打开"我的电脑"，在"我的电脑"窗口中右击选择要整理的磁盘盘符，在弹出的菜单中执行"属性"命令，在该磁盘的"属性"对话框中选择"工具"选项卡，在该选项卡中单击"开始整理"按钮，也可完成上述的相应操作。

图 2.108　"磁盘碎片整理程序"窗口　　　　　　图 2.109　"碎片整理"窗口

二、音量控制

在播放影音时，可以通过操作系统来控制声音，操作方法如下。

方法一：单击"开始"按钮，执行"程序|附件|娱乐|音量控制"命令，打开音量控制窗口。

方法二：通过双击任务栏中的"音量"图标来打开音量控制窗口，如图 2.110 所示。

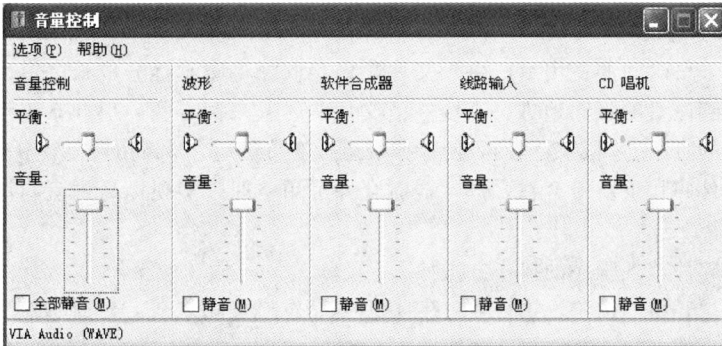

图 2.110　"音量控制"窗口

在该窗口中通过拖动滑块，可以分别对"音量控制""波形""软件合成器""线路输入"和"CD 唱机"调整音量及平衡。例如在"音量控制"中：通过上下移动滑块改变音量的大小；通过左右移动滑块改变左右声道。

对声音的设置也可以通过在"控制面板"中双击"声音和音频设备"图标，在"声音和音频设备 属性"对话框中进行调整，如图 2.111 所示。

三、任务管理器

启动计算机进入 Windows XP 操作系统后，会有许多进程运行并占用 CPU。在人们应用计算机进行各项工作时，会启动很多应用程序。当 CPU 的使用率过高，或同时运行多个应用程序时，往往会出现"死机"的现象，此时可以使用"任务管理器"来结束任务或者重新启动计算机，解决"死机"现象。

打开"Windows 任务管理器"窗口如图 2.112 所示，方法有多种。

方法一：Ctrl＋Alt＋Del 组合键单击一次。

方法二：右击任务栏的空白处，在快捷菜单中执行"任务管理器"命令。

方法三：Ctrl＋Shift＋Esc 组合键。

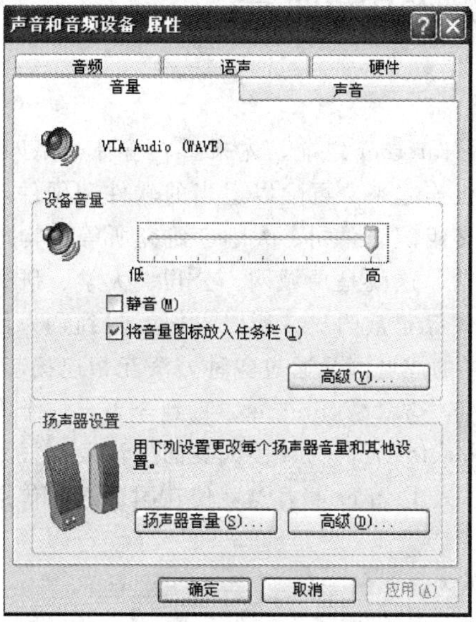

图 2.111　"声音和音频设备 属性"对话框 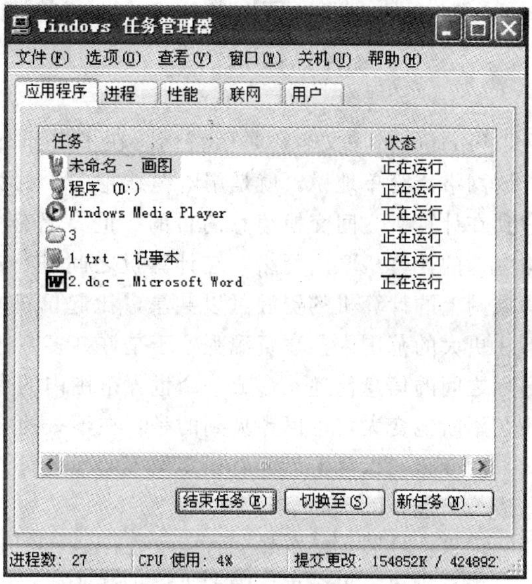　　　图 2.112　　"Windows 任务管理器"窗口

在"应用程序"选项卡的任务列表框中，显示了当前计算机正在运行的应用程序，不能正常运行的应用程序状态为"未响应"。可以选中某项任务后，单击"结束任务"按钮直接关闭该应用程序。在"关机"菜单中可以选择对计算机：关闭、重新启动、注销等命令。

注意：启动"任务管理器"使用 Ctrl＋Alt＋Del 组合键时，单击一次可弹出"Windows 任务管理器"窗口，单击多次则直接重新启动计算机。

>>>>>>>>>>>>>>>>>>>>>>>>>>> 复习思考题 <<<<<<<<<<<<<<<<<<<<<<<<<<<<<<<

1. 使用"画图"程序自由创作一幅图画，并设为桌面背景。

2. 使用"计算器"进行如下计算，并填写结果：

$(350)_{10} = ($　　　　$)_2$

$(11011011)_2 = ($　　　　$)_8$

$(ABC)_{16} = ($　　　　$)_{10}$

$(347)_8 = ($　　　　$)_{16}$

3. 对计算机的 C 盘进行磁盘清理。

4. 创建"记事本"应用程序的快捷方式，并将该快捷方式放到任务栏的快速启动栏内。

5. 使用任务管理器查看和结束任务。

6. 使用"记事本"可以设置字体颜色吗？可以实现图文混排吗？

单元三　因特网的应用

Internet 的中文名称是因特网，在了解什么是 Internet 之前，先来看一看什么是网络。所谓网络，简单地说，就是用电缆线把若干计算机连起来，再配以适当的软件和硬件，以达到在计算机之间交换信息的目的。世界上有很多组织、公司、大学、研究所等机构把机构内部的计算机联成网络，在计算机之间进行通信，这就是局域网。公司、大学、研究所局域网上的计算机的资源可以共享，比起单机来优势非常明显，所以人们就想到，为什么不在更大的范围内共享资源呢？于是许许多多这样的局域网又通过各种方法互相连接起来，国际之间的信息传递，形成一个世界范围内的大网，这就是 Internet。直到今天，这个大网还在不断地变大，可以预见到的是，在不久的将来，Internet 必将使人类的生活发生根本意义上的变化。世界上已经有很多国家的很多机构加入了 Internet，这就使在国际之间传递信息成为可能。

项目：校园手机市场调查

项目描述：近年来，随着人们生活水平的提高，手机成了人们生活中必不可少的通信工具。手机作为新新人类的"新三件"之一，在大学校园里受到学生们的追捧。越来越多的手机厂商把目光投向了校园这一潜在的巨大市场。刘青同学所在的调查小组接到一个任务，要对校园里的手机市场做一次调查，了解一下同学们对手机的使用及品牌、性能的需求状况，并将调查结果送交学院新闻中心。

单元三能力分解图表

任务名称	能力目标	具体技能	建议课时数
任务一 手机品牌的搜索	1. 进行网页的浏览 2. 使用搜索引擎进行信息的搜索 3. 信息的下载与保存	1. 网页浏览 2. 利用搜索引擎搜索信息 3. 学会保存网页上的文字、图片的方法	2
任务二 将调查报告保存到FTP 帐号里	1. 认识 FTP 2. 使用 FTP 进行文件的操作	1. 了解 FTP 2. 文件上传与下载	1
任务三 用电子邮件发送调查报告	使用电子邮箱进行邮件的收发	1. 申请电子邮箱 2. 电子邮件的发送 3. 带附件的邮件发送	1

▶ **任务一　手机品牌的搜索**

任务描述

目前，市场上手机的品牌多种多样。所以，在我们对大学校园的手机市场进行调查之前，要先知道目前手机市场上的品牌大致有哪些。如果去手机商店调查，会耗费许多时间，影响工作效率。因此，网上搜集相关资料是非常有必要的。同时，要将找到的相关信息保存并做进一步的加工处理。

任务分析

Internet 包罗的信息非常丰富，凡涉及人们生活、工作和学习等各个方面的信息是应有尽有，且还有相当一部分大型数据库是免费提供的。用户可在 Internet 中查找到最新的科学文献和资料；也可在 Internet 中获得休闲、娱乐和家庭技艺等方面的最新动态；也可在 Internet 复制到大量免费的软件。正由于网上的资料浩如烟海，纷繁复杂，人们不可能知道所有所需资料所在网站的网址，那该怎么办呢？网络还提供给了人们一个很好的工具，专门用来搜索网上的信息，就是搜索引擎。

如果能利用搜索引擎找到需要的资料，并保存下来，就能满足进一步的分析数据、得出结论的要求。

方法与步骤

(1) 当计算机连接到因特网，人们还需要一个专门在网上浏览信息的工具（浏览器），才能打开相关的网页浏览信息。目前使用最广泛的浏览器是 Microsoft（微软公司）Internet Explorer，简称 IE。双击桌面上的 IE 图标，启动 IE 浏览器，如图 3.1 所示。

(2) 浏览网页，查找信息。当知道想要访问的网页地址时，可以在地址栏中输入该地址，然后单击"转到"按钮或直接按回车键就可以打开相应的网页。例如在地址栏中输入：http：//cn.yahoo.com，按回车键就可以打开雅虎主页，如图 3.2 所示。

(3) 网上信息浩如烟海，获取有用的信息就如大海捞针。所以需要一种优异的搜索服务，将网上繁杂的内容整理成为可以随心所用的信息。使用搜索引擎可以帮助人们快速完成这一复杂任务。如何使用搜索引擎呢？百度是世界上规模最大的中文搜索引擎，致力于向人们提供最便捷的信息获取方式。下面以百度为例，完成搜索引擎的使用。在地址栏里输入 www.baidu.com 就可以进入百度网站，如图 3.3 所示。

图 3.1　启动 IE 浏览器

图 3.2　打开雅虎主页

图 3.3　百度网站

图 3.4　百度搜索页面

图 3.5　手机品牌

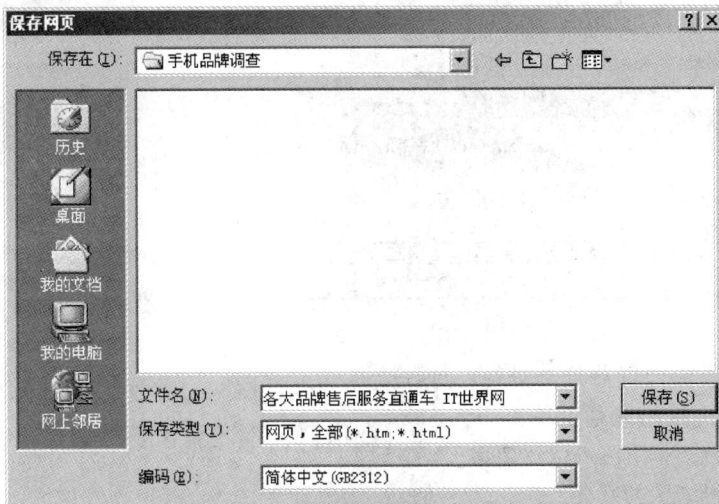

图 3.6　信息保存

（4）在百度网页的搜索框中输入要查询的内容"手机品牌"，然后按回车键或单击"百度一下"按钮。稍等片刻，打开如图 3.4 所示页面，在该页面上显示了所有关于手机品牌的主题网站，单击相应的主题即可进入该网站。

（5）双击网页链接，打开"手机报价 手机品牌大全-ezIT 北京报价中心"网站，各种手机的品牌如图 3.5 所示。

（6）信息保存。找到信息所在的网站后，将该手机品牌网页保存下来，以便做进一步的数据处理。在"文件"菜单上，执行"另存为"命令，再双击准备用于保存网页的文件夹。在"文件名"文本框中，输入网页的名称，在"保存类型"文本框中，选择文件类型，如图 3.6 所示。

相关知识与技能

1. IE 浏览器的使用技巧及相关知识介绍

（1）IE 之收藏夹。

网上的世界很精彩，如果要把一些感兴趣的网页记下来，常常用到浏览器中自带的网页收藏夹功能，要把网页添加到收藏夹，操作方法如下：单击 IE 浏览器中的"收藏"菜单，执行"添加到收藏夹"命令就会出现一个提示对话框，然后在对话框中为网页输入一个容易记忆的名称（也可以不输入），接着在"创建到"旁边的目录栏中选择存放的路径，如图 3.7 所示。

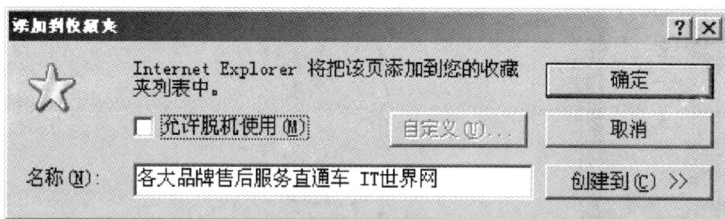

图 3.7　收藏网页

此时在可脱机浏览前打上对钩，以后在没连接网络的时候，单击 IE 的收藏夹在下拉菜单中就可以找到保存下来的可脱机浏览的网页。

随着上网时间的增长，IE 收藏夹中存放了大量的网页地址，不但查找时间长，而且管理也很不方便，所以要定时整理 IE 收藏夹的记录。

首先单击浏览器中的"收藏"菜单，执行"整理收藏夹"命令，弹出整理对话框，接下来就可以对收藏夹进行各种操作，如图 3.8 所示。

创建文件夹：单击"新建文件夹"按钮，输入目录名称再单击"确

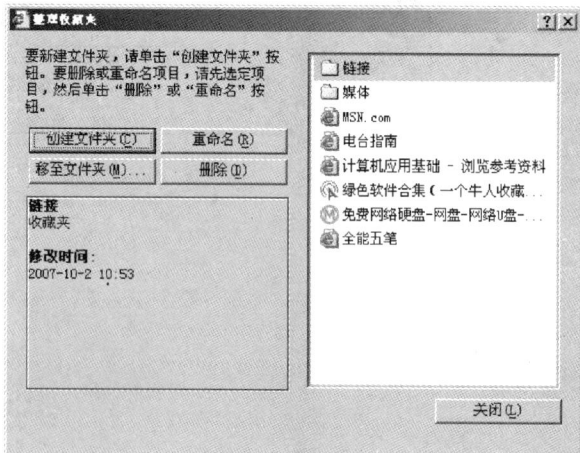

图 3.8　整理收藏夹

定"按钮即可。

记录重命名：选中一个文件夹或一条记录，然后单击"重命名"按钮，再重新输入新名称，回车确定就 OK 了。

移动文件夹：

方法一：选中一个文件夹或若干条记录，然后按住鼠标左键不放并上下移动鼠标到适当位置，再放开鼠标即可完成。

方法二：选定操作目标后，单击"移至文件夹"按钮，再选择目标文件夹并确定。

（2）IE 之 Internet 选项。

打开"工具"菜单下的"Internet 选项"，如图 3.9 所示，单击"字体"按钮，在打开的对话框中不仅可以改字号的大小，还可改变字体，设置完成后，单击"确定"按钮即可，如图 3.10 所示。

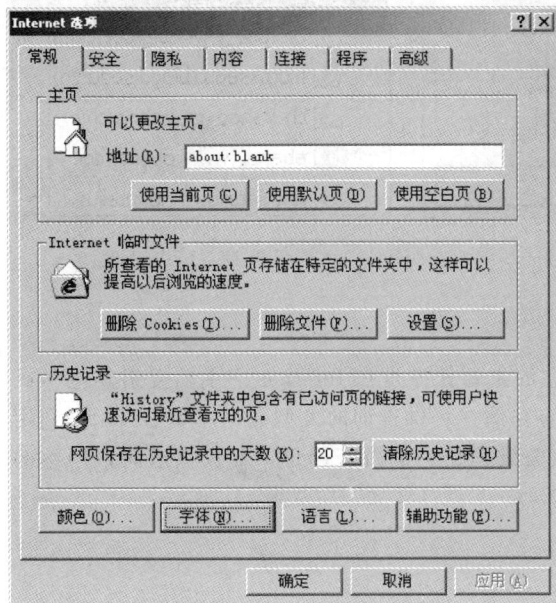

图 3.9　Internet 选项

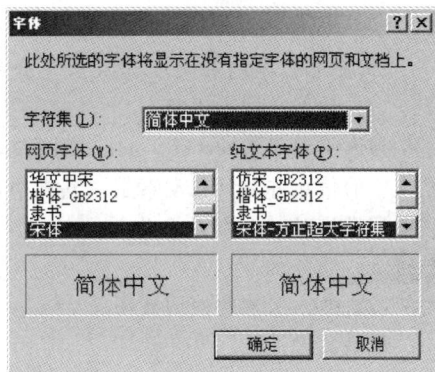

图 3.10　字体设置

单击"颜色（O）"按钮，可以更改 Web 页上文字、背景及链接的颜色。

单击"语言（L）"按钮，可以添加其他语言。

单击"辅助功能（E）"按钮，可以使浏览器不使用 Web 页中指定的颜色、字体样式、字体大小等，可以使用用户样式表编排文档格式。

若删去登录或者搜索框一大堆下拉列表中的历史文字时可列出历史记录，单击鼠标左键选中要删除的网页地址，按下 Delete 键将其删除。若要让它以后都不记忆，则在"Internet 选项"中的内容选项中单击"自动完成"将表单选项前的对钩去掉即可。设置如图 3.11 所示。

（3）找回错误关闭的 IE 窗口。

打开 IE 的"历史"记录栏，单击"查看"菜单，选择其中的"按今天的访问顺序"进行排列，如图 3.12 所示。即可在最上面找到刚刚关闭的窗口。

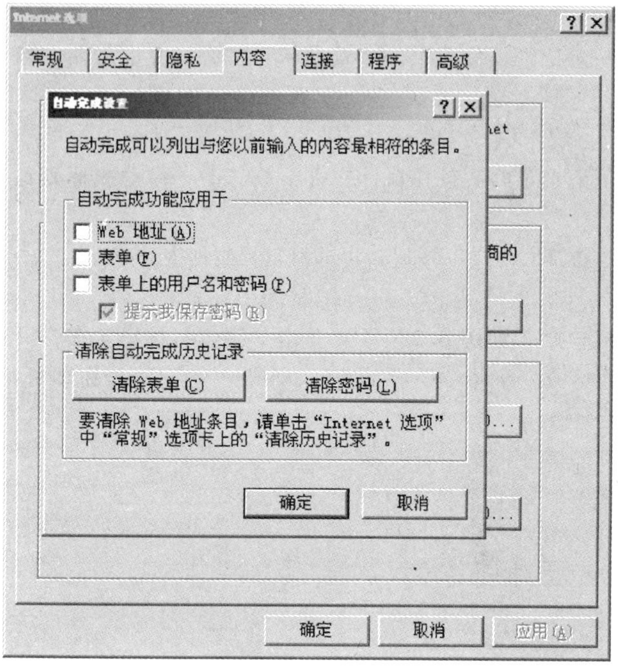

图 3.11　自动完成设置

图 3.12　历史记录

2. 搜索引擎的相关知识及引擎介绍

（1）什么是搜索引擎。

搜索引擎是 Internet 上的一个网站，它的主要任务是在 Internet 中主动搜索其他 Web 站点中的信息并对其自动索引，其索引内容存储在可供查询的大型数据库中。当用户利用关键词查询时，该网站会告诉用户包含该关键词信息的所有网址，并提供通向该网站的链接。

（2）搜索引擎的使用技巧。

精确关键词。

众所周知，要在搜索引擎上搜索信息首先必须输入关键词，所以说关键词是一切事情的开始。大部分情况下找不到所需的信息是因为在关键词选择方向上发生了偏移，学会从复杂搜索意图中提炼出最具代表性和指示性的关键词对提高搜索效率至关重要，这方面的技巧（或者说经验）是所有其他搜索技巧的基础。

选择搜索关键词的原则是，首先确定你所要达到的目标，在脑子里要形成一个比较清晰的概念，即我要找的到底是什么？是资料性的文档？还是某种产品或服务？然后再分析这些信息都有些什么共性，以及区别于其他同类信息的特性，最后从这些方向性的概念中提炼出此类信息最具代表性的关键词。如果这一步做好了，往往就能迅速地定位你要找的东西，而且多数时候根本不需用到其他更复杂的搜索技巧。

细化搜索条件。

如果给出的搜索条件越具体，搜索引擎返回的结果也就会越精确。例如想查找有关电脑冒险游戏方面的资料，输入游戏的范围太大，输入电脑游戏范围就小一些，当然最好是输入电脑冒险游戏，返回的结果会精确得多。有时你甚至可以问搜索引擎一个问题，返回结果的准确度会让你不得不佩服搜索引擎功能的强大。

用什么样的搜索引擎搜索。

搜索引擎分几种，工作方式也不同，因而导致了信息覆盖范围方面的差异。人们平常搜索仅集中于某一家搜索引擎是不明智的，因为再好的搜索引擎也有局限性，合理的方式应该是根据具体要求选择不同的引擎。

日常信息需求大致可分为两种，一种是寻找参考资料；另一种是查询产品或服务，那么对应的搜索引擎选择就应该是全文搜索引擎和目录索引。对前一种需求来说，由于目标非常具体，而目录索引中链接条目所容纳的信息量有限，无法满足要求，因此全文搜索引擎便自然成了人们的选择。按照全文搜索引擎的工作原理，它从网页中提取所有的文字信息，所以匹配搜索条件的范围就大得多，也就能满足哪怕是最不着边际的信息需求。这也就是为什么现在多数目录索引都采用其他全文搜索引擎提供二级网页搜索的原因。相反，如果找的是某种产品或服务，那么目录索引就略占优势。因为网站在提交目录索引时都被要求提供站点标题和描述，且限制字数，所以网站所有者会用最精练的语言概括自己的业务范围，让人看来一目了然。而多数全文搜索引擎直接提取网页标题和正文作为链接的标题和描述。用过全文搜索引擎的人都有这样的体会，就是搜索结果显示的信息往往过于杂乱，让人无法一眼就判断出该网站的性质。此外，当你要搜集某一类的网站资料时，目录索引的分类目录就是你天然的宝库。

那么究竟哪几个搜索引擎能够为人们所用呢？为方便大家查阅，我们结合平常的经验列出表 3-1 供各位参考。

表 3-1　常用搜索引擎一览表

搜索目标（英文）	搜索引擎/目录索引
一般资料	Google
资料涉及非常冷僻的领域	AllTheWeb
特殊资料（其他主要引擎都查不到时）	InfoSeek/WebCrawler/Vivisimo 等多元引擎
产品或服务	Yahoo/Overture*
搜索目标（中文）	搜索引擎/目录索引
一般资料	Google
古汉语（诗词）类资料	百度（个案显示这方面百度有独到之处）
产品或服务	搜狐、新浪（质量较高）/网易（较全）

（3）常用搜索引擎站点精选简介。

Google 搜索引擎（http：//www. google. com/）是目前最优秀的支持多语种的搜索引擎之一，约搜索 3083324652 张网页。提供网站、图像、新闻组等多种资源的查询。包括中文简体、繁体、英语等 35 个国家和地区的语言的资源。

百度（Baidu）中文搜索引擎（http：//www. baidu. com/）是全球最大的中文搜索引擎。提供网页快照、网页预览/预览全部网页、相关搜索词、错别字纠正提示、新闻搜索、Flash 搜索、信息快递搜索、百度搜霸、搜索援助中心等功能。

北大天网中英文搜索引擎（http：//e. pku. edu. cn/）是由北京大学开发的，有简体中文、繁体中文和英文 3 个版本。提供全文检索、新闻组检索、FTP 检索（北京大学、中科院等 FTP 站点）。目前大约收集了 100 万个 WWW 页面（国内）和 14 万篇 Newsgroup（新闻组）文章。支持简体中文、繁体中文、英文关键词搜索，不支持数字关键词和 URL 名检索。

新浪搜索引擎（http：//search. sina. com. cn/）是互联网上规模最大的中文搜索引擎之一。设大类目录 18 个，子目录 1 万多个，收录网站 20 余万。提供网站、中文网页、英文网页、新闻、汉英辞典、软件、沪深行情、游戏等多种资源的查询。

雅虎中国搜索引擎（http：//cn. yahoo. com/）是世界上最著名的目录搜索引擎。雅虎中国于 1999 年 9 月正式开通，是雅虎在全球的第 20 个网站。Yahoo! 目录是一个 Web 资源的导航指南，包括 14 个主题大类的内容。

搜狐搜索引擎（http：//www. sohu. com/），搜狐于 1998 年推出中国首家大型分类查询搜索引擎，到现在已经发展成为中国影响力最大的分类搜索引擎。每日页面浏览量超过 800 万，可以查找网站、网页、新闻、网址、软件、黄页等信息。

网易搜索引擎（http：//search. 163. com/），网易新一代开放式目录管理系统（ODP），拥有近万名义务目录管理员。为广大网民创建了一个拥有超过 1 万个类目，超过 25 万条活跃站点信息，日增加新站点信息 500～1000 条，日访问量超过 500 万次的专业权威的目录查询体系。

3721 网络实名/智能搜索（http：//www. 3721. com/），3721 公司提供的中文上网服务——3721 "网络实名"，使用户无须记忆复杂的网址，直接输入中文名称，即可直达网站。3721 智能搜索系统不仅含有精确的网络实名搜索结果，同时集成多家搜索引擎。

3．网页信息的保存

（1）保存网页上的图片。如果仅仅需要网页中的图片，那么在要保存的图片上右击，弹出快捷菜单，执行"图片另存为"命令；在弹出的"保存图片"对话框中选择指定的位置及名字，单击"保存"铵钮，网页上的图片就被保存到计算机中了。

（2）保存网页上的文字信息。如果需要的是网页中的文字，其实操作也很简单，只要选中需要的文字再右击就可以复制，然后在文字处理软件中粘贴后就可以保存下来了。

（3）复制网页中的禁止复制的文字，人们在上网的时候看到喜欢的文字和图片就想复制下来保存到本地硬盘中慢慢欣赏，可是有些网站为了保护自己的内容就运用了一些技术手段让人们无法复制。在这些网页中，使用鼠标拖动的方法，不能选中文字，当然也就不能复制网页中的文字。其实这种难题也是有办法解决的，可以进行这样的操作：在 IE 浏览器中，选择"工具"菜单中的"Internet 选项"，在弹出的"Internet 选项"对话框中选择"安全"选项卡，单击"自定义级别"按钮，弹出"安全设置"对话框，将所有脚本全部禁用，然后按 F5 键刷新网页，这时网页中那些无法选取的文字就可以选取了。

提示：

复制了需要的内容后，要将禁用的脚本恢复使用，否则 IE 浏览器的其他很多功能都会受到影响。

>>>>>>>>>>>>>>>>>>>>>>> 复习思考题 <<<<<<<<<<<<<<<<<<<<<<<<<<<

1. 如何将某一网站的首页设为主页？（练习将 http：//www.sjziei.com 设为主页）
2. 搜索下载应用软件 WinRAR 。
3. 搜索下载奥运图片。

▶ 任务二　将调查报告保存到 FTP 帐号里

任务描述

刘青同学将找到的网页资料需要与小组的其他同学进行交流、总结，但是由于有一些同学可能没有集中在一起整理资料，这样如果使用文件共享的方式来交流资料是无法实现的。那么，应该怎么解决这个问题呢？刘青上网搜索，找到一个解决的办法，就是应用因特网提供的文件传输服务即 FTP（File Transfer Protocol），将资料放在一起。

任务分析

Internet 是一个巨大的资源和信息库，通过 FTP，可以传送任何类型的文件，如文本文件、声音文件、图像文件和视频等，同时，人们几乎可以通过 FTP 获得需要的任何应用程序。网络中文件传输实际上是一个比较复杂的过程，因为网络中的计算机存储的格式可能不同，不同系统间的文件命名规则不同，不同操作系统的访问控制方法不同，FTP 提供文件传输的一些基本服务，这是一种面向连接的可靠服务。由于在开学初始，学院的服务器给每个班都分配了一个 FTP 的帐号，所以可以直接将文件上传到指定的班级帐号里。

方法与步骤

（1）打开桌面上任一窗口，在地址栏里输入服务器的地址（192.168.0.100）。如图3.13 所示。

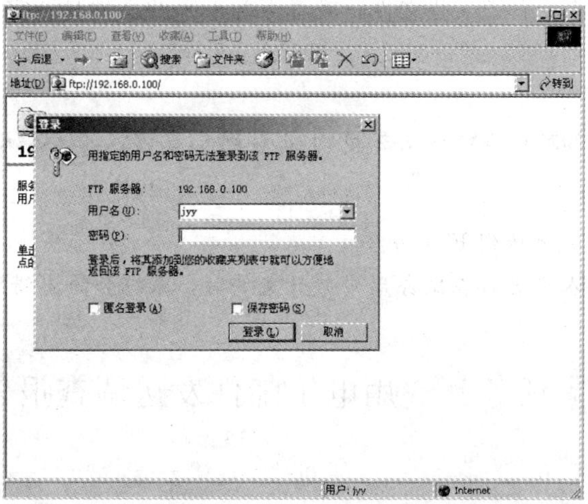

图 3.13　登录服务器

（2）在用户名称框里输入用户名称，密码框里输入密码，会看到文件和目录，下载和上传选择复制和粘贴即可。

相关知识与技能

1. 匿名 FTP

上传文件的任务完成之后，刘青还有一个疑惑，就是如果不知道用户名和密码怎么把文件上传或是下载呢？

在 Internet 上，各种信息和各种计算机程序都是可获得的。Internet 上的 FTP 主机又何止千万，不可能要求每个用户在每一台主机上都拥有帐号。匿名 FTP 就是为解决这个问题而产生的。匿名 FTP 是这样一种机制，用户可通过它连接到远程主机上，并从其下载文件，而无须成为其注册用户。系统管理员建立了一个特殊的用户 ID，名为 anonymous，Internet 上的任何人在任何地方都可使用该用户 ID。通过 FTP 程序连接匿名 FTP 主机的方式同连接普通 FTP 主机的方式差不多，只是在要求提供用户标识 ID 时必须输入 anonymous，该用户 ID 的口令可以是任意的字符串。当远程主机提供匿名 FTP 服务时，会指定某些目录向公众开放，允许匿名存取。系统中的其余目录则处于隐匿状态。作为一种安全措施，大多数匿名 FTP 主机都允许用户从其下载文件，而不允许用户向其上传文件，也就是说，用户可将匿名 FTP 主机上的所有文件全部复制到自己的机器上，但不能将自己机器上的任何一个文件复制至匿名 FTP 主机上。即使有些匿名 FTP 主机确实允许用户上传文件，用户也只能将文件上传至某一指定上传目录中。随后，系统管理员会去检查这些文件，他会将这些文件移至另一个公共下载目录中，供其他用户下载，利用这种方式，远程主机的用户得到了保护，避免了有人上传有问题的文件，如带病毒的文件。

2. FTP 使用注意事项

（1）避免出现零字节文件。在上传时，不要随意中途停止操作，最好不要中途下线。

（2）需上传的文件过大时要先压缩，这样会大大节省上传文件和别人下载文件的宝贵时间。

（3）因为 FTP 站是多用户系统，因此对于同一个目录或文件，不同的用户拥有不同的权限。如果你不能上传或下载某些文件，或者下载下来的文件是 0 字节，一般是因为用户的权限不够。

>>>>>>>>>>>>>>>>>>>>>>>>>> 复习思考题 <<<<<<<<<<<<<<<<<<<<<<<<<<

1. 能不能将文件夹上传到 FTP 中？

2. 为什么有时当人们直接在服务器中打开文件时，系统会给出错误提示？

▶ 任务三　用电子邮件发送调查报告

任务描述

刘青的小组将所得资料交流之后，分析数据得出了结论。现在需要将得出的结论能尽快送交给老师。他们的小组讨论后，一致决定用现在最快捷的方法 E-mail，将文件发送给老师。

任务分析

通常，人们与异国他乡的亲人或友人通信联系，或者企业间的业务联系，往往都依赖于信件、电报、电话、传真等通信手段。然而，这些通信手段却或多或少地受着时空条件的限制，难以适应人们快节奏的需求。如今，人们希望能快速传递信息的目的用"电子邮件"就可以达到。现在人们只要利用自己的计算机与本地的 Internet 联网，通过 E-mail（电子邮件）输入，就可以与世界各地的友人相互交流，或与异地的企业进行业务往来……这样，遥远的地理距离就缩短为几分钟的电子路程。和普通信件相比，电子邮件的传送速度极具优势，阅读一封几分钟甚至几秒钟前发自于大洋彼岸的电子邮件已经是件很平常的事情了。

要进行邮件的收发，必须获得自己的邮箱。网络上提供的邮箱通常分为两种，即收费邮箱和免费邮箱。收费邮箱一般容量较大，可靠程度较高，但是要收取一定的费用。免费邮箱相对而言容量较小，服务也较少，但由于它的免费性，所以刘青的小组决定用免费邮箱把结论发给老师。

方法与步骤

1. 申请免费电子邮箱（例如 126 邮箱）

（1）进入"www.126.com"主页，如图 3.14 所示。

单击"注册"按钮，进入注册界面，如图 3.15 所示。

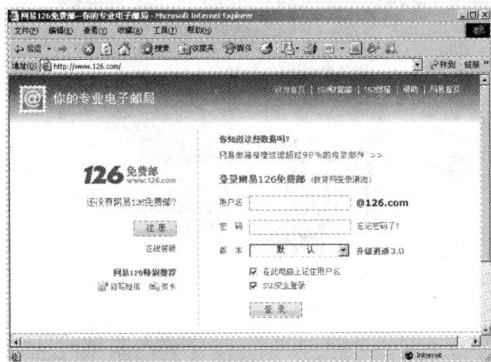

图 3.14　进入主页　　　　　　　　图 3.15　注册界面

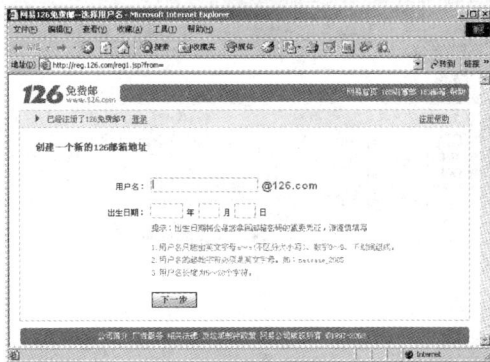

（2）确定邮箱用户名。

在用户名框中按提示输入你准备使用的用户名（不包括"@"和"@"以后的所有内容），在出生日期框里填入出生日期，然后单击"下一步"按钮，如果没有提示"所输的用户名已经被注册，请重新设置用户名"则出现填写密码及个人信息的界面，如图 3.16 所示。

（3）按要求输入你的电子邮箱的密码以及忘记密码后所新使用的密码等，然后按要求酌情分别填写有关涉及个人的内容，有"＊"号处是必须填写的。

（4）免费邮箱申请成功之后，就可以登录邮箱并使用其全部功能。网易 126 邮箱的失效期为 3 个月。如果你的 126 邮箱连续 3 个月不被使用，即没有登录，也没有收取邮件，则你的邮箱有可能会被新的用户注册使用，届时邮箱里原有的信息会全部丢失。

2. 以 Web 方式发送电子邮件

（1）登录网易 126 免费邮箱网站，输入用户名和密码进入邮箱。

（2）单击"写信"按钮，打开编辑邮件页面，如图 3.17 所示。

（3）填写收件人地址信息、编辑邮件内容。在"收件人"处填写上收件人的邮箱地址，"主题"和"邮件正文"直接输入即可；如果想发送文字以外的其他信息，如写好的结论，则可单击"添加附件"，将其他信息作为附件发送，如图 3.18 所示。

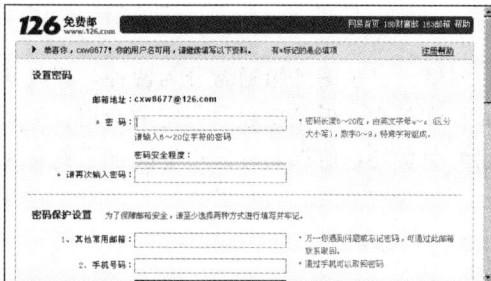

图 3.16　个人信息界面

图 3.17　编辑邮件页面

（4）写好邮件内容后，单击"发送"按钮，显示"发送成功"，如图 3.19 所示。

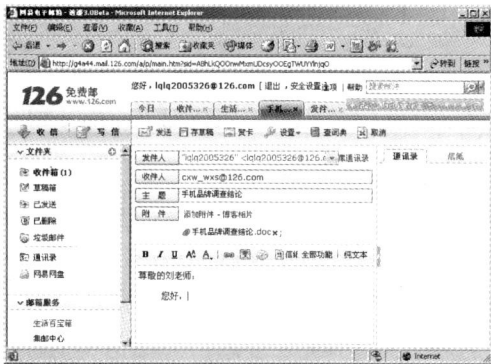

图 3.18　发送附件

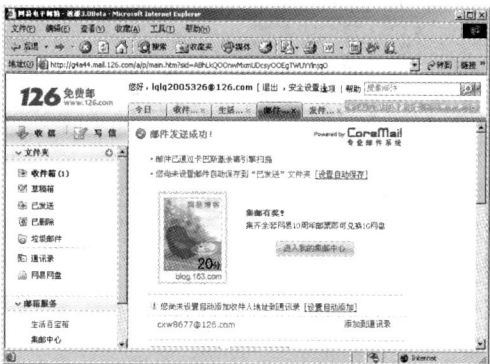

图 3.19　邮件发送成功

3. 接收邮件

（1）登录网易 126 免费邮箱网站，输入用户名和密码进入邮箱。

（2）单击文件夹列表中的"收件箱"，打开收件箱，查看已经接收到的信件，如图 3.20 所示。

（3）收件箱以列表的形式按时间顺序显示接收到的信件，列出了每封邮件的发送信息。

（4）单击邮件标题，打开邮件，如图 3.21 所示。

（5）页面显示邮件的正文和附件信息，对于打开的邮件可以通过单击邮件上方的文字对邮件进行"删除""回复""转发"等操作，附件可以进行"打开"和"下载"两种操作。

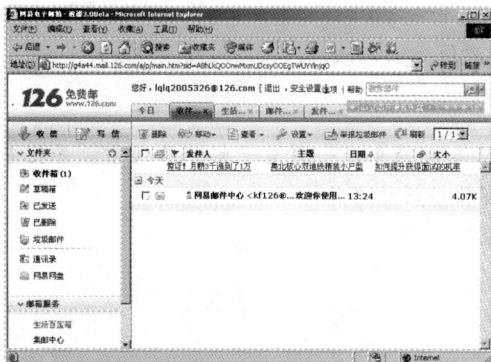

图 3.20 查看接收到的信件

图 3.21 打开邮件

相关知识与技能

1. 电子邮件符号@的来历

@符号在英文中曾有两种意思，即"在"或"单价"。它的前一种意思是因其发音类似于英文 at，于是常被作为"在"的代名词来使用。如"明天早晨在学校等"的英文便条就成了"wait you @ school morning"。除了 at 外，它又有 each 的含义，所以"@"也常常用来表示商品的单价符号。

美国的一位计算机工程师汤林森确立了@在电子邮件中的地位，赋予符号"@"新意。为了能让用户方便地在网络上收发电子邮件，1971 年就职于美国国防部发展军用网络阿帕网的 BBN 计算机公司的汤林森，奉命找一种电子信箱地址的表现格式。他选中了这个在人名中绝不会出现的符号"@"并取其前一种含义，可以简洁明了地传达某人在某地的信息，"@"就这样进入了计算机网络。

汤林森设计的电子邮件的表现格式为"人名代码＋计算机主机或公司代码＋计算机主机所属机构的性质代码＋两个字母表示的国际代码"。这就是现在人们所用电子邮件地址的格式，其中用"@"符号把用户名和计算机地址分开，使电子邮件能通过网络准确无误地传送。

2. 如何将一封邮件发送给多个人呢

将一封邮件发送给多个人，可以在"收件人"一栏中一次填写多个邮件地址，中间用分号或逗号隔开，也可以在抄送和密送栏一次填写多个邮件地址。

3. 电子邮件可以发送文件夹吗

在正常的状态是不可以的，因为文件夹并非文件，没有文件信息，电子邮件不支持此形式的信息传输，但是如果将其压缩成一个压缩文件，形式就改变了。虽然它还是没有信息的，但是电子邮件则认为它是一个有信息的文件，所以允许传输。这样，在人们发送多个文件时，就可以把这些文件存放在一个文件夹中，并把这个文件夹压缩成压缩文件后，就可以发送出去。

>>>>>>>>>>>>>>>>>>>>>>>> 复习思考题 <<<<<<<<<<<<<<<<<<<<<<<<

1. 在126或其他网站申请一个免费邮箱，从本邮箱中发一封电子邮件给同学，并把本学期的学习计划作为附件一同发给她，同时把邮件抄送给老师。

2. 设置自己邮箱的风格。

单元四　制作 Word 文档

随着计算机的普及和办公自动化技术的日益推广，在日常的办公事务处理过程中，Office 系列软件中的 Word 发挥着越来越重要的作用，通过 Word 可以制作出文字、图形、图片、表格和其他对象混排的电子文档，例如，各种通知、宣传海报、简历、成绩表、奖状、试卷、毕业论文等电子稿件。

单元四能力分解图表

任务名称	能力目标	具体技能	建议课时
任务一 制作中英文录入比赛通知	1. 掌握 Word 文档基本操作 2. 录入和编辑文本	1. 新建文档 2. 保存和另存文档 3. 打开文档 4. 录入文字、符号 5. 编辑文本内容	2
	3. 掌握文档的字符、段落和页面格式化方法 4. 会插入脚注和尾注	1. 项目符号和编号 2. 字符格式化 3. 段落格式化 4. 边框和底纹 5. 插入脚注和尾注	2
任务二 制作中英文录入比赛宣传海报	1. 掌握插入图片、艺术字、文本框、图形并设置格式 2. 会进行图文混排 3. 会设置文档背景	1. 设置首字下沉 2. 设置分栏效果 3. 插入图片并设置格式 4. 插入艺术字并设置格式 5. 插入自选图形并设置格式 6. 插入文本框并设置格式 7. 会设置文档背景 8. 组合对象	4
任务三 制作个人简历表	1. 掌握表格的制作方法 2. 掌握表格排序和计算的方法	1. 插入表格 2. 手工绘制表格 3. 修改表格结构 4. 格式化表格 5. 表格排序 6. 表格内数据求和与求平均值	4 2

续表

任务 名称	能力目标	具体技能	建议 课时
任务四 制作与打印 试卷	1. 掌握插入和编辑公式 的方法 2. 打印文档	1. 插入公式 2. 编辑公式 3. 预览文档 4. 打印文档 5. 创建模板	2
任务五 成批制作中英 文录入比赛 奖状	能够使用向导和邮件合 并功能	1. 使用向导 2. 创建主文档 3. 创建数据源 4. 邮件合并信函 5. 邮件合并信封	2
Word 2003 综 合实训	综合使用 Word 处理实际 问题	综合使用以上技能制作图、文、表混 排的文档	课外完成

▶ 任务一　制作中英文录入比赛通知

任务描述

石家庄信息工程职业学院拟定于 2008 年 5 月初举办中英文录入比赛，参赛对象为 2007 级新生，因为涉及全院各专业的学生，因此提前发出通知，以便同学们有足够的时间报名。通知样文如图 4.1 所示。

任务分析

通知内容一般包括通知的具体事件、时间和地点、被通知的对象、发通知的部门和时间等。

通知的格式通常都比较简单，版面设计不需要华丽，主要用文字或数据把通知事项说明清楚即可，因此制作过程中包括录入和编辑文本、设置字符和段落格式、应用项目符号和编号等。

方法与步骤

一、新建和保存中英文录入比赛通知文档

1. 新建中英文录入比赛通知文档

执行"开始 | 程序 | Microsoft Office | Microsoft Office Word 2003"命令，这时在启动 Word 的同时新建了一个空白的 Word 文档，如图 4.2 所示。

图 4.1　"中英文录入比赛通知"样文　　　图 4.2　"空白 Word 文档"窗口

2. 保存中英文录入比赛通知文档

Word 操作的文档内容首先保存在内存中，内存有掉电信息丢失的特点，如果想把文档内容长期保留下来，就需要及时把文档保存在外存储器中。保存中英文录入比赛通知文档的方法如下。

执行"文件"|"保存"命令或单击"常用"工具栏的"保存"按钮█或按 F12 键或按 Ctrl＋S 组合键，弹出"另存为"对话框，如图 4.3 所示。

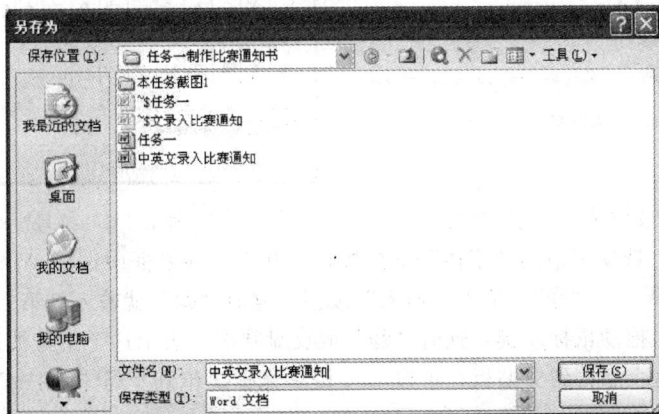

图 4.3　"另存为"对话框

单击"保存位置"输入框右边的下拉按钮，从下拉列表框中选择文件的保存位置。

从"文件名"输入框中输入"中英文录入比赛通知"。

从"保存类型"框中指定为"Word 文档"，最后单击"保存"按钮。

二、录入中英文录入比赛通知中的文字

录入文字是新建文档后对文档内容操作的第一步。操作如下。

1. 录入文档中的文字、字母和标点符号

切换输入法，输入"关于石家庄信息工程职业学院"并回车，再输入"第一届中英文录入大赛活动的通知"并回车。

提示：

在 Word 中录入文字满一行后会自动换行，如果不满一行想换行时，按 Shift＋Enter 组合键可实现强制换行；分段可按 Enter 键；满一页后，再输入的内容会自动显示到下一页，不满一页强制分页可按 Ctrl＋Enter 组合键。

按相同的方法把通知中剩余的一般文本内容进行输入，得到如图 4.4 所示的结果。

2. 输入文档中的特殊符号

在第二行的起始处单击，这时插入点定位在第二行的起始处，执行"插入|符号"命令，弹出"符号"对话框，如图 4.5 所示。

图 4.4 "文字录入完成"效果图

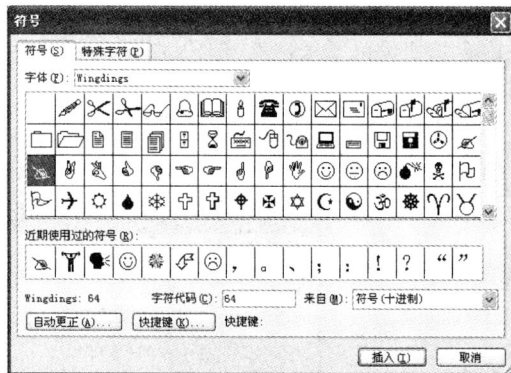

图 4.5 "符号"对话框

单击"符号"选项卡中的"字体"下拉按钮，从下拉列表框中选择 Wingdings，再从下面的列表框中选择字符"☺"，单击"插入"按钮，这时"☺"就输入到第二行行首。

再在"☺"上拖动鼠标左键，这时"☺"成反显状态，表示这个字符被选中，按 Ctrl＋C 组合键，复制这个字符到剪贴板，再按 End 键，光标定位到本行末，按 Ctrl＋V 组合键，就有一个"☺"字符粘贴在了第二行末尾。

3. 为通知添加编号和项目符号

制作文档时给某些段落加上项目符号和编号可以使文档显得有条理，浏览时一目了然。

（1）添加编号。

把鼠标指针置于第 14 行左侧的选定栏，这时鼠标指针呈"⌐"状，按住鼠标左键并向

下拖动到第 18 行，这时第 14 到第 18 行被选中，效果如图 4.6 所示。

关于石家庄信息工程职业学院

◎第一届中英文录入大赛活动的通知◎

为丰富学生的文化生活,增强校园的学习氛围,提高学生的计算机操作基本技能,决定在全校范围内举行以"心灵手巧、运指如飞,用过硬的技能去奠定职业的基础;通过你神奇的双手,展示你魅力的风采"为宗旨的中英文录入比赛活动。本次活动旨在检验学生中英文录入的速度和正确率,激发广大学生苦练计算机操作基本技能的学习热情,挖掘打字高手。

一、参赛对象:

石家庄信息工程职业学院所有 07 级在校学生。

二、报名时间、方式:

2008 年 4 月 15 日—4 月 20 日:各班上报参赛者名单,交由辅导员或任计算机基础课教师,最后将名单交给计算机系基础教研室,具体比赛时间及地点由计算机系基础教研室统一安排后再另行通知。

三、比赛规则:

比赛不设复赛,参赛队员要服从场内工作人员的安排,在指定的计算机前完成比赛,参赛队员需带上自己的校园卡。

比赛过程中必须听从教师的口令,不得自作主提前进行比赛,一定要在指定的时间开始比赛,否则做弃权处理。

比赛过程中如遇到意外事件(如死机等)则上报教师,教师将会给于安排。

四、奖项设置:

本次比赛依据得分高低评选出:

一等奖 2 名 奖励价值约 200 元的 MP3;

二等奖 3 名 奖励价值约 100 元的 U 盘;

三等奖 5 名 奖励价值约 50 元的 U 盘;

优秀奖 15 名 奖励价值 20 元的奖品。

本大赛坚持公平、公正、公开的原则。根据报名情况安排初赛、决赛,欢迎符合条件的同学踊跃报名参赛。

具体比赛规则及其它事宜请登陆校园网,参看比赛通知。

图 4.6 "选中连续多行"效果图

执行"格式"|"项目符号和编号"命令,如图 4.7 所示。

弹出"项目符号和编号"对话框,选择对话框中的"编号"选项卡,选择除"无"外的任一种编号样式,如图 4.8 所示。

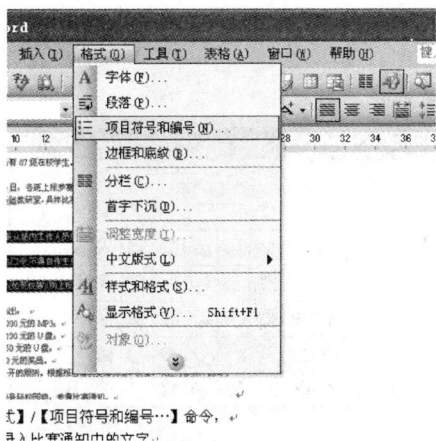

图 4.7 "项目符号和编号"命令项   图 4.8 "编号"选项卡

再单击"自定义"按钮,弹出"自定义编号列表"对话框,如图 4.9 所示,选中"编号格式"输入框中的".",并输入"、",依次单击两个对话框中的"确定"按钮,此时,选中的这 3 段增加了编号。

提示：

如果在设置好编号序列的段落中再删除或为新段落插入编号，Word 会自行调整，不用人工干预。

（2）添加项目符号。

通过选定栏选中第 21 到 24 行，执行"格式|项目符号和编号"命令，弹出"项目符号和编号"对话框，如图 4.10 所示。

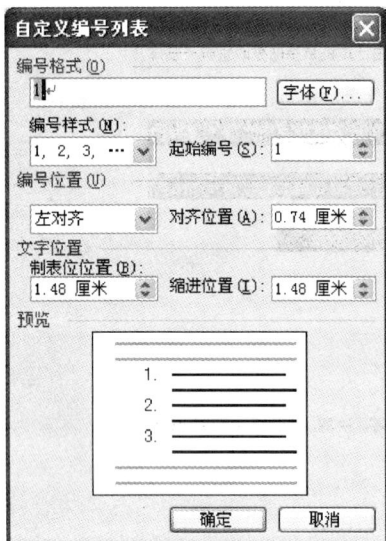

图 4.9　"自定义编号列表"对话框　　　　图 4.10　"项目符号和编号"对话框

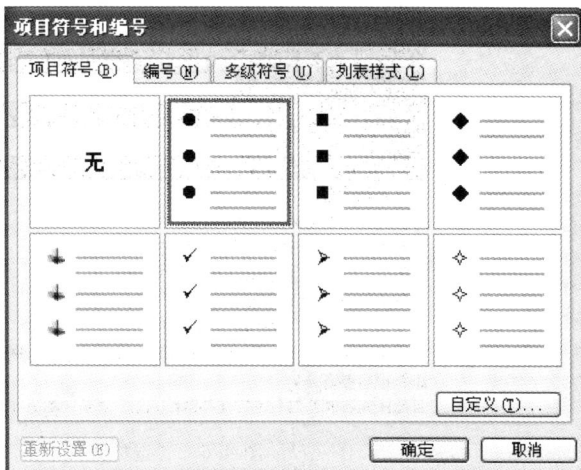

选择"项目符号"选项卡中的除"无"外的任一种项目符号样式，再单击"自定义"按钮，弹出"自定义项目符号列表"对话框，如图 4.11 所示。

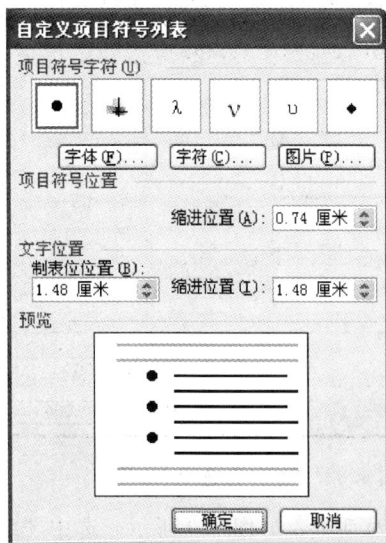

图 4.11　"自定义项目符号列表"对话框　　　　图 4.12　"符号"对话框

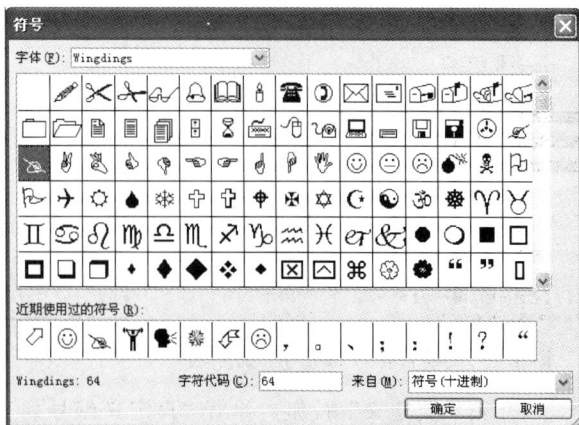

单击"字符（C）"按钮，从弹出的"符号"对话框中，如图 4.12 所示，选择"字体"为 Wingdings，再从下面的列表框中选择字符"✎"，依次单击两个对话框中的"确定"按钮，这时选中的 4 个段落增加了项目符号，效果如图 4.13 所示。

关于石家庄信息工程职业学院
◎第一届中英文录入大赛活动的通知◎
为丰富学生的文化生活，增强校园的学习氛围，提高学生的计算机操作基本技能，决定在全校范围内举行以"心灵手巧、运指如飞，用过硬的技能去奠定职业的基础，通过你神奇的双手，展示你魅力的风采"为宗旨的中英文录入比赛活动。本次活动旨在检验学生中英文录入的速度和正确率，激发广大学生苦练计算机操作基本技能的学习热情，挖掘打字高手。
一、参赛对象：
石家庄信息工程职业学院所有 07 级在校学生。
二、报名时间、方式：
2008 年 4 月 15 日—4 月 20 日：各班上报参赛者名单，交由辅导员或任计算机基础课教师，最后将名单交给计算机系基础教研室，具体比赛时间及地点由计算机系基础教研室统一安排后再另行通知。
三、比赛规则：
1、比赛不设复赛，参赛队员要服从场内工作人员的安排，在指定的计算机前完成比赛，参赛队员需带上自己的校园卡。
2、比赛过程中必须听从教师的口令，不得自作主提前进行比赛，一定要在指定的时间开始比赛，否则做弃权处理。
3、比赛过程中如遇到意外事件(如死机等)，则上报教师，教师将会给予安排。
四、奖项设置：
本次比赛依据得分高低评选出：
　✎　一等奖　2 名　奖励价值约 200 元的 MP3；
　✎　二等奖　3 名　奖励价值约 100 元的 U 盘；
　✎　三等奖　5 名　奖励价值约 50 元的 U 盘；
　✎　优秀奖　15 名　奖励价值 20 元的奖品。
本大赛坚持公平、公正、公开的原则。根据报名情况安排初赛、决赛，欢迎符合条件的同学踊跃报名参赛。
具体比赛规则及其它事宜请登陆校园网，参看比赛通知。
计算机系基础教研室
2008 年 4 月 14 日

图 4.13　设置"编号"和"项目符号"后的效果图

三、编辑中英文录入比赛通知中的文字

录入工作完成之后，如果需要对某些文字进行移动、复制或修改，需要首先选定它们，然后才能进行对应的编辑操作。

四、格式化中英文录入比赛通知中的字符、段落和页面

文档制作中文本录入并编辑完成之后，要想让文档看上去美观、独具风格，需要进一步格式化文档中的字符、段落和页面。

1. 设置中英文录入比赛通知中的字符格式

在 Word 文档中，把文字、数字、标点符号和特殊符号统称为字符。对字符的格式设置包括字体、字形、字号、升降、间距和其他修饰。设置时要先选中字符，再通过"格式"工具栏或"字体"对话框来进行。具体操作如下。

选中"通知"文档中的第一、二行，执行"格式|字体"命令，弹出"字体"对话框，如图 4.14 所示。

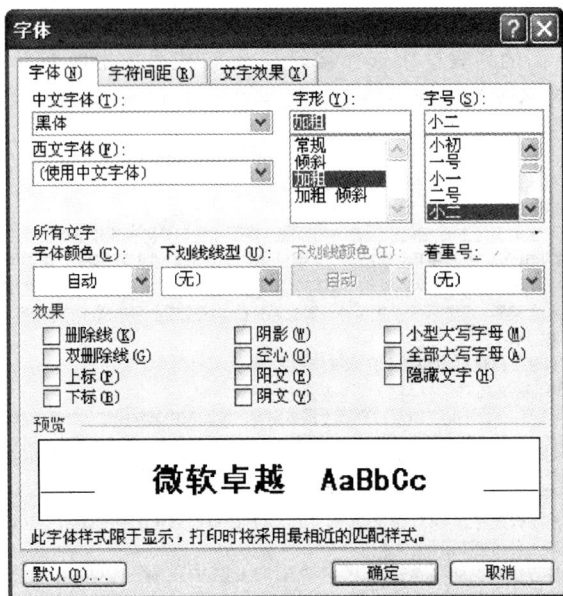

图 4.14 "字体"对话框

从"中文字体"下拉列表框中选择"黑体",从"字形"列表框中选择"加粗",从"字号"列表框中选择"小二",单击"确定"按钮。

按照同样的方法,选中下面的文本内容,设置"字体"为"宋体","字号"为"小四"。

提　示:

也可以使用"格式"工具栏进行快速设置,如图 4.15 所示。

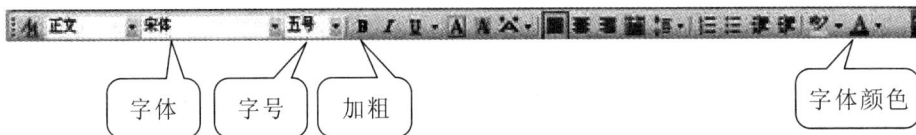

图 4.15 "格式"工具栏

2. 设置中英文录入比赛通知中的段落格式

段落的格式化可以通过"格式"工具栏或"段落"对话框或标尺来进行设置。只设置一段的格式,把插入点定位到本段内即可,多段同时设置需选中多段。段落的格式主要包括:对齐、缩进、大纲级别、行间距、段间距、换行和分页控制。具体操作如下。

选中第一、二段,单击"格式"工具栏中的居中按钮▤,第一、二段实现居中效果;选中第 20 和第 21 段,单击右对齐按钮▤,这两段实现了在页面上右对齐的效果,如图 4.16 所示。

选中第 3 段,执行"格式|段落"命令,弹出"段落"对话框,如图 4.17 所示。

在"缩进和间距"选项卡中,单击"特殊格式"右侧的下拉按钮,选择列表框中的首行缩进,然后再通过"度量值"输入框调整或输入"2 字符";从"间距/段前"项中调整或输入"1 行";从"行距"下拉列表框中选择"固定值",在"设置值"输入框中输入或调整

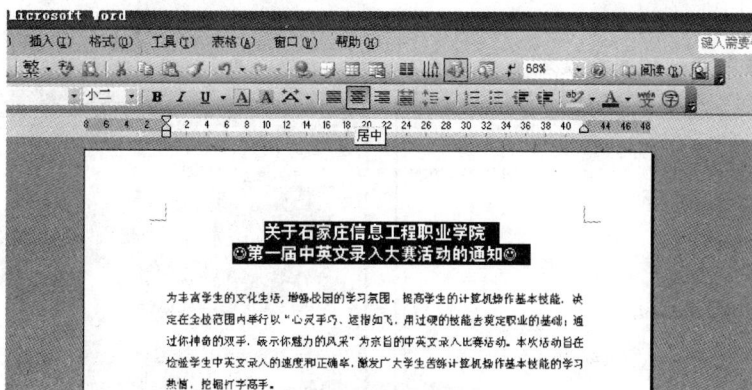

图 4.16 "段落格式设置"效果图

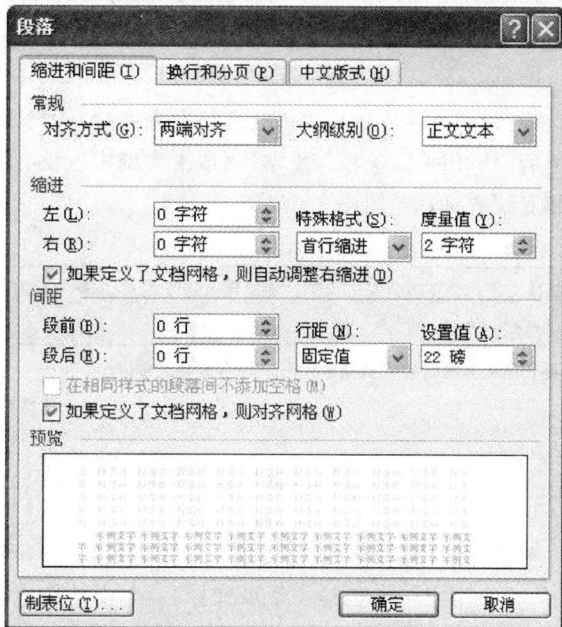

图 4.17 "段落"对话框

为"22 磅",单击"确定"按钮。

选中第 5 段,设置"首行缩进"为"2 字符"、"行距"为"固定值 22 磅"。单击"常用"工具栏中的格式刷按钮 ,分别在第 7 段、第 9 段、第 10 段、第 11 段、第 13 段、第 18 段和第 19 段上单击鼠标,这些段落也应用了第 5 段的格式。

3. 设置边框和底纹

(1) 设置段落的边框和底纹。

选中或把插入点定位在第 18 段,执行"格式|边框和底纹"命令,弹出"边框和底纹"对话框,如图 4.18 所示,此时默认选中的是"边框"选项卡,在"边框"选项卡中,单击"设置:"下的"方框",从"颜色""宽度"和"线型"中选择合适的样式,从"应用于"下拉列表框中选择"段落";在"底纹"选项卡中,如图 4.19 所示,设置合适的"填充"

颜色和"样式"项，从"应用于"下拉列表框中选择"段落"，单击"确定"按钮，整个段落加上了设置的边框和底纹效果。

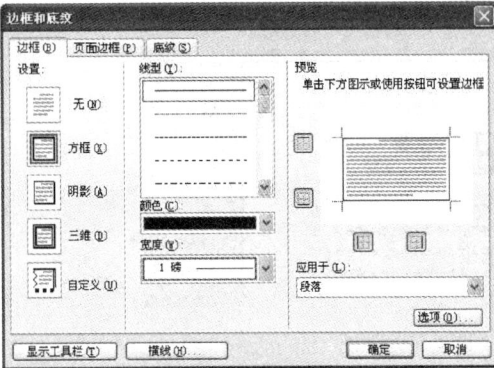

图 4.18　"边框"选项卡　　　　图 4.19　"底纹"选项卡

（2）设置文字的边框和底纹。

选中第 19 段，按照相同的方法为本段文本从"边框和底纹"对话框中设置合适的边框和底纹，每个选项卡中的"应用于"选择"文字"，单击"确定"按钮，这样选中的文本内容加上了设置的边框和底纹效果，如图 4.20 所示。

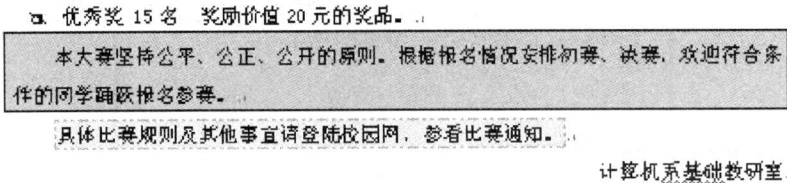

图 4.20　"边框和底纹"效果图

（3）设置页面的边框。

在"边框和底纹"对话框的"页面边框"选项卡中，如图 4.21 所示，设置页面边框为"艺术型"中的一种，从"应用于"中选择"整篇文档"，单击"确定"按钮，文档中的每一页都加上了这种边框。

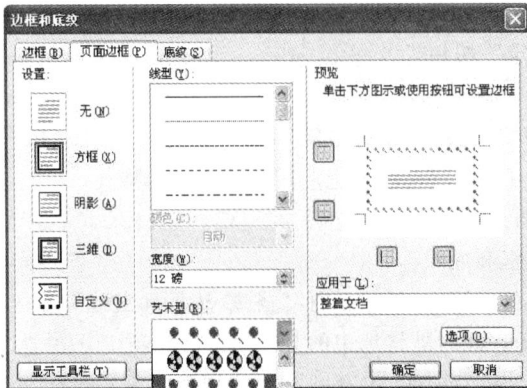

图 4.21　"页面边框"选项卡

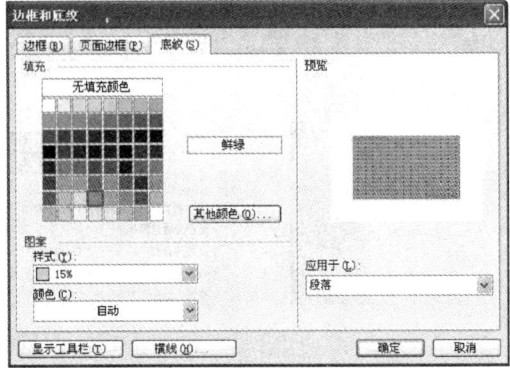

提示：

段落和页面的边框可以加一到四边，而文字的边框只能加四边；取消边框时选择相应选项卡"设置"中的"无"，且"应用于"中的选项要和原来设置时一致，取消底纹时选择"底纹"选项卡中"填充"下的"无填充颜色"，"应用于"中的选项也要和原来设置时一致。

4. 设置突出显示

单击"格式"工具栏中的突出显示按钮 ab✔ 右侧的下拉按钮，从颜色框中选择"红色"，用改变了形状的鼠标指针在文本"07 级在校学生"上拖动，文本即显示红色底纹，如图4.22 所示。

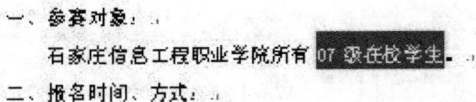

一、参赛对象：

石家庄信息工程职业学院所有 07 级在校学生。

二、报名时间、方式：

图 4.22 "突出显示"效果图

5. 插入脚注或尾注

选中文本"意外事件"，执行"插入|引用|脚注和尾注"命令，弹出"脚注和尾注"对话框，如图 4.23 所示，从"位置"中选择"脚注"，从"编号格式"下拉列表框中选择合适的编号格式，单击"插入"按钮，插入点定位在页脚上方，输入文本"如死机或键盘有问题不能正常比赛等"。

图 4.23 "脚注和尾注"对话框

"中英文录入比赛通知"制作完成，如图 4.1 所示。最后单击"常用"工具栏中的"保存"按钮 🖫，关闭 Word 窗口。

注意：在文档制作过程中要随时进行保存，以免因死机或突然断电而造成损失。

相关知识与技能

一、Word 2003 的用户界面

Word 2003 启动成功后出现如图 4.24 所示的用户界面，主要组成如下。

图 4.24　Word 2003 用户界面

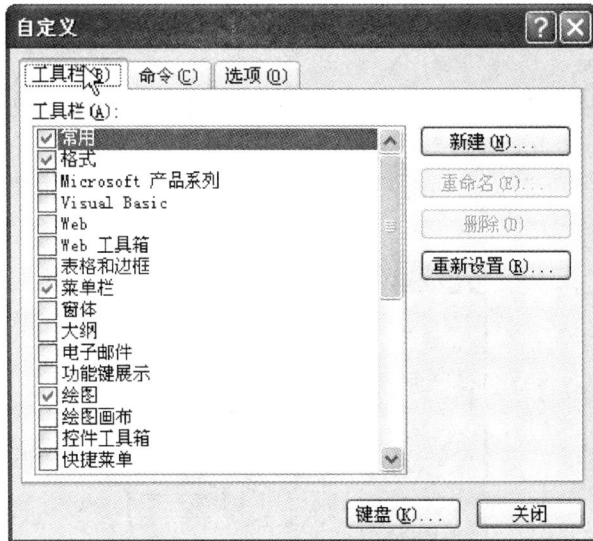

图 4.25　"自定义"对话框

1. 工具栏

一般位于菜单栏的下方，由很多 Word 常用的命令按钮组成，这些按钮的功能均可以通过菜单中的某个子菜单来完成，只不过为了方便操作而专门设置的。工具栏可以通过菜单"视图|工具栏"下的子菜单来设置显示或隐藏，前面有"✓"说明此工具栏显示，否则说明不显示，也可以执行"工具|自定义"命令，从弹出的"自定义"对话框中进行设置，如图 4.25 所示。

2. 文档编辑区

在 Word 中对于文档内容的具体操作都在此区域中完成，其上闪烁的短竖线是插入点，它可以指定欲输入内容要放置的位置。

此区域上方是水平标尺，它可以设置制表位、左右页边距、首行缩进、左右缩进、栏宽及表格列宽；左边是垂直标尺，它可以设置上下页边距及表格行高。

此区域下边是视图按钮和水平滚动条，视图按钮用来切换各种视图。

3. 状态栏

它位于窗口的最下方，主要显示当前文档的编辑信息和状态，双击对应位置可实现录制、修订、扩展和改写的状态变化，灰色表明当前状态无效。

4. 拆分框

位于垂直滚动条上方的白色小按钮，用鼠标指针拖动它可以把文档窗口分成上下两个窗口，取消拆分时用鼠标指针拖动它到文档窗口区域外即可。

二、查看 Word 2003 文档

Word 2003 可以通过以下几种视图方式查看文档，常用的有普通视图、Web 版式视图、页面视图、大纲版式视图、阅读版式视图、文档结构图和缩略图视图等，几种视图方式的切换均可以通过"视图"菜单来完成。

1. 普通视图

在此视图下对于文本的格式完全显示，简化了段落、页面及其他对象的格式显示，因此普通视图一般应用于文档的文本编辑时。

2. Web 版式视图

在此视图下浏览 Word 文档内容跟在 Web 浏览器中看到的效果一样，即行宽随窗口的宽度调整，水平滚动条永远是不起作用的。

3. 页面视图

它是"所见即所得"的视图方式，在此视图下 Word 文档中的各种设置效果基本都可以显示出来，并且能实现"即点即输"功能，一般作为文档排版时的视图方式。

4. 大纲版式视图

在此视图下可调整文档的显示区域，只显示标题或全部显示，并且可以很方便地设置段落在文档中的级别，通过主控文档功能来完成长篇文档的制作。

5. 阅读版式视图

在此视图下可以改变文字的大小，实现单页和多页显示转换，它是为在计算机屏幕上阅读文档内容而设计的视图方式。单击"阅读版式工具栏"中的"关闭"按钮可关闭此种视图。

6. 文档结构图

在此视图下将把文档窗口分成左右两部分，左边显示文档的标题结构，右边是文档编辑窗口。通过左边的窗口可以很方便地跳转到想要浏览的章节，并同时在右边窗口显示出对应章节的内容。一般用于对文档章节的调整与编辑。

7. 缩略图视图

在此视图下同样将把文档窗口分成左右两部分，左边缩小显示文档的每一页，右边是文档编辑窗口，通过左边的窗口可以很方便地跳转到想要浏览的页。

三、录入文字

1. 定位插入点

文档中录入文字时，首先要确定文字的录入位置，然后才能录入。在 Word 中用插入点来指示要输入文字放置的位置。可以用鼠标实现快速定位，也可以通过键盘实现准确定位。

（1）鼠标定位：如果是在已有内容的区域定位插入点，则直接把鼠标指针移动到指定

位置单击即可。若在空白处定位则采用 Word 2003 提供的"即点即输"功能，在文档窗口中的任意空白位置双击时，就可以将插入点定位到此位置。但使用此功能必须选中菜单"工具"中的"选项"对话框中的"编辑"选项卡里的"即点即输"复选框，如图 4.26 所示。

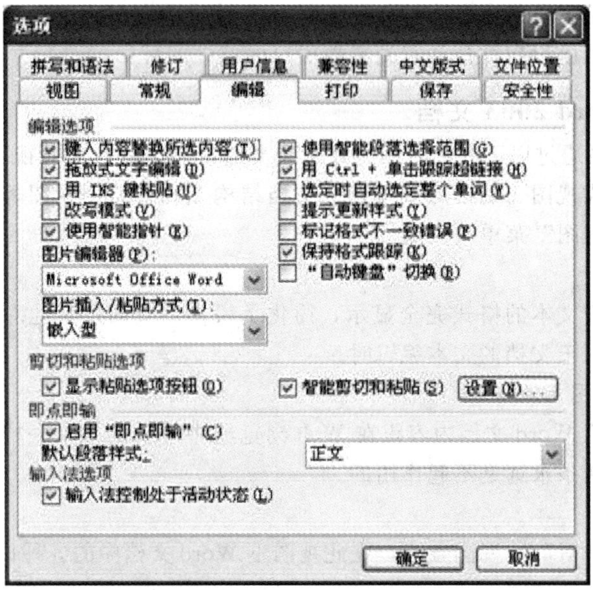

图 4.26 "选项"对话框

（2）键盘定位。

表 4-1 是相对于当前插入点所在位置，按键后的操作结果。

表 4-1　键盘定位

按键	操作结果
←	左移一个字符
→	右移一个字符
Ctrl＋←	左移一个单词
Ctrl＋→	右移一个单词
Ctrl＋↑	上移一段
Ctrl＋↓	下移一段
Shift＋Tab	左移一个单元格（在表格中）
Tab	右移一个单元格（在表格中）
↑	上移一行
↓	下移一行
End	移至当前行的行尾

续表

按键	操作结果
Home	移至当前行的行首
Ctrl＋Alt＋Page Up	移至窗口顶端
Ctrl＋Alt＋Page Down	移至窗口结尾
Page Up	上移一屏（滚动）
Page Down	下移一屏（滚动）
Ctrl＋Page Down	移至下页顶端
Ctrl＋Page Up	移至上页顶端
Ctrl＋End	移至文档结尾
Ctrl＋Home	移至文档开头

2. 录入文字

对于文字和一般字符的录入直接通过键盘（或软键盘）在相应的中/英文输入方式下来完成，在键盘（或软键盘）上不存在的其他特殊符号、日期和自动图文集等的内容可以通过"插入"菜单来进行输入，如图 4.27 所示。

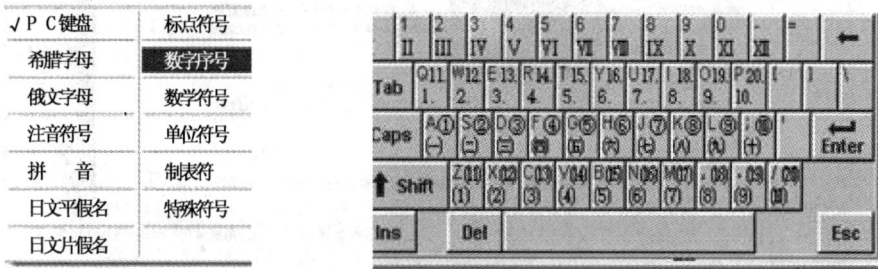

图 4.27　"软键盘"菜单与软键盘

四、编辑文字

1. 选定操作

选定是其他一切操作的基础，正确而快速地选定可以有效地提高工作效率。

（1）任意连续区域的选定。

拖动鼠标：在要选定文字的开始位置，按住鼠标左键拖动到要选定文字的结束位置松开。

（2）行的选定。

选定栏：把鼠标移动到左页边距内，鼠标就变成了一个斜向右上方的空心箭头，把这样的位置称为选定栏。

在当前行的选定栏内单击，可以选中这一行。在选定栏内按下鼠标左键上下进行拖动可以选定多行文字；也可配合 Shift 键，在开始行的左边单击选中该行，再按住 Shift 键，在结束行的左边单击，同样可以选中多行。

（3）句的选定。

按住 Ctrl 键，单击文档中的一个地方，鼠标单击处的整个句子就被选定。

选中多句：按住 Ctrl 键，在第一个要选中句子的任意位置单击，松开 Ctrl 键，按住 Shift 键，在最后一个句子的任意位置单击。

（4）段的选定。

在段落中的任意位置三击鼠标左键，选定整个段落。

选中多段：在左边的选定栏双击选中第一个段落，然后按住 Shift 键，在最后一个段落中任意位置单击，一样可以选中多个段落。

（5）矩形块的选定。

按住 Alt 键，在要选取的开始位置按住鼠标左键，拖动鼠标可以拉出一个矩形的选择区域，如图 4.28 所示。

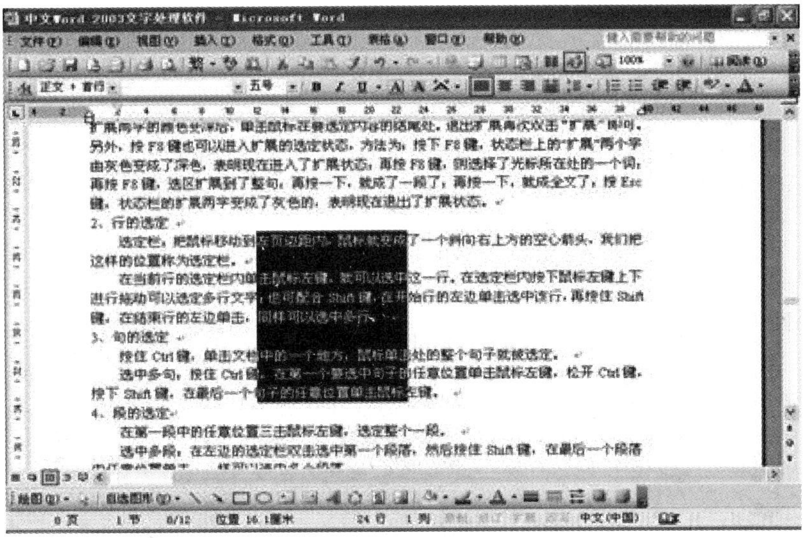

图 4.28 "选定矩形"效果图

（6）不连续区域的选定：选中一个区域后，按住 Ctrl 键再去选中另一个或几个区域。

（7）全部选定。

按 Ctrl＋A 组合键，或将光标定位到文档的开始位置，按 Shift＋Ctrl＋End 组合键选取全文；按住 Ctrl 键在左边的选定栏中单击，或在要选栏内三击鼠标左键，都可以选定全文。

2．编辑文本

（1）移动文本。

①鼠标操作：选中要移动的文本，然后在它上面按下鼠标左键拖动，到目的地松开。

②键盘操作：先选定要移动的文本，按 F2 键，光标变成了虚短线，再用键盘把光标定位到要插入文本的位置，按回车键。

③剪贴板操作：选定文本，按对于文件和文件夹操作的方法来完成移动。

（2）复制文本。

对需要重复输入的文本，利用复制功能可以加快工作速度，方法如下。

①鼠标操作：在移动的同时按住 Ctrl 键。

②键盘操作：在移动时按 Shift＋F2 组合键，实现复制。

③剪贴板操作："复制"＋"粘贴"命令或 Ctrl＋C 组合键（复制）＋Ctrl＋V 组合键（粘贴）。一次复制后内容就保存在剪贴板上了，可以进行多次粘贴。

复制跟剪切差不多，所不同的是复制只将选定的文本复制一份放到目的地，并不影响原有位置原内容的存在，而剪切只在目的地保留，原位置的内容被删除了。

（3）删除文本。

选中需删除的部分，按 Delete 键或 Backspace 键或执行"编辑|清除"命令。如果是定位插入点，则 Delete 键删除插入点后面的字符，而 Backspace 键删除的是光标前面的字符。

（4）插入和改写。

两种方式的改变通过按 Insert 键或双击状态栏上的"改写"两字完成，灰色是插入，否则说明是改写方式，这时输入内容会把插入点后的内容删除掉。

提示：

在文档中，需要插入另一篇已经存在的文档的全部内容，可以有以下两种方法实现。

方法一：打开源文档，把内容全部复制后，再粘贴到目标文档中。

方法二：在目标文档中定位插入点，通过执行"插入|文件"命令来实现。

（5）查找和替换。

要把文档中所有的"编排"替换成"排版"，可执行"编辑|替换"命令，弹出"查找和替换"对话框，如图 4.29 所示。

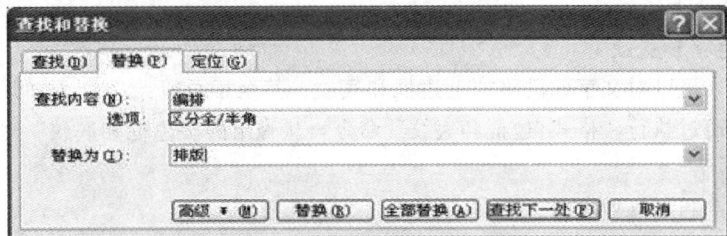

图 4.29　"查找和替换"对话框

单击"查找下一处"按钮，Word 就自动在文档中找到下一处使用这个词的地方，这时单击"替换"按钮，Word 会把选中的词替换掉并自动选中下一个词。如果文档中这个词都要被替换掉，就单击"全部替换"按钮，完成后 Word 会告诉你替换的结果。还可以通过"高级"按钮进行格式应用和特殊符号操作。

（6）撤销、恢复和重复。

①撤销和恢复。

撤销是取消上一步的操作，而恢复就是把刚刚撤销的操作再重复回来，"撤销"和"恢复"命令在"编辑"菜单中，组合键是：撤销是 Ctrl ＋ Z 键，恢复是 Alt ＋ Shift ＋ Backspace 键。

另外还可以一次撤销多次的操作。单击常用工具栏中撤销按钮 上的向下小箭头，会弹出一个列表框，这个列表框中列出了目前你能撤销的所有操作，从中选择多步连续操作来撤销。但是这里不允许任意选择一个以前的操作来撤销，而只能连续撤销一些操作。

②重复。

重复是指再次执行刚刚进行过的操作，组合键是 Ctrl＋Y 键。

五、使用项目符号和编号

选中需要添加项目符号和编号的段落，单击格式工具栏中的项目符号▤和编号按钮

▤，可以快速地在这些段落上加上项目符号和序列编号。

六、格式化 Word 2003 文档

文档制作中文本录入并编辑完成之后，要想让文档看上去美观、独具风格，需要进一步格式化文档中的字符、段落和页面。

1. 格式化字符

在 Word 文档中，把文字、数字、标点符号和特殊符号统称为字符。对字符的格式设置包括字体、字形、字号、升降、间距和其他修饰。设置时要先选中字符，再通过"格式"工具栏或"字体"对话框来进行。

2. 格式化段落

可以通过"格式"工具栏、"段落"对话框或"标尺"来完成设置。

提示：

如果一个段落设置了段前距，同时它的前一个段落设置了段后距，则两个段落的间距为两个值的和。

3. 设置边框和底纹

在排版时，可以对文字、段落加上边框和底纹，甚至于可以给整个页面加上边框，这些功能都可以通过执行"格式|边框和底纹"命令，从弹出的"边框和底纹"对话框中进行设置。

（1）给文字和段落加边框。

提示：

文字的边框只是有文字的位置存在，而段落的边框将以方框的形式加在选中段落的四周。

（2）给文字和段落加底纹。

提示：

"无填充颜色"和"白色"是不一样的，前者是取消底纹用的，而后者是把底纹设置成白色。

文字的底纹只是在有文字的位置存在，而段落的底纹在选中段落的几个整行中都存在。

（3）给页面加边框。

提示：

不同的页面可以设置不同的边框样式。

4. 使用格式刷

如果文档中有多处文本或多个段落使用相同的格式设置，可以先把一处文本或一个段落格式设置好，再用 Word 中提供的"格式刷"工具快速复制格式。

注意：单击格式刷只可复制一次；双击格式刷可以复制无数次，想取消复制功能时必须再次单击格式刷或按 Esc 键。

（1）复制文本格式。

选中已经设置好格式的文本，单击或双击"常用"工具栏中的格式刷按钮 ，再用带刷子的鼠标指针在目标文本上拖动，即可把源文本的格式应用到目标文本中。

（2）复制段落格式。

把插入点定位到已经设置好格式的段落中，单击或双击"常用"工具栏中的"格式刷"按钮，再用带刷子的鼠标指针在目标段落中单击，即可把源段落的格式应用到目标段落中。

七、插入脚注和尾注

一般在文言文中常见添加的注释排版，可以用 Word 提供的脚注和尾注功能来设置，操作步骤如下。

（1）选中要注释的内容，执行"插入|引用|脚注和尾注"命令，弹出"脚注和尾注"对话框。

（2）从对话框中根据需要选择"脚注"或"尾注"；在"编号格式"下拉列表框中选择合适的编号格式；可以自定义标记，单击"符号"按钮，从弹出的"符号"对话框选择需要的符号；从编号方式下拉列表框中选择合适的编号方式；指定应用更改的范围，单击"插入"按钮。

（3）Word 自动把光标定位到页面的底部或文末处，输入注释的内容就可以了。

修改时很简单，在有脚注或尾注的文档中执行"视图"菜单中的"脚注"命令，从弹出的对话框中选择定位到脚注区或尾注区，可以快速将光标定位到文档中的指定位置，并可直接编辑和修改脚注或尾注。

如果不想要其中的一个脚注或尾注，可以在文档中选中它的脚注或尾注符，按 Delete 键，脚注或尾注就被删除了，这时所有的脚注或尾注序号及脚注区或尾注中的注释都会自动进行调整。

提示：

在脚注或尾注区进行删除脚注或尾注的操作，往往不能同时删除文档中的脚注或尾注符。

拓展与提高

一、使用制表位

制表位是 Word 专门为用户快速对齐不同行或不同段落间的相同项的内容而设计的，类型有 5 种，分别为：左对齐式制表位、居中对齐式制表位、右对齐式制表位、小数点对齐式制表位和竖线对齐式制表位。

1. 设置制表位

方法有两种，一种是通过鼠标进行设置，另一种是执行"格式|制表位"命令，通过弹出的"制表位"对话框进行设置，如图 4.30 所示。

（1）鼠标设置。

① 把插入点置于需设置制表位的段落中。

② 单击水平标尺最左端的制表位改变成需要的制表位类型，用鼠标直接在标尺上相应的刻度处单击即可。

如果在同一段落中设置多个制表位，可多次重复上一步操作。

（2）对话框设置。

执行"格式|制表位"命令，弹出"制表位"对话框，如图4.30所示。

把插入点置于需设置制表位的段落中，从"制表位位置"输入框中输入位置字符数，再选取对齐方式和前导符，单击"设置"按钮，可同时用相同方法设置多个制表位后，再单击"确定"按钮，设置的制表位全部显示在标尺上。

提示：

前导符是加在制表位前边的符号。

2．调整制表位位置

用鼠标直接在标尺上拖动制表位即可，如果按住Alt键再拖动，可以同时在标尺上显示制表位位置，能够更精确地进行设置。

3．使用制表位

使用制表位时，按Tab键，每按一次，插入点移动一个制表位。如果不按Tab键制表位不会起作用。

4．删除制表位

鼠标操作时直接用鼠标拖动制表位到标尺之外就删除了制表位，如果用对话框操作时，在制表位位置框中选中需删除的制表位，单击"清除"按钮即可，如果全部不要，则单击"全部清除"按钮。

二、设置中文版式

如果有特殊需要为文字加上拼音或实现双行合一等格式，可以通过Word提供的中文版式完成。下面以"拼音指南"为例介绍设置中文版式的方法。

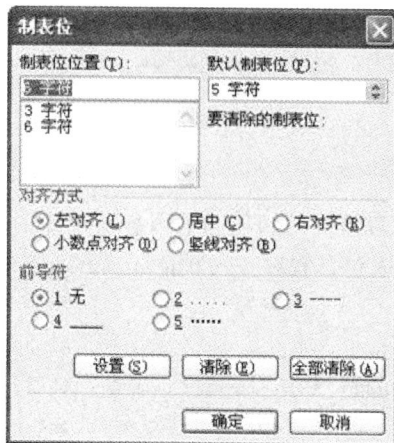

图4.30 "制表位"对话框

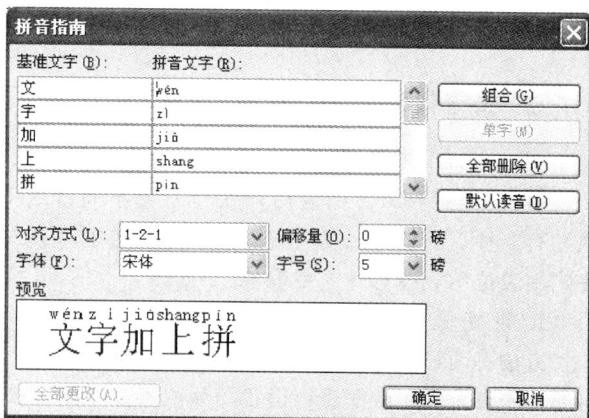

图4.31 "拼音指南"对话框

选中需要添加拼音的文本，执行"格式|中文版式|拼音指南"命令，弹出"拼音指南"对话框，如图 4.31 所示，根据需要可以把选中字组合成一体一起加拼音，也可以单字加，在 Word 2003 中还可以为拼音加声调，还可以从下边的下拉列表框中选择拼音需要的对齐方式、偏移量、字体和字号，设置完成后，单击"确定"按钮。

如果需要把带拼音的文字去掉拼音，仍选中带拼音的文本，从"拼音指南"对话框中单击"全部删除"按钮，再单击"确定"按钮即可。

其他中文版式的设置跟"拼音指南"基本相同。

提示：

设置带圈字符时一次只能为一个字符设置。

三、制作长篇文档

在 Word 中制作长篇文档时，比如编写书稿，首先启动 Word，在录入内容、基本编辑和格式设置后，错误修改以及目录编写均可通过以下 Word 提供的高级功能来实现快速操作。

1. 拼写检查

在文档中输入内容时，很难保证拼写及语法完全正确，修改时可以通过拼写检查功能快速找到出错的地方并进行改正。

（1）启用拼写和语法检查功能。

执行"工具|选项"命令，弹出"选项"对话框，如图 4.32 所示，从"拼写和语法"选项卡中选中"拼写"中的"键入时检查拼写"复选框和"语法"中的"键入时检查语法"复选框，单击"确定"按钮。这样在进行输入时如果拼写有错误则以添加红色波浪线提示，如果是语法错误则以添加绿色波浪线提示。

（2）修改拼写和语法错误。

在文中的红色波浪线处右击，从快捷菜单中选择本单词的正确拼写，这时错误单词被更正，同时去掉了红色波浪线；在文中的绿色波浪线处右击，从快捷菜单中选择正确的语法形式，这时错误语法被更正并且绿色的波浪线消失。

2. 自动更正

自动更正能够在文本录入时自动检测和更正错误拼写及不正确的英文大小写，这项功能尤其对英文单词和中文成语输入很有帮助。Word 2003 为用户提供了自动更正词库，但用户也可以根据需要添加新的词条或删除不需要的已有词条。

（1）向自动更正词库添加新词条。

操作步骤如下。

①执行"工具|自动更正选项"命令，弹出"自动更正"对话框，如图 4.33 所示。

②从"替换"输入框中输入要求更正的单词或文字，从"替换为"输入框中输入正确的单词或文字。

③单击"添加"按钮，选中"键入时自动替换"复选框，单击"确定"按钮。

这样就完成了新词条的添加，在以后文本输入时输入了"替换"框中的单词或文字，则会被替换成"替换为"框中的对应内容。

（2）从自动更正词库中删除不用词条。

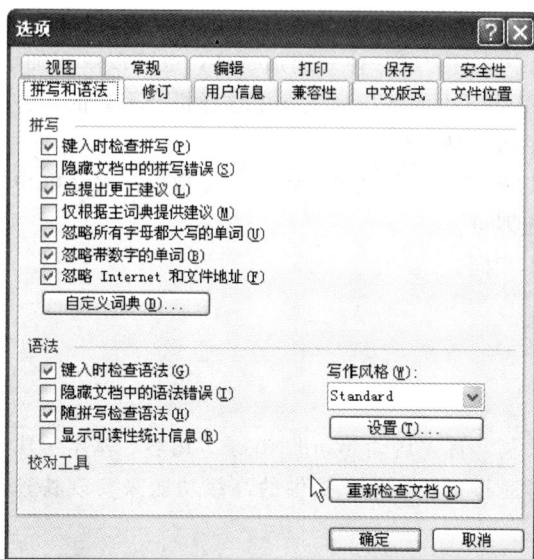

图 4.32 "选项"对话框

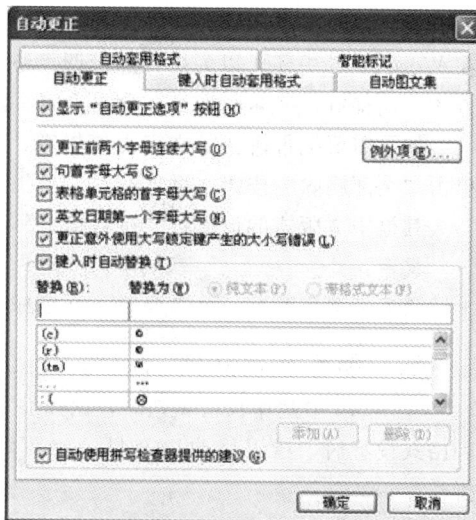

图 4.33 "自动更正"对话框

操作方法如下。

从"自动更正"对话框中选中不用的词条,单击"删除"按钮,再单击"确定"按钮,即可实现词条的删除。

提示:

对于输入时需要更正的其他错误,一定要选中"自动更正"对话框中相应的复选框。

3. 模板与样式

Word 2003 提供了许多已经设计好的版式,这就是人们在制作文档时使用的模板。所有文档都是基于模板的,使用模板生成文档时只需要在其中填入相应的内容即可制作出一份格式工整的文档,因此用户在制作文档时可以根据不同需要选择不同的模板。而样式是存储在 Word 中的段落或字符的一组格式化命令,利用它可以快速地改变文本的外观。尤其在长篇文档制作时应用样式可以通过一步操作完成一系列文本格式的设置,大大提高工作效率。

(1) 模板。

Word 文档的扩展名为 .doc,Word 模板文件的扩展名为 .dot。

①应用模板。

启动 Word 或单击常用工具栏中的"新建"按钮时,新建的文档都是基于"空白文档"模板的,如果想用其他的模板制作文档,可执行"文件"|"新建"命令,从弹出的"新建文档"任务窗格中单击"本机上的模板"链接,弹出"模板"对话框,如图 4.34 所示,从中选择需要的模板类型,单击"确定"按钮即可。每种模板都存储着样式、自动图文集词条、"自动更正"词条、宏、工具栏、自定义菜单设置和快捷键等。

②保存模板。

如果有些类型的文档经常制作,而 Word 中没有现成的模板,人们可以把制作的文档保存成模板增加到 Word 中。具体操作步骤为:在设置好样式的文档窗口中执行"文件"|"另

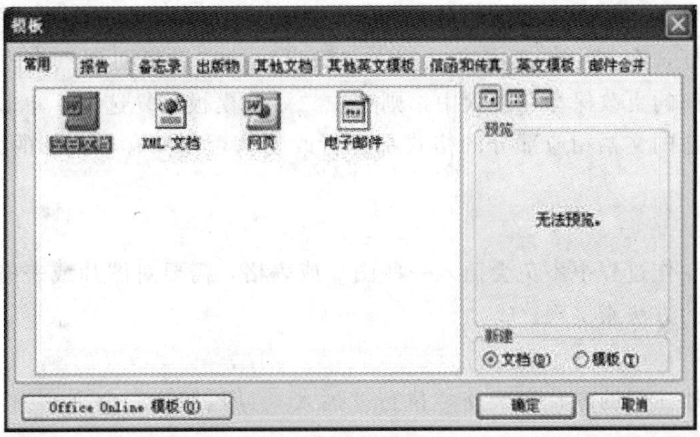

图 4.34　"模板"对话框

存为"命令，弹出"另存为"对话框，如图 4.35 所示，从保存类型下拉列表框中选择"文档模板"，保存位置处自动变成 Templates，再从文件名输入框中输入要保存的模板的名字，单击"保存"按钮。下次再打开"本机模板"对话框时就能找到保存的模板。

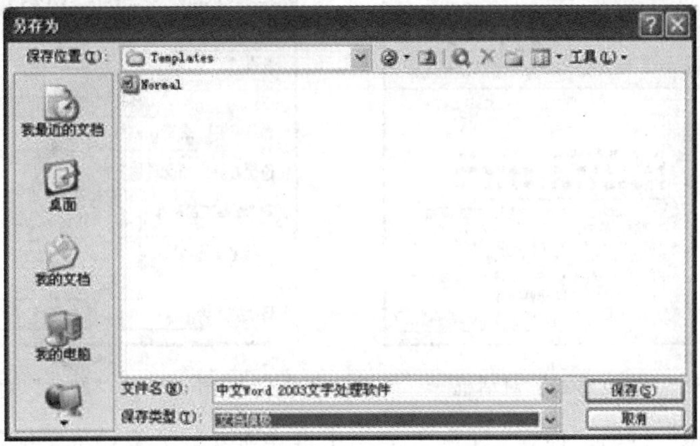

图 4.35　"另存为"对话框

（2）样式。

Word 为文档中的正文、各级标题、页眉和页脚、超链接等都提供了预定义的样式，需要时可直接应用，如果样式在应用中有不合适的地方还可以进行更改。

①应用样式。

文档录入、编辑完成以后，把插入点定位到要应用样式的段落中，单击格式工具栏上的"样式"输入框右侧的下拉按钮，从下拉列表框中选择要应用的样式种类，插入点所在段落或其中文本就应用了这种样式的格式。

②更改样式。

更改样式的具体操作步骤如下。

执行"格式|样式和格式"命令，在窗口右侧出现"样式和格式"任务窗格，在"请选择要应用的格式"列表框中单击要更改样式的类型，再单击它右边的下拉按钮，从下拉列表框中执行"修改"命令，如图 4.36 所示。

在对话框中单击"格式"按钮，从弹出的列表框中选择需要修改样式的对应部分，即弹出相应的对话框，在其中修改完成后单击"确定"按钮后返回到"修改样式"对话框，这时如果想把当前的更改保存在模板中，则选中"添至模板"复选框，单击"确定"按钮，则基于此模板创建的文档相应部分的格式都进行改变，否则只有本文档的此样式对应格式发生变化。

4．插入题注

在长篇文档制作过程中不免会插入一些图片或表格，需要对图片或表格加说明信息时，可通过插入题注的方法来实现。

操作步骤如下。

（1）选中要加注解的图片或表格，执行"插入|引用|题注"命令，弹出"题注"对话框，如图 4.37 所示。

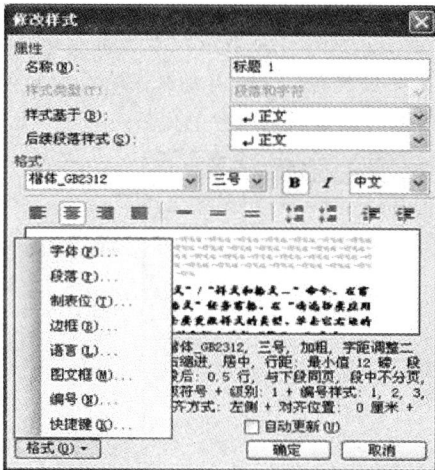

图 4.36　"修改样式"对话框　　　　图 4.37　"题注"对话框

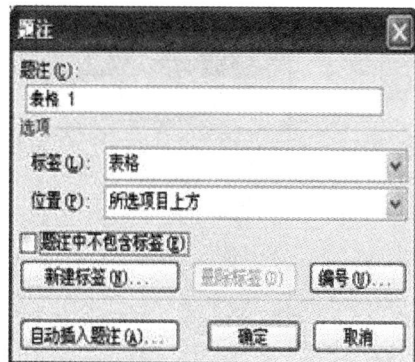

（2）在"选项"区的"标签"下拉列表框中选择需要的标签，从"位置"下拉列表框中指定题注的位置，单击"编号"按钮，从弹出的"编号"对话框中指定所用的编号格式，如图 4.38 所示。

（3）这时在"题注"框中显示要加到图片或表格上的题注内容，如果它不需要标签，可选中"题注中不包含标签"复选框；如果标签不合适，可单击"新建标签"按钮，在弹出的"新建标签"对话框中的输入框中输入新标签，单击"确定"按钮，这时可选取的标签种类就增加了，同样也可以删除经常不用的标签。

（4）单击"确定"按钮，这时题注添加到图片或表格的指定位置。

5．审阅、批注和修订

文档制作基本完成之后，作者可以把文稿发送给本行业的专家进行审阅，以便对文稿中的错误给出建议或修改。专家进行审阅时如果不想直接对文稿进行修改，可以在文稿中加上批注和进行修订。作者拿回文稿后，只对批注和修订接受或拒绝即可实现修改。

提示：

在审阅时所做的修订和添加的批注中所有颜色的设置，可以通过"选项"对话框中

"修订"选项卡里的对应项来完成，如图 4.39 所示。

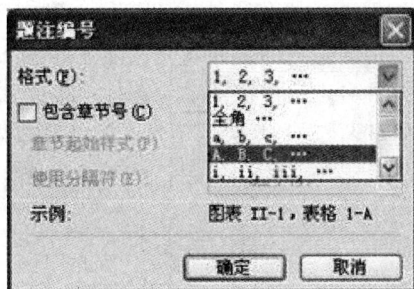

图 4.38 "编号"对话框　　　　图 4.39 "修订"选项卡

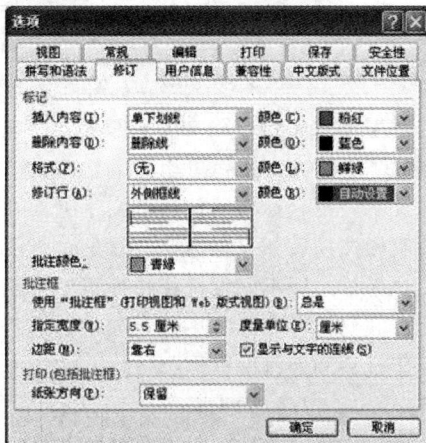

注意：最好在审阅和修订时让菜单"视图"中的"标记"命令有效，这样很便于操作，以下操作均在标记有效状态下完成。

（1）批注。

批注是作者或审阅者在文档中添加的注释，在 Word 2003 中它显示在文档的右页边距内。批注由两部分内容构成：前一部分是批注标记信息，包含审阅者的姓名缩写和批注编号，它是自动出现的；后一部分是批注内容，由添加者自己输入。

①添加批注。

具体操作步骤如下。

选中要添加批注的文本，执行"插入|批注"命令，在本行的右页边距中出现了批注框，同时批注框中显示这是谁的批注，在插入点处输入注释内容，单击批注窗口外的其他位置就完成了批注的添加。这样在翻阅文档时把鼠标放到已添加批注的文本处，就会出现批注的内容。

②编辑批注。

具体操作步骤如下。

在文档中插入批注的文字中间右击，从快捷菜单中执行"编辑批注"命令，插入点定位到批注框内；或直接把插入点定位在批注框内，修改批注内容即可。

③删除批注。

具体操作步骤如下。

在文档中插入批注的文字中间右击，从菜单中执行"删除批注"命令，就可以把插入的批注删除了。

（2）修订。

在审阅时通过修订把删除、插入或改写的部分标示出来以达到醒目效果。使用修订时执行"工具|修订"命令，这时进入修订状态并同时显示出"审阅"工具栏，如图 4.40 所示。

图 4.40　"审阅"工具栏

此时用 Delete 键删除文字，被删文字就变成了有颜色并带删除线的样子，这就表示已经被删除了；输入文字，可以看到输入的文字和一般的文字颜色也不一样，这就表示是新添加的文字，把鼠标移动到这些文字上面，可以看到是谁进行的修改，是删除还是插入的。原作者收回文稿后如果觉得修改得好，直接在修订处右击，从快捷菜单中选择"接受修订"命令，如果修改得不好就选择快捷菜单中的"拒绝修订"，这时就会取消本处的修订效果。

批注和修订各有各的用途，如果把这两种方法结合起来，综合使用，改稿就更方便了。以上对于批注和修订的操作都可以在"审阅"工具栏中完成。

6. 大纲视图操作

在对长文档进行处理时，最好把文档视图切换到大纲视图方式，利用大纲视图可以很方便地查看和组织文档的结构。Word 中将段落分成了 10 个级别，即 9 级标题和正文，每个级别的格式在模板中定义，还可以通过"项目符号和编号"中的"多级符号"来进行设置。

在大纲视图中每一个段落的前面都有一个标记，是根据段落的大纲级别有层级地设置，不同的标记代表不同的意义，主要有 3 种符号。

- 加号（＋）：代表该标题下还有下级内容。
- 减号（－）：代表该标题下没有下级内容。
- 方块（□）：代表段落的级别是正文。

（1）大纲工具栏，如图 4.41 所示。

图 4.41　"大纲"工具栏

（2）提升和降低标题级别。

在长篇文档中可以使正文和标题级别提升或降低。操作时，选中要升级或降级的标题或正文，单击大纲工具栏中的相应按钮。级别改变后段落格式和文字格式也随之发生变化。

（3）移动文本。

在大纲视图中可以方便地调整段落的位置，操作时选中一个段落，单击"大纲"工具栏上的"上移"或"下移"按钮，这个段落包含它的下级内容在文档中的位置就会向前或向后移。

（4）折叠和展开。

单击大纲工具栏上的"折叠"按钮，这一部分的层级就折叠了一层，再单击，又折叠了一层，直到在这个层级的下面出现了一条下划线，就表示这个层级已经完全折叠了起来；单击"展开"按钮，可以展开一个层级，再单击，又展开一层。若只想展开此层下面的层级，把光标定位到这个段落中，单击"展开"按钮，就只有这项所包含的层级展开了。光标在哪里，就展开哪个项目的层级。

（5）显示指定级别。

单击大纲工具栏中的"显示级别"下拉按钮，从下拉菜单中选择相应命令，可以改变大纲视图中显示出的内容多少。如选择"显示级别 4"则在窗口中显示当前文档的 1 级到 4 级所有内容，更低级的内容则显示不出来。

（6）只显示首行。

单击大纲工具栏中的"只显示首行"按钮，则正文段落的第一行内容显示，其他行内容用省略号取代。再单击则所有正文内容又全部显示。

（7）显示格式。

有时在大纲视图中文档内容不显示段落和文字格式，此时单击"显示格式"按钮可以把内容的格式显示出来，再单击此按钮，则文档的内容格式又去掉了。

大纲视图还有一个很有用的功能，就是制作主控文档。用主控文档可以方便地对系列的文档进行组织和管理，可以很方便地创建文档间参考资料、目录和子文档索引等，而且不必打开即可打印多篇子文档、拖拽移动大段文本以及子文档。如果处理一篇几百页的文档时，Word 的速度很慢，使用主控文档会既快又方便。有关主控文档的其他内容可参考其他书籍。

7. 编制目录

文档目录是文档中章节等标题的列表。长篇文档制作完成后需要生成目录为读者阅读时提供方便，在 Word 中可以对一个编辑和排版完成的稿件自动生成目录。具体操作步骤如下。

（1）把插入点定位到文档的最后或最前，执行"插入|引用|索引和目录"命令，弹出"索引和目录"对话框，如图 4.42 所示。

（2）在"目录"选项卡中，这里的目录设置是按照样式来进行的，从"格式"下拉列表框中选择合适的目录格式，从"显示级别"下拉列表框中指定在目录中要显示到的大纲级别。

（3）选中"显示页码"和"页码右对齐"前的复选框，这样在目录的最右侧一列就有每一章节对应的页码。

（4）从"制表符前导符"下拉列表框中选择合适的符号，单击"确定"按钮。Word 就在插入点处生成了文档的目录。这时单击目录中的条目就会直接跳转到文档中相应的位置。

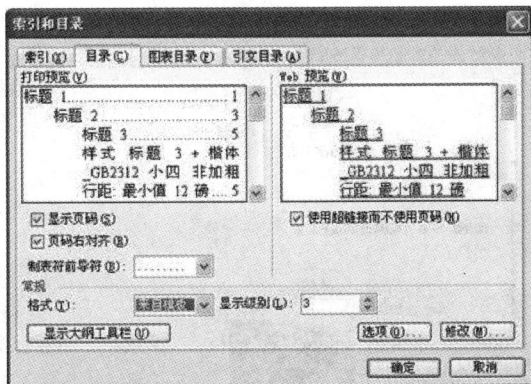

图 4.42 "索引和目录"对话框   图 4.43 "字数统计"对话框

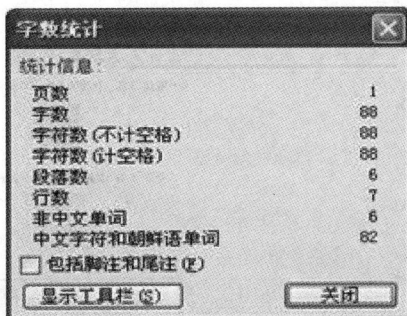

8. 字数统计

长篇文档制作完成之后，如果要查看字数，可选中相应内容，执行"工具"|"字数统计"命令，弹出"字数统计"对话框，如图 4.43 所示，其中显示了选中内容的字数统计信息。

>>>>>>>>>>>>>>>>>>>> 复习思考题 <<<<<<<<<<<<<<<<<<<<<<<<<<

1. 制作一份会议通知。

2. 制作一份产品发布邀请函。

▶ 任务二　制作中英文录入比赛宣传海报

任务描述

石家庄信息工程职业学院计算机系基础教研室定于 2008 年 5 月上旬举办 2007 级新生中英文录入比赛，为了使学生更多地了解这次比赛的具体信息，吸引更多的打字高手报名参赛，使比赛更具竞争力，特制定本宣传海报。"中英文录入比赛宣传海报"样文如图 4.44 所示。

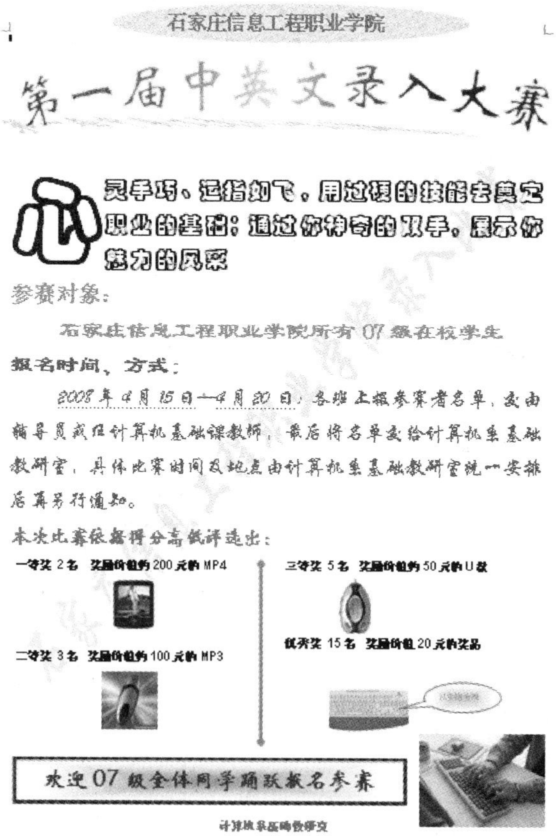

图 4.44　"中英文录入比赛宣传海报"样文

任务分析

宣传海报又称为招贴或宣传画，是一种比较大众化的宣传体裁，它主要完成某件事情的宣传、鼓动任务，因此设计时要运用大尺寸的纸张、醒目的标题、强烈的色彩效果来达到吸引观众的目的。另外海报的版面布局要让人一目了然，不能过于造作，应突出重点，删去次要的细节。用 Word 制作时应多用艺术字和图片、图形等对象，达到图文并茂的效果。以前已经制作了这次比赛的通知，为了节省时间，制作海报时可以直接把需要的文字从通知中复制过来。

方法与步骤

一、编辑文档内容并设置页面

1. 建立新文档

新建一个空白的 Word 文档，并以"中英文录入比赛宣传海报.doc"为名进行保存。

2. 打开旧文档

执行"文件|打开"命令或单击"常用"工具栏的"打开"按钮 或按 Ctrl＋O 组合键，弹出"打开"对话框，如图 4.45 所示。

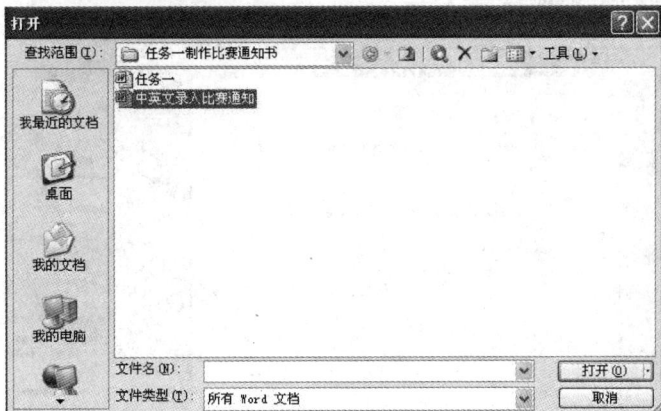

图 4.45　"打开"对话框

单击"查找范围"输入框右侧的下拉按钮，从下拉列表框中找到"中英文录入比赛通知.doc"文档所在的上级文件夹并单击，并从打开窗口的列表区选择"中英文录入比赛通知"文档，单击"打开"按钮，这时打开了如图 4.1 所示的"中英录入比赛通知"文档窗口。

3. 编辑文档的文字内容

从"中英文录入比赛通知"文档窗口中通过拖动鼠标选中文本"第一届中英文录入大赛"，并按住 Ctrl 键依次拖动鼠标选中文本"心灵手巧……展示你魅力的风采""参赛对象：……07 级在校学生""报名时间……再另行通知"和"本次比赛依据……优秀奖 15 名奖励价值 20 元的奖品"，再按 Ctrl＋C 组合键进行复制。

切换到"录入比赛宣传海报"文档窗口，按 Ctrl＋V 组合键把复制的内容粘贴到本文档中，并单击内容右下角的粘贴选项按钮 的下拉按钮，如图 4.46 所示，从下拉菜单

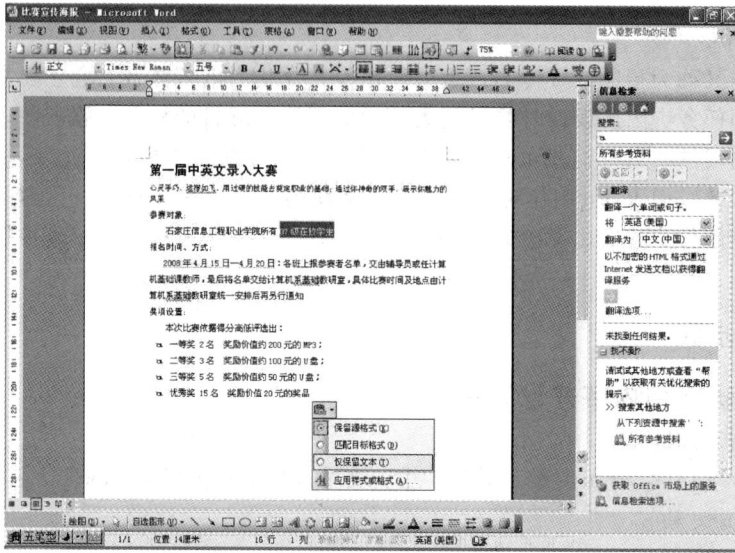

图 4.46 "粘贴选项"快捷菜单

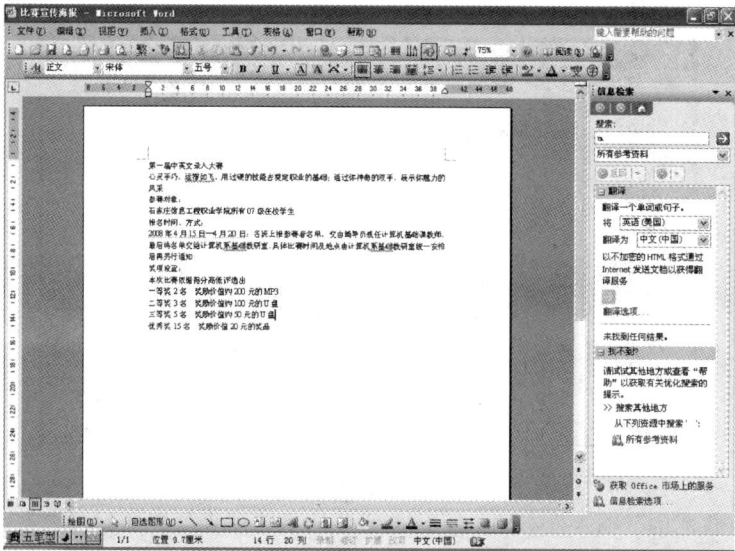

图 4.47 "文字处理完毕"效果图

中选择"仅保留文本"单选项,此时粘贴内容均是空白文档模板默认的中文"宋体、五号"、西文"Times New Roman、五号"的正文,再分别定位插入点到第七、八、九、十段末按 Delete 键删除标点,得到结果如图 4.47 所示。

4. 进行页面设置

执行"文件|页面设置"命令,弹出"页面设置"对话框,如图 4.48 所示,在"页边距"选项卡中设置图中所示的页边距和方向,在"纸张"选项卡中设置纸张大小为"自定义大小",宽度为"41 厘米",高度为"55.87 厘米",单击"确定"按钮,此时文档的纸张就变大了,如图 4.49 所示。

图 4.48 "页面设置"对话框

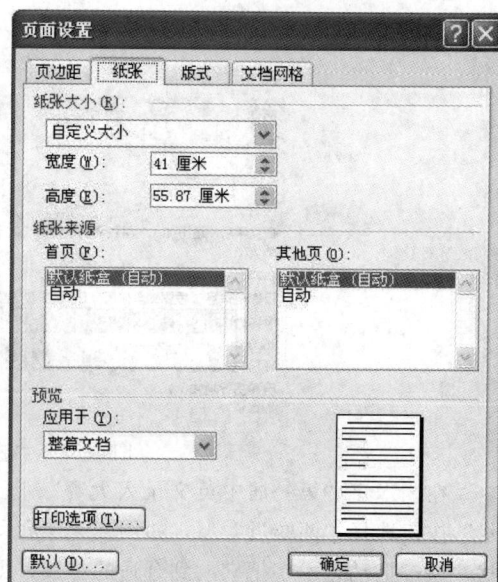

图 4.49 "纸张"选项卡

二、插入艺术字并设置格式

选中文本"第一届中英文录入大赛",执行"插入"|"图片"|"艺术字"命令,从弹出的"艺术字库"对话框中选择第三行第四个样式,如图 4.50 所示,单击"确定"按钮,弹出"编辑'艺术字'文字"对话框,如图 4.51 所示,设置"字体"为"华文新魏""字号"为36,并单击"加粗"按钮 **B** ,最后单击"确定"按钮,文档中就插入了艺术字,同时Word 自动显示出了"艺术字"工具栏,如图 4.52 所示。

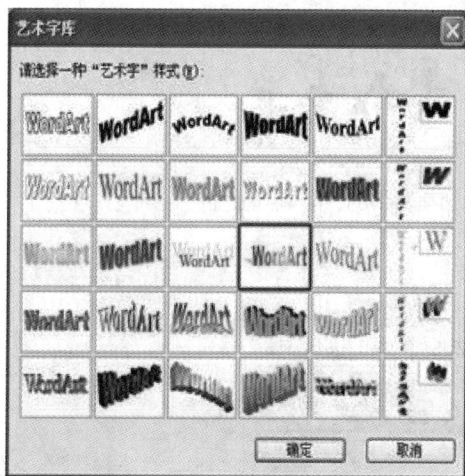

图 4.50 "艺术字库"对话框

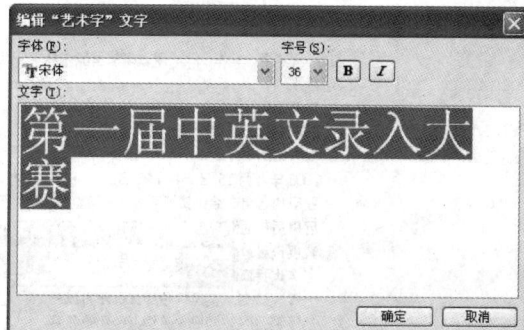

图 4.51 "编辑'艺术字'文字"对话框

图 4.52　"艺术字"效果图

在艺术字"第一届中英文录入大赛"上选中艺术字，单击"艺术字"工具栏上的"形状"按钮选择"两端近"型，如图 4.53 所示，通过艺术字边上的控制柄来改变大小和形状，通过拖动艺术字把它放到合适的位置，得到如图 4.54 所示的结果。

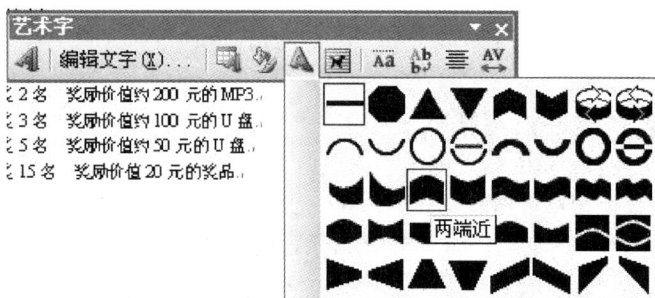

图 4.53　"艺术字"工具栏中"形状"样式库

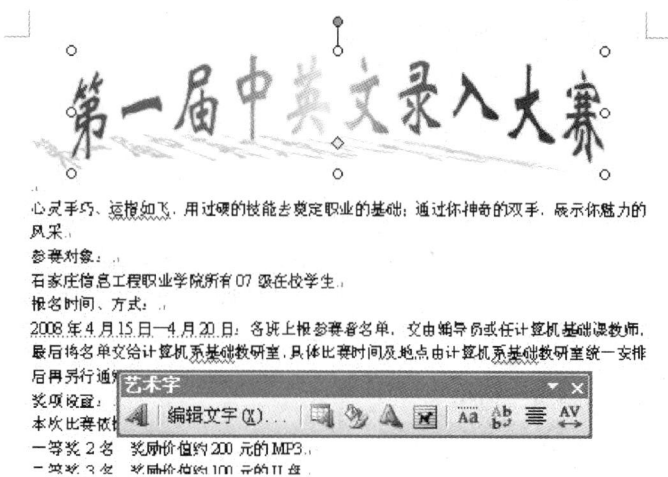

图 4.54　"艺术字设置好"效果图

三、设置首字下沉

选中第二段内容，把文字设置成蓝色、华文彩云、加粗、初号，执行"格式|首字下沉"命令，弹出"首字下沉"对话框，如图 4.55 所示，单击"下沉"项，并设置下沉行数为 3，单击"确定"按钮，得到如图 4.56 所示的结果。

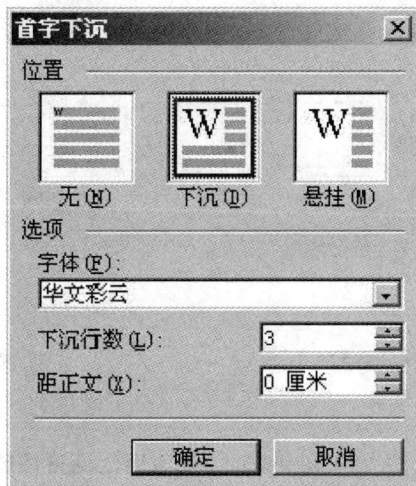

图 4.55   "首字下沉"对话框

图 4.56   "首字下沉"效果图

四、设置分栏

选中第三段设置文字格式为"宋体、初号、加粗、粉红色"，第四段为"隶书、初号、加粗、梅红色"、首行缩进"两个字符"，第五段为"隶书、初号、加粗、海绿色"，第六段为"华文行楷、小初号、加粗、海绿色"、首行缩进"两个字符"，第七段为"华文新魏、小初号、加粗、橙色"。

选中最后 4 段但不包含最后一段的段落标记，设置文字格式为"宋体、二号、加粗"，执行"格式|分栏"命令，弹出"分栏"对话框，如图 4.57 所示，从对话框的"预设"项中选择"两栏"，其他项按默认，单击"确定"按钮，得到如图 4.58 所示的效果。

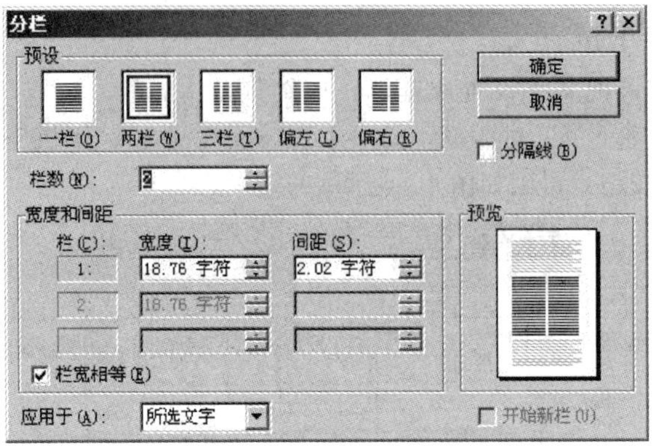

图 4.57　"分栏"对话框

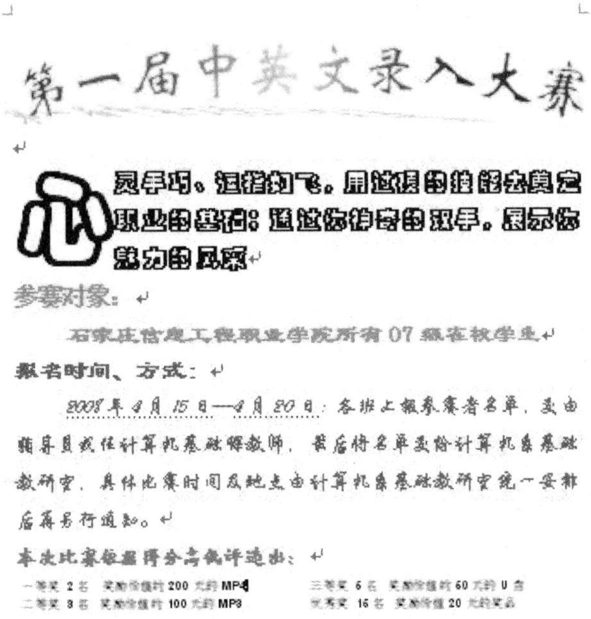

图 4.58　"分栏"效果图

五、插入图片并设置图片格式

1. 插入图片

定位插入点在文字"MP4"后按回车键，执行"插入|图片|来自文件"命令，弹出"插入图片"对话框，如图 4.59 所示，从对话框的"查找范围"下拉列表框中选择要插入的 MP4 图片所在的位置，从下边的列表框中选中 MP4 图片，单击"插入"按钮或双击图片，MP4 的图片就插入到文档中，此时图片为选中状态，并同时显示出了"图片"工具栏，如图 4.60 所示。

图 4.59 "插入图片"对话框

本次比赛依据得分高低评选出：

一等奖 **2** 名 奖励价值约 **200** 元的 MP4 优秀奖 **15** 名 奖励价值

二等奖 **3** 名 奖励价值约 **100** 元的 MP3

三等奖 **5** 名 奖励价值约 **50** 元的 U 盘

图 4.60 "插入 MP4 图片"效果图

2. 设置图片格式

通过拖动图片上的控点（图片选中时周围的 8 个小黑点）来调整图片到合适的大小，单击"格式"工具栏上的"居中"按钮 ，使图片在左栏中居中。

3. 插入其他图片

（1）按照相同的方法在文档中插入二等奖、三等奖和优秀奖的奖品图片，并调整图片到合适的大小，如图 4.61 所示。

（2）在文末处插入文档中最右下角的图片，在图片上右击，从弹出的快捷菜单中执行"设置图片格式"命令，弹出"设置图片格式"对话框，如图 4.62 所示，在"大小"选项卡中设置图片的高度为"5.86 厘米"，如果选中了"锁定纵横比"复选框，则宽度为"8.26厘米"，这时高度和宽度比保持了图片的原始比例；在"版式"选项卡中单击"高级"按钮，弹出"高级版式"对话框，如图 4.63 所示，从"文字环绕"选项卡中设置图片为除了"上下型"或"嵌入型"外的任一种环绕方式，从"图片位置"选项卡中设置图片在页面上的具体位置，"水平对齐"和"垂直对齐"的数据均如图 4.64 所示，单击"确定"按钮。

第一届中英文录入大赛

灵手巧、运指如飞，用灵活的指尖去奠定职业的基石；通过你们灵巧的双手，展示你魅力的风采。

参赛对象：

石家庄信息工程职业学院所有 07 级在校学生

报名时间、方法：

2008 年 4 月 15 日—4 月 20 日：各班上报参赛者名单，交由辅导员或任计算机基础课教师，最后将名单交给计算机系基础教研室，具体比赛时间及地点由计算机系基础教研室统一安排后再另行通知。

本次比赛根据得分高低评选出：

一等奖 2 名 奖励价值约 200 元的 MP4

三等奖 5 名 奖励价值约 50 元的 U 盘

二等奖 3 名 奖励价值约 100 元的 MP3

优秀奖 15 名 奖励价值 20 元的奖品

图 4.61 "完成插入图片"效果图

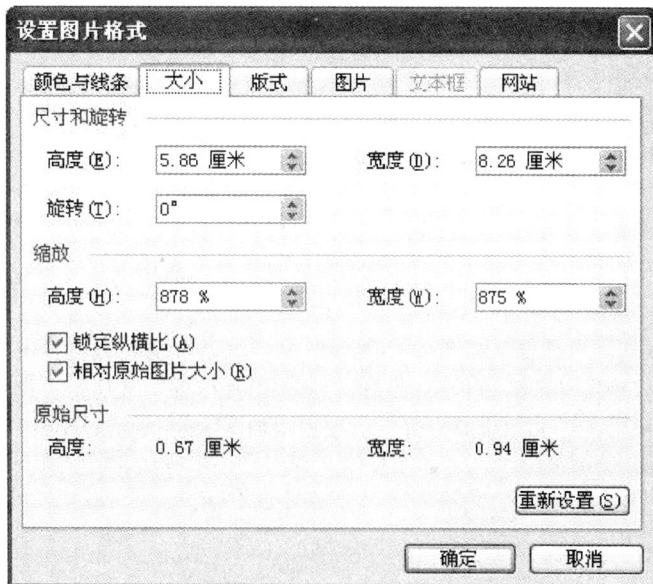

图 4.62 "设置图片格式"对话框

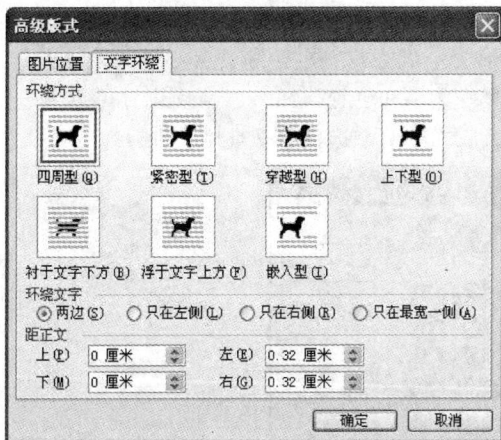

图 4.63 "文字环绕"选项卡　　　　图 4.64 "图片位置"选项卡

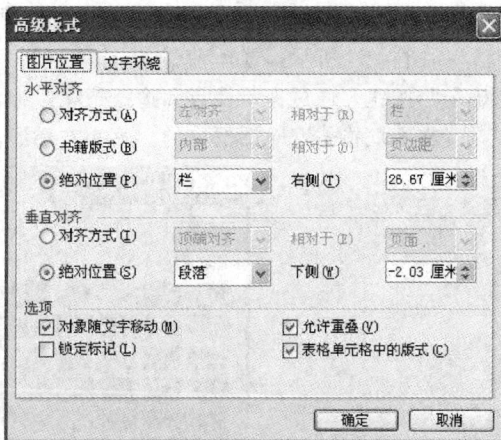

六、插入文本框并设置格式

1. 插入文本框

执行"插入|文本框|横排"命令，此时鼠标指针变成"＋"状，在文档的最后拖动鼠标，此时插入一个空的横排文本框。

2. 输入文字并设置文字格式

插入点定位在文本框内，输入文字"欢迎 07 级全体同学踊跃报名参赛"，选中文字并按一般正文中内容的格式设置方法把文字设置成"华文新魏、初号、加粗、红色"、段落设置成"居中"效果。

3. 设置文本框格式

选中文本框，执行"格式|文本框"命令，弹出"设置文本框格式"对话框，如图 4.65 所示，在"颜色与线条"选项卡中单击"填充颜色"框右侧的下拉按钮，选择"填充效果"，从弹出的"填充效果"对话框的"渐变"选项卡中设置"颜色"为"双色"，并在右边的"颜色 1"和"颜色 2"中分别设置"白色"和"酸橙色"，底纹样式为"中心辐射"，变形为左边一种，单击"确定"按钮，如图 4.66 所示。

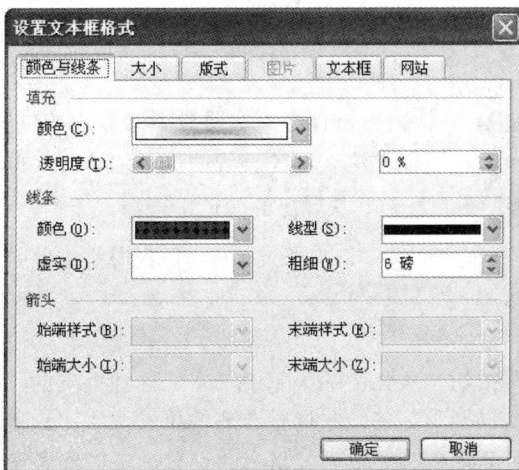

图 4.65 "设置文本框格式"对话框　　　　图 4.66 "填充效果"对话框

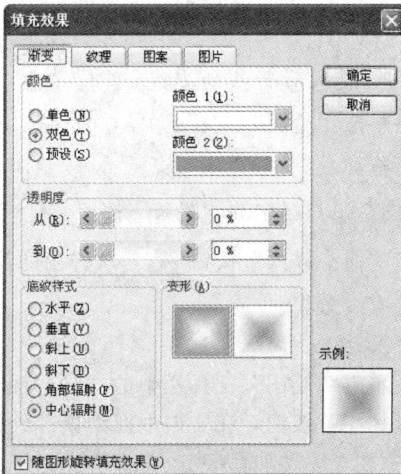

单击"线条颜色"框右侧的下拉按钮，选择"带图案线条"，弹出"带图案线条"对话框，如图 4.67 所示，选择前景为"蓝色"、背景为"红色"、图案为"实心菱形"，单击"确定"按钮。通过拖动控点和边框把文本框调整好大小和位置，如果想精确设置可以通过"设置文本框格式"对话框中的"大小"和"高级版式"两个选项卡来具体设置。

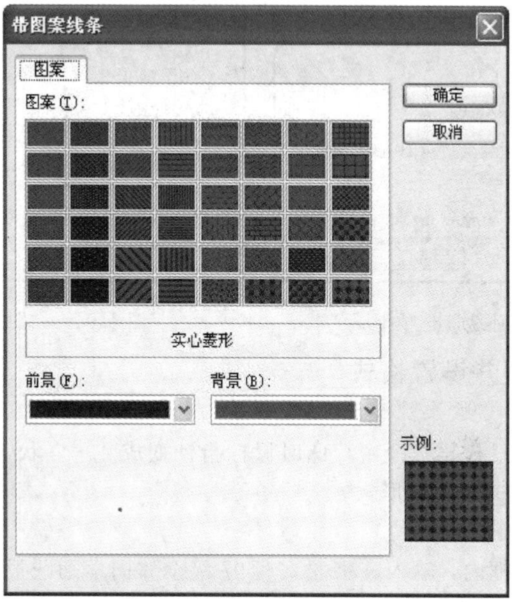

图 4.67   "带图案线条"对话框

注意：选定整个文本框时要在边框线上进行，鼠标指针应是箭头带星的形状；文本框中不能设置首字下沉效果。

七、插入自选图形并设置格式

执行"视图|工具栏|绘图工具栏"命令，打开"绘图"工具栏，如图 4.68 所示。

图 4.68   "绘图"工具栏

1. 插入带箭头的直线

单击"绘图"工具栏中的"直线"按钮，把鼠标指针定位在两栏中间靠上的位置，向下拖动鼠标画出了一条竖线，按照对艺术字的操作方法来调整直线的大小和位置；单击"绘图"工具栏中的"线条"按钮右侧的下拉按钮，从弹出的颜色中选择"天蓝"色；单击"箭头样式"按钮，从弹出的箭头样式中选择"箭头样式 10"，得到海报中的带箭头的直线效果。

2. 插入标注

单击"绘图"工具栏中的"自选图形"按钮，从弹出的菜单中单击"标注"下的"椭圆形标注"按钮，在文档中拖动鼠标绘制出椭圆形标注，并调整合适的位置和大小；单击"填充颜色"按钮右侧的下拉按钮，并设置合适的填充效果；在设置合适的线条颜色后，把插入点定位在图形中，输入"以实物为准"，按正文内容的操作方法设置合适的文字格式和段落格式，完成后得到海报中的标注效果。

八、插入页眉和页脚

执行"视图|页眉和页脚"命令，插入点自动定位在页眉中，并同时出现"页眉和页脚"工具栏，如图 4.69 所示。

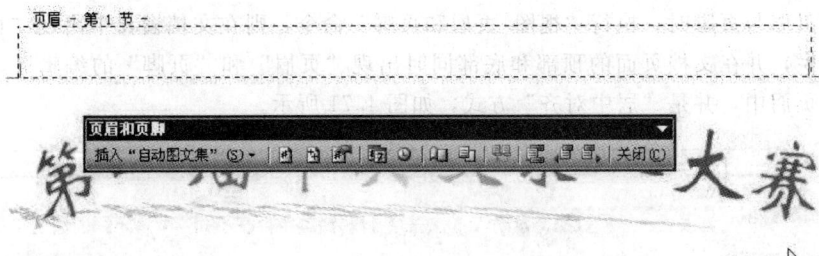

图 4.69 "页眉和页脚"工具栏

单击"绘图"工具栏中的"椭圆"按钮 ⬭，在页眉中绘制一个大小和位置合适的椭圆，在椭圆上右击，从快捷菜单中执行"添加文字"命令，这时插入点定位在椭圆中，输入文本"石家庄信息工程职业学院"，并设置文本和椭圆合适的效果；单击"页眉和页脚"工具栏中的 🗐 按钮，在页眉和页脚间切换按钮，插入点定位到页脚中，输入文本"计算机系基础教研室"，设置段落为"居中"，文字为"宋体、二号、加粗"，达到海报中的页眉和页脚效果。

九、设置文档背景

执行"格式|背景|水印"命令，弹出"水印"对话框，如图 4.70 所示，选择或输入内容，单击"确定"按钮，得到文档的最终效果，如图 4.44 所示。

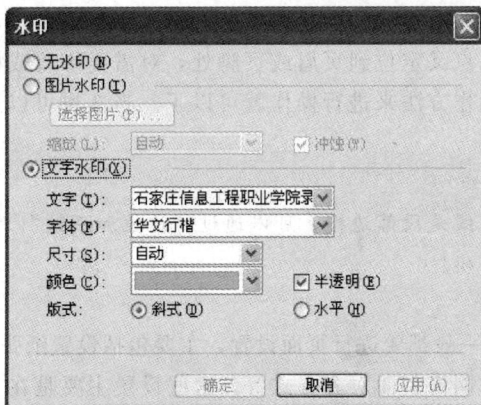

图 4.70 "水印"对话框

提示：
按住 Alt 键的同时调整对象大小和位置可以实现微调；按住 Shift 键的同时绘制椭圆或矩形得到的是圆形或正方形。

相关知识与技能

1. 设置页眉与页脚

页眉和页脚是在页面顶部和底部加入的备注信息，其内容可以是文件名、章节标题、日期、页码、作者或单位名等。

（1）进入"页眉和页脚"状态。

设置页眉与页脚时，执行"视图|页眉和页脚"命令，则在文档窗口中出现"页眉和页脚"工具栏，并在文档页面的顶部和底部同时出现"页眉"和"页脚"的编辑区，此时插入点置于页眉中，并是"居中对齐"方式，如图4.71所示。

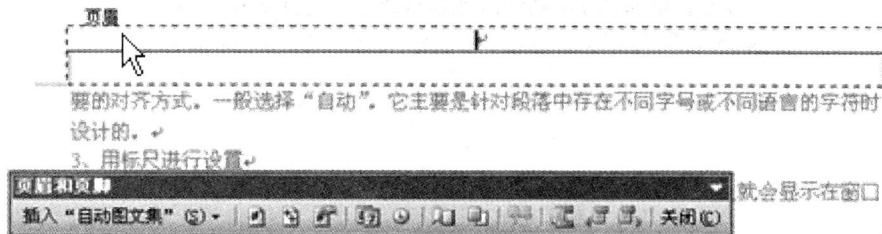

图4.71　"页眉和页脚"工具栏

（2）创建页眉和页脚。

进入"页眉和页脚"状态后，首先在页眉编辑区输入页眉内容，单击"在页眉和页脚间切换"按钮，插入点定位在页脚编辑区，并为左对齐方式，再输入页脚的内容，单击"关闭"按钮，返回到文档编辑区。输入页眉和页脚的内容时可以使用工具栏中的

插入"自动图文集"(S)▾　、　、　、　、　按钮分别实现自动图文集、当前页码、页数、当前日期和时间的快速插入，并可以设置它们的格式。

（3）编辑页眉和页脚。

页眉和页脚创建后，如果想对它们的内容进行修改或格式设置，可直接双击页面的页眉或页脚位置，此时插入点又定位到页眉或页脚处，对需要修改或格式设置的内容按以前介绍过的对一般文本的操作方法来进行操作就可以了。当然也可以通过前面介绍的方法进入页眉页脚编辑状态。

提示：

页眉中自动显示的直线是段落边框，可以通过"边框和底纹"对话框进行修改和取消，但一定要应用于"段落"噢！

2. 页面设置

创作Word文档时，一般都要进行页面设置，主要包括设置纸张大小、页边距、纸张使用方向、文字排列方向、网格页面对齐方式等。这些设置主要是在文档打印时起作用。如果不进行设置，Word 2003则使用默认设置。

执行"文件|页面设置"命令，弹出"页面设置"对话框。

（1）设置页边距。

在这个选项卡中也可以通过"装订线位置"下拉列表框来设置装订线在左边还是顶端，再通过"装订线"输入框及右边的可调按钮来输入或调整装订线的值。

（2）设置纸张大小。

注意：A4 的纸比 B4 的纸小，A4 的纸比 A3 的纸小。

（3）设置页面的垂直对齐方式。

在"版式"选项卡中，从"垂直对齐方式"下拉列表框中可以指定内容在页面上是"顶端对齐""居中""两端对齐"还是"底端对齐"。另外从本选项卡中还可以设置页眉和页脚是否要首页与其他页不同和是否需要奇偶页不同，页眉、页脚距离页边界的尺寸，单击"行号"和"边框"按钮可以从对应的对话框中设置页面行号和边框的信息。

注意：首页指文档的第一页，下一页为第二页即偶数页。

（4）设置文字方向和文档网格。

在"文档网格"选项卡中，单击文字排列方向中的"水平"或"垂直"按钮可指定文字在纸张上是横排还是竖排；从"网格"单选项中可以指定一页上的行数、一行上的字符数等信息。

提示：

在页面设置过程中一定要注意"应用范围"应该选什么。

3．设置首字下沉

首字下沉是指让一段的第一个字字号增大，同时占据两行或多行位置，而其他文本还是常规形式，并且本段中除下沉字占用行外的其他行有文字放置在下沉字的下面，给人感觉像是这个字沉了下来。另外首字下沉对话框还可以设置首字悬挂效果，与下沉不同的是即使除下沉字占用行外本段仍有其他行，其他行的文本也不能占用下沉字下面的位置，感觉首字被悬挂着一样。

要取消首字下沉设置，把插入点定位到本段内，从"首字下沉"对话框中选"无"，单击"确定"按钮即可。

提示：

下沉字可以添加边框和底纹，具体设置方法参照以后的"设置边框和底纹"一小节；如果段首有空格则无法设置首字下沉。

4．设置分栏

日常生活中经常在报纸、杂志等出版物上看到分栏排版效果，具体操作步骤如下。

（1）选中要分栏的文本或段落。

（2）执行"格式|分栏"命令，弹出"分栏"对话框，如图 4.72 所示。

（3）在"分栏"对话框中的"预设"项中，指定分成一栏（取消分栏时用）、两栏、三栏或两栏是偏左分还是偏右分；如果超过三栏，从"栏数"输入框中输入或调节成需要分成的栏数。

（4）从"宽度和间距"项中选中"栏宽相等"复选框，则说明要分栏时各栏的宽度都相同，并从宽度和间距输入框中输入或调整成需要的宽度和间距，否则分别设置各栏合适的宽度和栏间距。

（5）如果需要在栏间加上分隔线，选中"分隔线"复选框即可。

（6）从"应用于"下拉列表框中选择应用的范围，单击"确定"按钮。

如果分栏后发现栏宽不合适，可通过水平标尺上的按钮来调整各栏的宽度。如果是分栏的位置不合适，可以把插入点定位到需分到下一栏的文本起始处，执行"插入|分隔符"

命令，从弹出的"分隔符"对话框中选择"分隔符类型"项中的"分栏符"，如图 4.73 所示，单击"确定"按钮，则插入点后的文本会自动到下一栏。

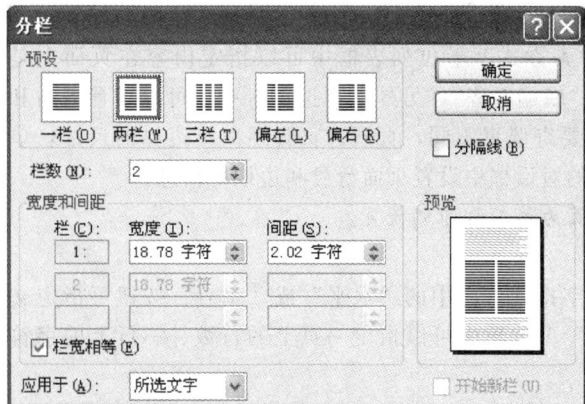

图 4.72　"分栏"对话框　　　　　　　图 4.73　"分隔符"对话框

5. 插入图片

Word 2003 为用户提供了强大的图文混排功能，不仅可以很方便地在文档中插入 Word 2003 自带的剪贴画、示例图片、自选图形、艺术字和其他对象，还可以插入用户自己绘制的图形和图片，以及从其他位置获得的对象，并能够设置它们与文本间的多种排列关系。

（1）插入图片。

①插入剪贴画。

定位插入点在要插入剪贴画的位置。

执行"插入|图片|剪贴画"命令或单击"绘图"工具栏上的"插入剪贴画"按钮，在文档窗口右侧显示"剪贴画"任务窗格，如图 4.74 所示。

从任务窗格"搜索文字"输入框中输入要插入的剪贴画类别，如动物、人物等。从"搜索范围"下拉列表框中选择需要搜索的范围，一般默认为"所有收藏集"；从"结果类型"下拉列表框中选择合适的类型，单击"搜索"按钮，搜索结果显示在列表框中，最后在需要的剪贴画上双击鼠标左键即可实现插入。

图 4.74　"剪贴画"任务窗格

提示：

如果事先不知道要插入什么样的剪贴画，可单击任务窗格中的"管理剪辑"链接项，从弹出的"Microsoft 剪辑管理器"对话框中的"Office 收藏集"文件夹中找合适类别下的剪贴画插入。

选中图片，会出现"图片"工具栏，如图 4.75 所示。

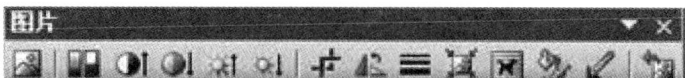

图 4.75　"图片"工具栏

②插入来自文件的图片。

单击"绘图"工具栏的"插入图片"按钮来完成。

（2）设置图片格式。

图片插入之后，如果位置、大小或与文本间的排列不合适，可以通过进一步设置图片格式来进行修改。设置方式有 3 种：鼠标设置方式、工具栏设置方式和对话框设置方式。

①设置图片大小

选中图片后周围有一些黑色的小正方形，是尺寸句柄，把鼠标放到上面就变成了双箭头的形状，按住左键拖动鼠标，就可以改变图片的大小。

或在图片上右击从快捷菜单中选择"设置图片格式"（也可以选中图片后，执行"格式|图片"命令），弹出"设置图片格式"对话框，在"大小"选项卡中，在"尺寸和旋转"中的"高度"和"宽度"输入框中输入或调整合适的数值以确定高度和宽度，在"旋转"框中输入或调整角度可以使图片旋转。

提示：

如果选中下边的"锁定纵横比"复选框，可以使图片成比例的改变大小，这时只可输入高度或宽度，对应的宽度或高度自行确定；选中"原始尺寸大小"复选框，可以使图片的缩放比例显示出来。

②设置图片位置。

在图片上拖动鼠标就可以改变图片的位置，按住 Alt 键可以平滑地进行移动。

同样也可以通过单击"设置图片格式"对话框中的"版式"选项卡上的"高级"按钮，在"高级版式"对话框中设置"图片位置"选项卡里的"水平对齐"或"垂直对齐"栏，选择相应的"对齐方式"和"度量依据"，来精确地确定图片在文中的位置。

③裁剪图片。

单击"图片"工具栏上的"裁剪"按钮，鼠标变了形状，在图片的尺寸句柄上按下左键拖动鼠标，虚线框所到的地方就是图片裁剪到的位置，如果拖动时虚线一次移动的距离过大，按住 Alt 键再拖，就可以很好地改变虚线的位置了，松开左键，就把虚线框以外的部分"裁"掉了，向相反方向拖动还可以把多裁的恢复回来。

④图像控制。

选中图片，单击"图片"工具栏上的"图像控制"按钮，从下拉菜单中选择"冲蚀""灰度"或"黑白"进行设置；单击"增加（或降低）对比度"按钮或者单击"增加（或减小）亮度"按钮调节图片对比度或亮度。

或通过"设置图片格式"对话框中的"图像控制"下的"颜色""对比度"和"亮度"进行设置。

⑤图片的版式。

一般图片插入后，都是嵌入到文字中，改变图片与文字的环绕方式，有两种方法可以实现。

单击"图片"工具栏上的"文字环绕"按钮，从下拉菜单中选择需要的环绕方式，文字就在图片的周围按要求排列了。

执行"编辑环绕顶点"命令，如图 4.76 所示，在图片的周围

图 4.76　"编辑环绕顶点"命令

出现了红色的虚线边框和几个原始环绕顶点，现在这个虚线边框就是图片的文字环绕的依据，用鼠标拖动这些顶点，得到不同形状的环绕结果。

在"设置图片格式"对话框中的"版式"选项卡中，从"文字环绕"中选择需要的方式，从"水平对齐方式"下选择此环绕方式下在页面上的对齐方式，单击"确定"按钮。

6. 绘制图形

在 Word 文档中也可以插入自己绘制的各种形状的图形，为了方便多个基本图形组合成一体，Word 2003 还为用户提供了画布，如果启用的话，可以把"选项"对话框中"常规"选项卡中的"插入自选图形时自动创建绘图画布"复选框选中。在完成图形绘制和格式设置时，可通过"绘图"工具栏或"自选图形"工具栏进行绘制，"绘图"工具栏、"快捷菜单"或"设置自选图形格式"对话框来进行格式设置。下边操作时没有特别说明均指"绘图"工具栏中的按钮。

（1）绘制自选图形。

单击"常用"工具栏中的"绘图"按钮或执行"插入|图片|自选图形"命令或执行"视图|工具栏|绘图工具栏"命令，从打开的"绘图"工具栏中单击"自选图形"按钮，在弹出的菜单中单击需要分类下的图形，在文中合适的位置按下左键拖动鼠标到合适的大小，即可实现自选图形的绘制。

（2）设置自选图形格式。

①设置大小和位置、形状、自由旋转。

方法一：选中自选图形，把鼠标指针放在它周围的白色控点上，这时指针变成箭头形状，直接拖动鼠标可以改变其大小；把鼠标指针放在图形上直接拖动，可改变自选图形的位置；放在黄色控点上指针变成箭头时拖动可以改变局部形状；放在绿色控点上指针变成圆弧箭头时拖动可以实现图形的自由旋转。

方法二：通过"设置自选图形格式"对话框，从"大小"选项卡中进行设置。

②设置填充和线条。

选中图形后，单击"填充颜色"按钮，自选图形填充上按钮的颜色；单击"填充颜色"按钮右边的下拉按钮，可以填充其他颜色或设置填充效果。

单击"线条颜色"按钮，自选图形的边框线颜色变成按钮颜色，需要别的颜色或"带图案线条"同样可以通过"线条颜色"下拉按钮中的相应项设置。

单击"线型"按钮，可以从弹出的列表中选择合适粗细的线型。

单击"线型虚实"按钮，可以从弹出的列表中选择需要类型的虚线。

提示：

这项操作也可以通过"设置自选图形格式"对话框中的"颜色和线条"选项卡进行设置。

③改变自选图形或箭头形式。

如果插入的自选图形不理想，选中后单击"绘图"下拉按钮，从弹出的菜单中选择"改变自选图形"下的合适类别中的图形，原图形改变成新选择的图形；如果图形是箭头可以通过"箭头样式"按钮，从弹出的列表中选择合适的箭头样式。

④设置文字环绕方式。

单击"绘图"下拉按钮，从弹出的菜单中选择"文字环绕"级联菜单中合适的环绕方式。

⑤在图形上添加文字。

在图形上右击，从快捷菜单中选择"添加文字"，此时插入点定位于图形中，切换输入法，输入内容即可在图形上添加文字。

⑥组合图形。

按住 Shift 键不放，再用鼠标指针单击要组合成一体的每一个图形，单击"绘图"下拉按钮，从弹出的菜单中选择"组合"，这时这些图形生成一个整体，移动和改变大小或其他设置时都会被作为一个图形处理。还可以选择"取消组合"把整体再分开。

⑦改变叠放次序。

选中图形后，单击"绘图"下拉按钮，从弹出的菜单中选择"叠放次序"级联菜单中合适的叠放次序，这时图形在文档中的层次发生变化。

提示：

如果一个图形被其他图形盖住了，可按 Tab 键或 Shift＋Tab 组合键来选中。

⑧设置阴影和三维效果。

选中图形后，单击"阴影"或"三维效果"按钮，选择列出的效果中合适的效果样式可以给图形加上相应的阴影和三维效果。想取消时选其中的"无阴影"或"无三维效果"即可。

7. 插入艺术字

(1) 插入艺术字。

单击"绘图"工具栏上的"插入艺术字"按钮或执行"插入|图片|艺术字"命令，都可以插入艺术，同时 Word 自动显示"艺术字"工具栏。

(2) 设置艺术字格式。

艺术字格式的设置同自选图形格式的设置有很多项操作是相同的，如：移动位置、改变大小及形状、自由旋转、设置填充颜色、线条颜色及线型虚实、对齐方式、组合、阴影和三维效果等；还有一些项的设置同图片的设置操作相同，如：环绕方式。下面只对艺术字设置不同于其他设置的方面进行介绍，并且都是通过"艺术字"工具栏上的按钮来完成操作。

选定艺术字后，单击"编辑文字"按钮，可以重新编辑艺术字文字；单击"艺术字库"按钮，可以弹出"'艺术字'库"对话框，重设艺术字式样；单击"艺术字形状"按钮，可设置艺术字的形状；单击"艺术字字母高度相同"按钮，所有字母的高度都相同；单击"艺术字竖排文字"按钮，文本变成了竖排的样式；单击"艺术字字符间距"按钮，可以改变艺术字中文本字与字的间距。

8. 插入文本框

在文字排版过程中，有时需要把某些标题或文本独立出来，以示醒目，这时可以使用 Word 中提供的文本框来实现。

(1) 插入文本框。

单击"绘图"工具栏上的"文本框"（或"竖排"文本框）按钮或执行"插入|文本框|横排（或"竖排"）"命令，在文档中拖动鼠标，可以插入一个空的横排（或竖排）的文本框。

提示：

若是给已有的文字添加文本框，则选中要添加文本框的文本，再单击"绘图"工具栏上的"文本框"（或"竖排文本框"）按钮或执行"插入|文本框|横排（或"竖排"）"命令，就给这些文本添加文本框了。

（2）设置文本框格式。

文本框的格式设置与自选图形的格式设置基本一致。不同的是，文本框中需要输入文本，在"文本框格式设置"对话框中的"文本框"选项卡中可以设置框线和内部文本间的距离。

注意：选定整个文本框时要在边框线上进行，并注意鼠标指针的形状；文本框中不能设置首字下沉效果。

提示：

"绘图"工具栏对于图片、自选图形、艺术字和文本框的插入、选中、旋转、设置格式以及设置阴影和三维效果都很方便。

要删除图片、自选图形、艺术字和文本框时，选中后按 Delete 或 Backspace 键或执行"剪切"命令均可实现。

拓展与提高

制作图章

（1）新建一 Word 文档，并以"图章.doc"进行保存。

（2）输入文字"石家庄信息工程职业学院"并选中，单击"绘图"工具栏中的"插入艺术字"按钮，从"编辑'艺术字'文字"对话框中设置字体格式为"宋体、加粗、36 磅"并把插入点定位在"程"字后，按两次回车键，使其成为 3 段，从"艺术字库"对话框中选择第一行第三列样式，确定后，单击"艺术字"工具栏中的"艺术字形状"按钮 A 设置形状为"细旋钮形"，再把艺术字的填充色和线条色均设为"红色"、线条粗细为"2 磅"，高度宽度均为"4 厘米"，环绕方式为"浮于文字上方"，如图 4.77 所示。

（3）单击"绘图"工具栏中的"椭圆"按钮，按住 Shift 键的同时拖动鼠标绘制一个圆形，设置线条颜色为"红色"、粗细为"3 磅"，高度宽度均为"6.4 厘米"。

（4）把圆形的艺术字移动到圆中，可以按住 Alt 进行微调，使两者中心重叠在一起；按住 Shift 键的同时选中艺术字和圆，在选中区域内右击，从快捷菜单中执行"组合"|"组合"命令，这时两者生成一个对象，如图 4.78 所示。

图 4.77　"艺术字"效果图　　　　图 4.78　"图章"效果图

得到一个完整的图章，保存文档，退出 Word 应用程序。

>>>>>>>>>>>>>>>>>>>>>> 复习思考题 <<<<<<<<<<<<<<<<<<<<<<<

1. 制作一份校报。
2. 制作一份简报。
3. 制作一份产品宣传单。
4. 制作某公司图章。

▶ 任务三　制作个人简历表

任务描述

05 级学生临近毕业，找工作时个人简历是必备的，写好个人简历很重要，一份设计合理、内容翔实、打印整齐的简历表可以提高到聘用单位面试的机会。因此简历表的设计很重要，本次任务就来制作个人简历表，样文如图 4.79 所示。

个人简历表

姓名	张三丰	性别	男	民族	汉	贴照片处
出生年月	1986.5	政治面貌	团员	身体状况	健康	
学历	专科	性格	开朗	学生类别	高职	
毕业院校及专业	石家庄信息工程职业学院计算机系多媒体专业					
学习成绩	优良	爱好与特长		计算机、乒乓球		
普通话水平	一级甲等	家庭电话		0311-88888888		
宿舍电话	0311-66666666	手机		12345678900		
通信地址	石家庄信息工程职业学院宿舍楼 2-216 室	E-MAIL:		654321@ysboo.com.co		
英语水平	英语四级	计算机水平		三级网络		
主修课程	《计算机信息技术基础》、《图形图像处理》、《Flash 动画制作》、《Dreamwaver 网页设计与制作》、《动态网页》、《数据库基础及应用》、《音频与视频处理》、《多媒体软件制作》、《3ds max》、《广告设计》、《影视艺术欣赏》、《摄影基础》、《实用工具软件》、《设计基础》、《网络安全技术》、《VB 程序设计》					
专业能力	@ 图形图像处理能力 @ 动画制作能力 @ 网络设计基本能力 @ 视频音频处理能力					

图 4.79　"个人简历表"样文

任务分析

个人简历表制作时一般包括：个人基本情况、学历情况、联系电话和通信地址、个人能力等，设计时应充分展示个人技能、专业特长和个人品质等。一般简历表制作时也要求简洁大方、专业规范，因此表格内的文字排列要整齐统一，全部内容最好放在一张 A4 纸上，以方便聘用者浏览。

方法与步骤

一、制作个人简历表标题

（1）新建一个空白 Word 文档并以"个人简历表.doc"为文件名保存在磁盘上。

（2）此时光标定位在空白文档的起始处，输入文字"个人简历表"并按回车键生成一个新段落，设置第一段字体格式为"华文新魏、二号、加粗、蓝色"，字符间距为"间距加宽1磅"，段落格式为"居中、段前1.5行、段后2行、单倍行距"。

二、插入表格并设置表格属性

（1）定位插入点到第二段，执行"表格|插入|表格"命令，弹出"插入表格"对话框，如图 4.80 所示。

从"列数""行数"输入框中输入或调整成"7 列"和"11 行"；从"自动调整"操作项中选择"固定列宽"，单击"确定"按钮。这时一个 11 行、7 列的表格插入到文档中。

（2）从选定栏中选中表格的第一行，执行"表格|表格属性"命令，弹出"表格属性"对话框，如图 4.81 所示，从"行"选项卡中设置"第 1 行"为"指定高度 1 厘米、行高值最小值"，单击"下一行"按钮，按照相同的方法设置第 2 行、第 3 行、第 5 行、第 6 行和第 7 行均为"行高 1 厘米、最小值"，第 4 行、第 8 行和第 9 行均为"行高 1.5 厘米、最小值"，第 10 行和第 11 行为"行高 4.5 厘米、最小值"。

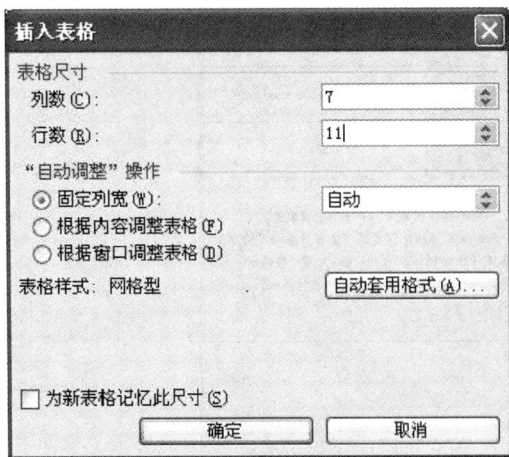

图 4.80　"插入表格"对话框　　　　图 4.81　"表格属性"对话框

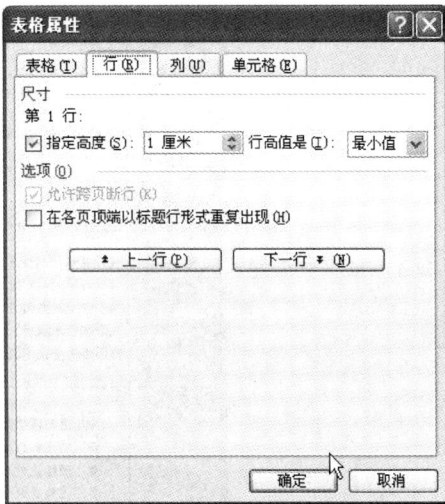

    从"列"选项卡中设置第1～7列列宽分别为"2.73 厘米""2.13 厘米""2.26 厘米""2.54 厘米""2.19 厘米""1.82 厘米""2.42 厘米"。

    (3) 选中第一、二、三行的最后一个单元格并右击,从快捷菜单中执行"合并单元格"命令,这时这 3 个单元格合成了一个单元格,按相同的方法照样文把需要合并的单元格进行合并。

三、设置单元格格式并输入表格内容

    (1) 插入点在表格中执行"表格|选择|表格"命令,整个表格被选中,设置所有单元格字体为"楷体、小四号",从快捷菜单中单击"单元格对齐方式"下的第二行第二个"中部居中"按钮,如图 4.82 所示,这时所有单元格在水平和垂直两个方向均是"居中"方式,如图 4.83 所示。

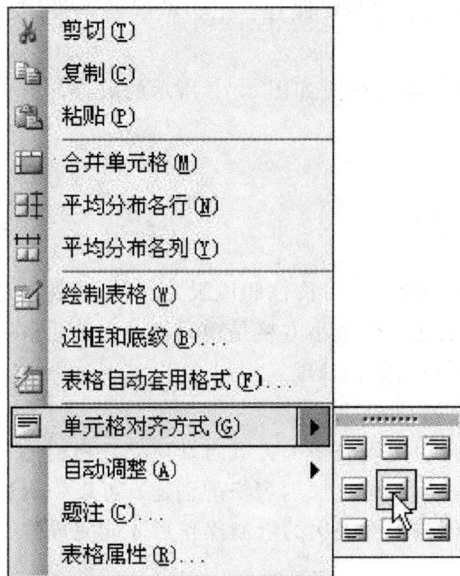

图 4.82   "单元格对齐方式"按钮

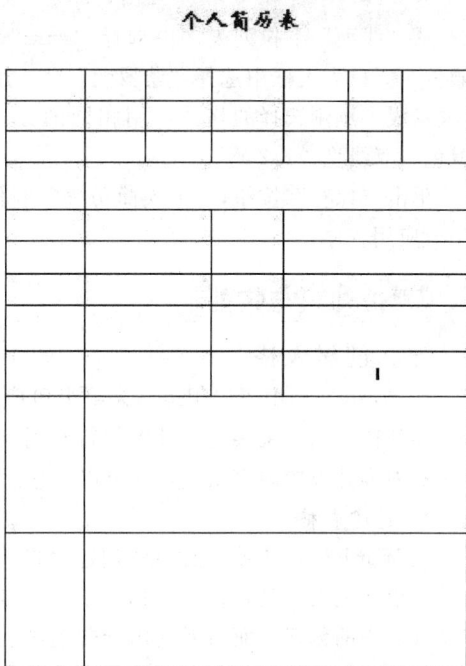

图 4.83   "个人简历表空表"效果图

    (2) 按照样文中的内容在相应的单元格中输入文本。选中文本"主修课程"和"专业能力",从"字体"对话框中设置"字符间距"项为"间距加宽 6 磅"并确定;选中"主修课程"和"专业能力"右边的两个单元格内容,设置段落对齐方式为"两端对齐"、行间距为"固定值 18 磅";为最右下角单元格的 3 个段落添加如样文所示的项目符号;选中需要竖排文字的几个单元格,在选中区域内右击,从快捷菜单中执行"文字方向"命令,弹出"文字方向"对话框,如图 4.84 所示,选择"方

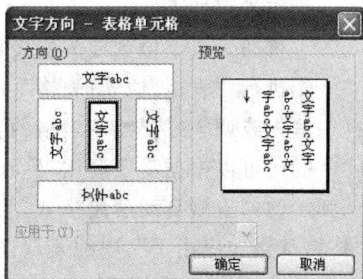

图 4.84   "文字方向"对话框

向"中的第二行第二个样式，单击"确定"按钮。

（3）按住 Ctrl 键，选中需要加底纹的单元格，执行"格式|边框和底纹"命令，从"边框和底纹"对话框的"底纹"选项卡中选择"淡蓝色"填充色，"应用于"为"单元格"，确定后选定的单元格中添加了淡蓝色的底纹。

执行"表格|绘制表格"命令，出现"表格和边框"工具栏，如图 4.85 所示，并且此时"绘制表格"按钮是有效状态。

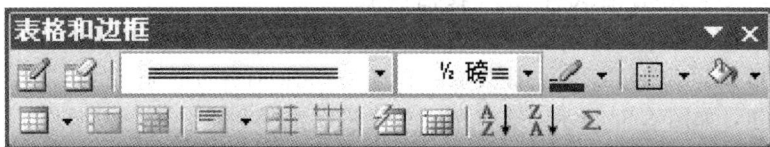

图 4.85　"表格和边框"工具栏

从"线型"下拉列表框中选择"＝＝＝"，从"粗细"下拉列表框中选择"1/2 磅"，从"颜色"下拉列表框中选择"紫罗兰"色，用鼠标指针在表格的整个边框上拖动，则整个边框改变成了刚刚选择的格式。用相同的方法把表格中"主修课程"上边框线整条设置成"橙色、双线型、1/2 磅"。

单击"保存"按钮，"个人简历表"制作完成，得到样文如图 4.79 所示的效果，退出 Word 应用程序。

相关知识与技能

一、创建表格

在 Word 文档中可以用表格来组织和管理数据，能提高可读性和说服力。Word 表格是由行和列构成的二维表格，其中的行和列交叉生成的一个个小方格是单元格，在单元格中可添加内容并设置内容格式，还可以对它们进行简单的数据处理。

1. 创建表格

在 Word 2003 中有两种方法创建表格：一种是用插入表格的方式自动建立表格；另一种是用绘制表格工具直接在文档中手工绘制表格。前者用于规则表格的创建，可以一次性地完成表格的创建；而后者则用于非规则表格的创建，需多次的绘制操作后才能完成整个表格的创建。

（1）自动插入表格。

操作步骤如下。

①将插入点定位到要放置表格的位置。

②执行"表格|插入|表格"命令，弹出"插入表格"对话框，从"列数""行数"输入框中输入或调整好要绘制表格的实际列数和行数；从"自动调整"操作项指定需要的方式。

③还可以根据需要套用 Word 2003 提供的表格样式，此时单击"自动套用格式"按钮，从弹出的"表格自动套用格式"对话框中指定出表格样式，如图 4.86 所示，再从下边的"将特殊格式应用于"项的复选框中选中要应用到本表的格式；单击"确定"按钮。

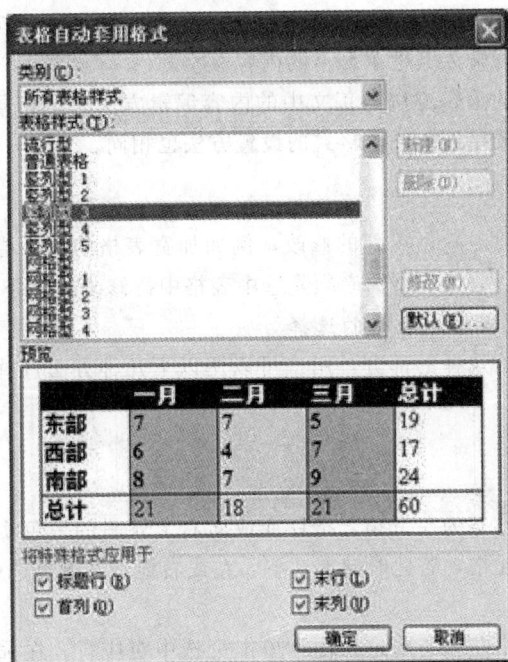

图 4.86　"表格自动套用格式"对话框

④再单击"确定"按钮。

提示：

也可以通过"常用"工具栏中的"插入表格"按钮 完成表格的创建。

（2）手工绘制表格。

操作步骤如下。

①执行"表格|绘制表格"命令，或单击"常用"工具栏中的 表格和边框按钮，弹出"表格和边框"工具栏，如图 4.87 所示，此时鼠标指针变为铅笔形状。

图 4.87　"表格和边框"工具栏

②直接在文档中拖动鼠标绘制表格框，再在框内拖动鼠标画横线增加行、画竖线增加列。

③画线有错误时可以用"表格和边框"工具栏中的"擦除"工具进行局部或全部擦除，用"线型""粗细"和"边框颜色"下拉列表框中的相应样式来改变所画线的线型、粗细和颜色。

手工绘制表格的优点是可以随意进行绘制，并且其表格的行数和列数都可由用户自由控制，使用起来极为方便，操作直观。但是，此方法对于不熟练的用户来说工作效率太低。

2. 在表格中输入数据

空白表格生成之后，就可以往表格中输入表格内容了。操作步骤如下。

（1）将插入点定位到要输入数据的单元格。

（2）切换输入法后，进行单元格内容的输入；按 Tab 键来改变插入点在不同单元格内的定位，确定位置后继续输入其他单元格的内容。

（3）单元格中内容的编辑方法与正文中的内容编辑方法完全相同，单元格中字符、段落的格式设置与正文中的字符、段落格式的设置方法也相同。

二、编辑表格

生成表格后，还可以对它做局部的修改，例如加宽表格的列、增高表格的行高、分割单元格及合并单元格等。修改表格前必须先选中表格中待修改的部分，然后再进行修改。

1. 单元格、行、列或整个表格的选择

表格的修改对象是被选择的部分，用户可以用以下几种方法选择单元格、行、列及整个表格。

（1）用鼠标选择。

①选择单元格。

把鼠标指针放于单元格的左下角，指针变成向右上倾斜的黑色实心箭头形状，这时按下左键即可选中这个单元格，若此时向上、下、左或右拖动左键可选中连续的多个单元格。

②选择行。

把鼠标指针放于表格左边的选定栏内，单击可选中对应行，在选定栏内向上或下拖动左键可选中连续的多行。

③选择列。

把鼠标指针放于表格列的上方，此时鼠标指针变成向下的空心箭头，按下左键可选中一列，此时向左或右拖动左键可选中多个连续的列。

④选择表格。

单击表格左上角的十字箭头可选中整个表格。

（2）用菜单中的表格命令选择。

插入点定位于某个单元格中，执行"表格|选择|单元格（"行""列""表格"）"可以选中当前单元格（行、列、表格）。

2. 在表格中插入单元格、行和列

（1）在表格中插入单元格。

操作步骤如下。

①选择要在其旁边插入单元格的一个或多个单元格，执行"表格 | 插入 | 单元格"命令或单击常用工具栏中的"插入单元格"按钮（它是原来的"插入表格"按钮），弹出"插入单元格"对话框，如图 4.88 所示。

②在"插入单元格"对话框中指定活动单元格的移动方式，单击"确定"按钮，完成单元格的插入。

（2）在表格中插入行。

用插入单元格对话框也可以插入行，另外，还可以选中一行或多行后执行"表格|插入|行（在上方）"或"行（在下方）"命令来完成一行或多行的插入。

（3）在表格中插入列。

用插入单元格对话框也可以插入列，另外，还可以选中一列或多列后执行"表格|插

入|列（在左侧）"或"列（在右侧）"命令来完成一列或多列的插入。

提示：

还可以在一个单元格中插入一个表格，操作方法是：定位插入点到指定单元格，执行"表格|插入|表格"命令来实现。

3. 删除表格中的单元格、行、列或整个表格

（1）删除单元格。

选中要删除的单元格，执行"表格|删除|单元格"命令，弹出"删除单元格"对话框，如图 4.89 所示，从中选择当前单元格删除后，右侧或下方单元格的移动方式，或者是删除整行或整列，单击"确定"按钮，实现单元格或整行或整列的删除。

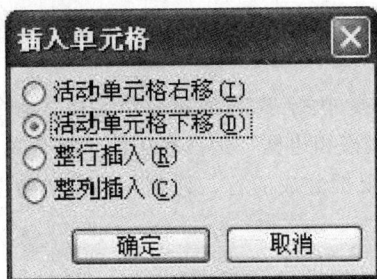

图 4.88　"插入单元格"对话框　　　　图 4.89　"删除单元格"对话框

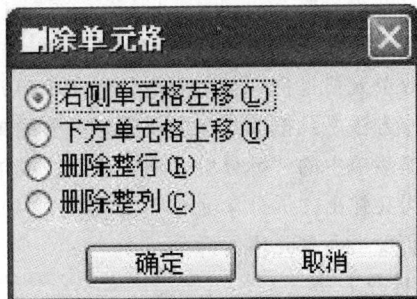

（2）删除行、列、表格。

可以执行"表格|删除|行"（"列""表格"）命令来实现选中行（列、表格）的删除。

注意：选中表格后按 Delete 键，只能删除表格中单元格的内容而不能删除表格。

4. 修改表格中行高和列宽

可以通过标尺或 Word 2003 中"表格"菜单中的"自动调整"命令，或 Word 2003 中"表格"菜单中"表格属性"命令对应的对话框来修改表格的行高或列宽。

（1）使用标尺上的滑块。

表格生成后，把插入点定位到表格中后在标尺上出现很多小网格块，用鼠标指针拖动水平标尺上的网格块可以改变对应列的宽度；拖动垂直标尺上的小块可以改变对应行的高度。

（2）用鼠标拖动表格线。

把鼠标指针放于表格内框线上时，鼠标指针的形状变成上下或左右箭头，这时拖动鼠标左键可以改变行高或列宽。

（3）用"自动调整"命令。

选中表格中连续的行或列后，执行"表格|自动调整"下级菜单中的命令项，可以使行或列实现对应的高度或宽度的变化。

（4）用"表格属性"对话框设置。

如果需要精确地设置表格中的行高或列宽，定位好插入点后，执行"表格|表格属性"命令，弹出"表格属性"对话框，从"行"选项卡中可以指定每一行的行高，从"列"选项卡中可以指定每一列的列宽。

5. 设置表格对齐和环绕方式

在默认状态下，表格位于文档页面的左对齐位置并且无环绕，用户可以重新设置对齐和环绕方式。

操作方法为：选中表格后，在"表格属性"对话框中的"表格"选项卡中进行设置。另外选中表格后，可以通过"格式"工具栏中的对齐按钮设置对齐方式。

6. 合并或拆分单元格

（1）合并单元格。

合并单元格是指把多个连续的单元格合并成一个单元格。

操作方法是：选中要合并的单元格，执行"表格|合并单元格"命令或通过快捷菜单均可实现合并单元格。

（2）拆分单元格。

拆分单元格是把一个单元格分成多个单元格。

操作方法是：把插入点定位到要拆分的单元格中，执行"表格|拆分单元格"命令；或通过快捷菜单中的"拆分单元格"命令；或单击"表格和边框"工具栏中的"拆分单元格"按钮，均会弹出"拆分单元格"对话框，从中指定要拆分成的行、列数，单击"确定"按钮，可实现当前单元格的拆分。

7. 拆分表格

拆分表格是指将一个表格从某行截成上、下两个完整的表格。

操作方法为：把插入点定位到要拆分的行，执行"表格|拆分表格"命令，则把表格分成上下两个表格。

8. 复制表格

如果要新建一个与已有表格相近的表格，可以先复制本表格，然后再加以修改生成所要的表格。复制表格的操作方法如下。

（1）选择要复制的表格，使之成为反白显示（黑底白字）。

（2）执行"编辑"菜单中的"复制"命令或单击常用工具栏中的"复制"按钮。

（3）将插入点定位到表格要复制到的位置处，执行"编辑"菜单中的"粘贴单元格"命令，则会在插入点处复制出一个表格来。

9. 将表格变成空表

选定表格，使整个表格成为反白显示（黑底白字），按 Del 键则表格中的所有内容均被删除，表格变成一个空表。

10. 重复表格的标题行

当表格很长需要占用几页时，原表格被分成几个各自封闭的表格，如果每页上的表格都要有标题行时，可只在第一张表格上输入标题行内容，再通过以下方法使每页上均存在标题行。操作方法如下。

（1）选择表格的表头。

（2）执行"表格|标题行重复"命令，则各页的表格都被加上标题行。

注意：Word 只能够依据自动分页符，在新的一页上重复表格标题。如果在表格中插入了人工制表符，则 Word 无法重复表格标题。重复的表格标题只能在页面视图中查看。

三、格式化表格

1. 为表格设定边框和底纹

为了使表格美观或数据看上去更直观，可以为表格的某些单元格设置不同的边框和底纹。

操作时可通过以下两种方法来完成。

(1) 通过"边框和底纹"对话框实现。

(2) 通过"表格和边框"工具栏实现。

2. 调整单元格内容的对齐方式

选中需设置对齐方式的单元格，单击"表格和边框"工具栏中的"单元格对齐方式"下拉列表中合适的对齐方式按钮，如图 4.90 所示，可实现单元格对齐方式的设置。

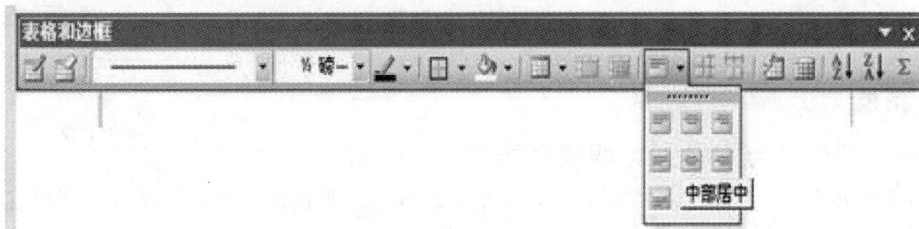

图 4.90　"表格和边框"工具栏

3. 改变单元格文字方向

选中单元格，在选定区域内右击，从快捷菜单中执行"文字方向"命令，弹出"文字方向—表格单元格"对话框，单击"方向"中需要的文字方向按钮，如果"预览"中显示符合要求，单击"确定"按钮即可。

4. 表格与文本间的相互转换

Word 中提供了将段落标记、逗号、制表符或其他分隔符标记的有规律排列的文本转换成表格的功能，也可以把表格转换成以段落标记、逗号、制表符或其他分隔符标记的文本。

(1) 将文本转换成表格。

选定具有以上指定分隔符的规律排列文本，执行"表格|转换|文本转换成表格"命令，弹出"将文字转换成表格"对话框，如图 4.91 所示，从中指定表格列数后，行数自动改变，再从下边选择正确的文字分隔位置，单击"确定"按钮。

(2) 将表格转换成文本。

选中表格，执行"表格|转换|表格转换成文本"命令，弹出"表格转换成文本"对话框，如图 4.92 所示，从中指定文字分隔符的种类，单击"确定"按钮。

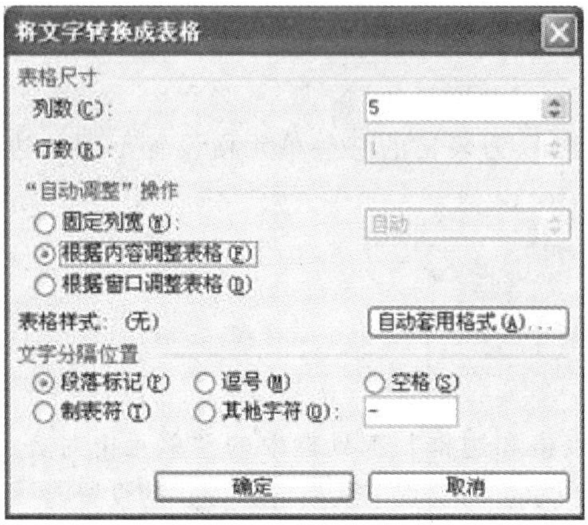

图 4.91　"将文字转换成表格"对话框 　　　图 4.92　"表格转换成文本"对话框

拓展与提高

一、制作中英文录入比赛成绩表

在 Word 表格中可以进行数据处理，比如：求和、求平均值、数据排序等，下面就以制作中英文录入比赛成绩表为例来介绍如何实现 Word 表格的数据处理。

（1）新建一个 Word 文档，并以文件名"中英文录入比赛成绩表.doc"进行保存。

（2）插入一个 19 行、7 列的表格，并在表格中输入参加录入比赛学生的基本信息和"速度得分""正确率得分"成绩，得到如图 4.93 所示的表格。

系别	班级	姓名	速度得分	正确率得分	总分	奖项
计算机	07多媒体1班	张洋	42.6	49.5		
会计	07电算化2班	李腾飞	39.8	48.4		
电子商务	07电子商务4班	宋伟	43.5	48.2		
信息管理	07物流1班	林浩	38.7	42.8		
计算机	07网络1班	王楠	46.9	49.7		
计算机	07计应用2班	赵一	40.6	46.8		
计算机	07多媒体1班	王力	36.9	41.7		
会计	07电算化2班	刘华	47.6	49.6		
电子商务	07电子商务4班	王一宏	40.9	49.1		
信息管理	07物流2班	张珊	35.2	49.0		
计算机	07网络1班	郑广华	45.9	48.8		
电子商务	07电商1班	李力	44.6	48.6		
计算机	07多媒体1班	牛马力	46.3	41.7		
会计	07电算化3班	张鹏飞	42.8	46.5		
电子商务	07电子商务2班	王志力	43.6	46.9		
信息管理	07物流3班	李航	41.9	47.5		
经贸	07国贸1班	王嘉曼	42.9	45.8		
计算机	07计应用2班	刘子玉	48.6	49.3		

图 4.93　"原始数据"表格

（3）定位插入点在第一条记录的"总分"单元格中，执行"表格|公式"命令，弹出"公式"对话框，如图 4.94 所示。

公式中自动显示"＝SUM（LEFT）"，现在是求和，若公式正确，单击"确定"按钮即可。如果求平均值或其他函数值，则需选中"SUM（LEFT）"再单击"粘贴函数"下拉按钮，从下拉列表框中选择合适的函数，在"公式"栏函数名后的括号中输入 LEFT，代表对当前行左边的数值数据求对应函数值；输入 ABOVE 表示对当前列上边的数值数据求对应函数值。依次把插入点定位在其他记录的"总分"单元格，按 Ctrl＋Y 组合键（重复）命令，每位同学的录入总分被计算出来，结果如图 4.95 所示。

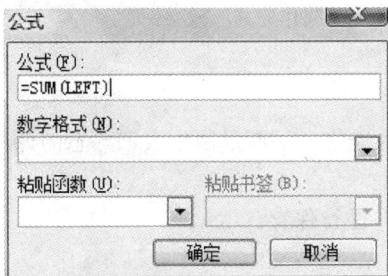

系别	班级	姓名	速度得分	正确率得分	总分	奖项
计算机	07多媒体1班	张洋	42.6	49.5	92.1	
会计	07电算化2班	李腾飞	39.8	48.4	88.2	
电子商务	07电子商务4班	宋伟	43.5	48.2	91.7	
信息管理	07物流1班	林浩	38.7	42.8	81.5	
计算机	07网络1班	王楠	46.9	49.7	96.6	
计算机	07计应用2班	赵一	40.6	46.8	87.4	
计算机	07多媒体1班	王力	36.9	41.7	78.6	
会计	07电算化2班	刘华	47.6	49.6	97.2	
电子商务	07电子商务4班	王一宏	40.9	49.1	90	
信息管理	07物流2班	张珊	35.2	49.0	84.2	
计算机	07网络1班	郑广华	45.9	48.8	94.7	
电子商务	07电商1班	李力	44.6	48.6	93.2	
计算机	07多媒体1班	牛马力	46.3	41.7	88	
会计	07电算化3班	张鹏飞	42.8	46.5	89.3	
电子商务	07电子商务2班	王志力	43.6	46.9	90.5	
信息管理	07物流3班	李航	41.9	47.5	89.4	
经贸	07国贸1班	王嘉曼	42.9	45.8	88.7	
计算机	07计应用2班	刘子玉	48.6	49.3	97.9	

图 4.94 "公式"对话框　　　　　　　图 4.95 "计算后"表格

提示：

若要快速地对一行或一列数值求和，可选中要放置求和值的单元格，再单击"表格和边框"工具栏中的"自动求和"按钮来完成。

（4）选中表格的"总分"列，执行"表格|排序"命令，弹出"排序"对话框，如图 4.96 所示。

此时"主要关键字"输入框中显示"总分"，类型为"数字"，选择"降序"单选按钮，"列表"为"有标题行"，单击"确定"按钮，这时表格中记录按"总分"从大到小排列。

提示：

也可以选择要排序的列或单元格，单击"表格和边框"工具栏上的"升序排序"或"降序排序"按钮来实现排序。

（5）在第一条记录的"奖项"单元格中输入"一等奖"；选中"一等奖"3 个字，按住 Ctrl 键并拖动这 3 个字分别到第二条和第四条记录的"奖项"单元格，这 3 个字被复制到这两个单元格中，修改第二条记录的"一"为"二"、第四条记录的"二"为"三"，再通过复制把第三条记录添加"二等奖"、第五、六条记录添加"三等奖"，这时数据源表格制作完成，如图 4.97 所示。

保存并关闭此文档。

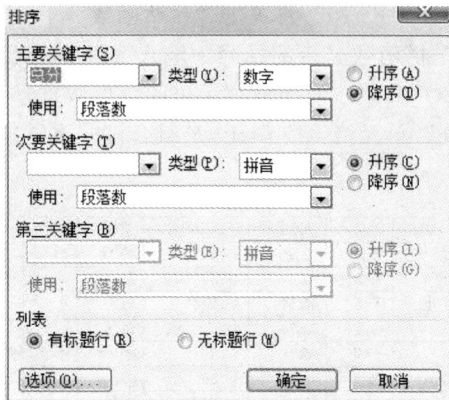

图 4.96　"排序"对话框

系列	班级	姓名	速度得分	正确率得分	总分	奖项
计算机	07计应用2班	刘子玉	48.6	49.3	97.9	一等奖
会计	07电算化2班	刘华	47.6	49.6	97.2	二等奖
计算机	07网络1班	王楠	46.9	49.7	96.6	二等奖
计算机	07网络1班	郑广华	45.9	48.8	94.7	三等奖
电子商务	07电商1班	李力	44.6	48.6	93.2	三等奖
计算机	07多媒体1班	张洋	42.6	49.5	92.1	三等奖
电子商务	07电子商务4班	宋伟	43.5	48.2	91.7	
电子商务	07电子商务2班	王志力	43.6	46.9	90.5	
电子商务	07电子商务4班	王一宏	40.9	49.1	90	
信息管理	07物流3班	李航	41.9	47.5	89.4	
会计	07电算化3班	张鹏飞	42.8	46.5	89.3	
经贸	07国贸1班	王嘉曼	42.9	45.8	88.7	
会计	07电算化2班	李腾飞	39.8	48.4	88.2	
计算机	07多媒体1班	牛马力	46.3	41.7	88	
计算机	07计应用2班	赵一	40.6	46.8	87.4	
信息管理	07物流3班	张珊	35.2	49.0	84.2	
信息管理	07物流1班	林浩	38.7	42.8	81.5	
计算机	07多媒体1班	王力	36.9	41.7	78.6	

图 4.97　"制作完成"效果图

二、制作课程表

在日常生活中，经常看到用 Word 制作的带斜线表头的表格，下面以制作大家熟悉的课程表为例来介绍绘制斜线表头。

（1）新建一个 Word 文档，并以文件名"课程表.doc"进行保存。

（2）按以下要求进行表格操作，得到如图 4.98 所示的结果。

①标题"课程表"字体为隶书、36 号、加粗，段落为居中、段前段后各 1 行。

②表格除第一行行高为 1.5 厘米外，其余行行高均为 1 厘米，第一列列宽为 2.5 厘米，其余列列宽为 2.3 厘米。

③表格边框：外边框为双实线、红色、1.5 磅，内边框为单实线、蓝色、0.5 磅。

④表格中的文字均为宋体、5 号，单元格的对齐方式为中部居中。

（3）得到斜线表头效果。

方法一：在表格的第一个单元格中输入"星期"，回车后再输入"节次"，"星期"一段设置为"右对齐"，"节次"一段设置为"左对齐"。单击"绘图"工具栏中的直线按钮，在第一个单元格中绘制从左上角到右下角的一条直线并调整好；也可以通过"边框和底纹"对话框中的"边框"选项卡，单击其中的从左上角到右下角的斜线按钮，选择应用于"单元格"项并确定。课程表制作完成，得到如图 4.99 所示的结果。保存文档并关闭窗口。

图 4.98　"未绘制斜线"效果图

图 4.99　"手绘斜线制作完成"效果图

方法二：插入点定位在表格中的任意位置，执行"表格|绘制斜线表头"命令，弹出"插入斜线表头"对话框，如图 4.100 所示。

在“表头样式”下拉列表框中选择“样式一”，从“字体大小”下拉列表框中选择“五号”，从“行标题”“列标题”框中输入“星期”“节次”；单击“确定”按钮，如果此时效果不太好，可以选中斜线表头对象进行大小或位置的调整，还可以取消对象组合，对每一部分单独调整，调整好后再组合成一个对象，最后得到如图 4.101 所示的表格。制作完成后保存并关闭窗口。

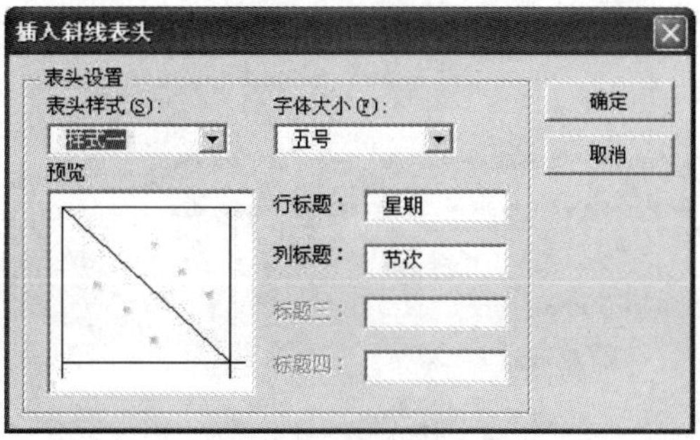

图 4.100 “插入斜线表头”对话框

课程表

星期 / 节次		星期一	星期二	星期三	星期四	星期五
上午	1、2 节					
	3、4 节					
下午	5、6 节					

图 4.101 “斜线表头命令制作完成”效果图

提示：

简单的斜线还可以用绘制表格命令画出。

复习思考题

1. 制作班级成绩表。
2. 制作产品报价单。
3. 制作一份工资表。
4. 为公司设计一份职工考核表。

任务四 制作与打印试卷

任务描述

今年学院要求期末试卷格式统一化，所有考试试卷均上交电子稿和打印稿，其他试卷都很容易实现电子化，只有数学试卷因为其中包含了很多公式，这些公式输入时，使用对正常文本的操作方法很难完成，因此实现起来比较麻烦。本任务就来完成数学试卷的制作，通过学习，可以使数学试卷的电子化变得很简单。数学试卷样文如图 4.102 所示。

任务分析

这是一份数学试卷，在建立试卷时，一般采用 8 开纸，并且是横向的。把它制作成电子文档时有 3 种方法可以实现图中的排版效果，第一种是用分栏的方法，第二种是用表格划分的方法，第三种是利用文本框的方法。平时网页制作时基本都是采用表格来定制网页布局，这样可以使各部分内容的位置很固定，这里制作数学试卷时就采用先绘制表格，通过单元格大小来定制各部分内容的空间，在单元格中输入各部分内容并设置需要的格式，

石家庄信息工程职业学院 2007-2008 学年第二学期

07 级五年制网络技术 1、2 班《数学》试卷

题号	一	二	三	总分
得分				
评卷人				

学号：______ 姓名：______ 班级：______ 系：______ ……线……订……装……

一、填空题（4•8 分，共 32 分）

1、$\lim\limits_{x\to 0}(1+3x)^{\frac{2}{\sin x}}=$ ______

2、$\frac{d}{dx}\int_{x}^{0} x\cos t^2 dt=$ ______

3、微分方程 $y''+y=-2x$ 的通解为______

4、设三阶方阵 A、B 满足关系式：$A^{-}BA=6A+BA$，

且 A= $\begin{bmatrix}\frac{1}{3} & 0 & 0\\ 0 & \frac{1}{4} & 0\\ 0 & 0 & \frac{1}{7}\end{bmatrix}$，则 B = ______

二、单项选择（2•4 分，共 8 分，将正确答案写在括号中）

1、设有直线 L：$\begin{cases}x+3y+2z+1=0\\ 2x-y-10z+3=0\end{cases}$ 及平面 $\pi: 4x-2y+z-2=0$

则直线 L

(A)平行于 π　　(B)在 π 上

(C)垂直于 π　　(D)与 π 斜交　　[　　]

2、设随机变量 X 服从正态分布 $N(\mu,\sigma^2)$，则随 σ 的增大，概率 $P\{|X-\mu|<\sigma\}$

(A)单调增大　　(B)单调减小

(C)保持不变　　(D)非单调变化　　[　　]

三、解答题（3•20 分，共 60 分）

1、设 $u=f(x,y,z),\varphi(x^2,e^y,z)=0,y=\sin x$，其中 f,φ 都具有一阶连续偏导数，且 $\frac{\partial\varphi}{\partial z}\neq 0$，求 $\frac{du}{dx}$。

2、设曲线 L 位于 xoy 平面的第一象限内，L 上任一点 M 处的切线与 y 轴总相交，交点记为 A，已知 $|\overline{MA}|=|\overline{OA}|$，且 L 过点 $\left(\frac{3}{2},\frac{3}{2}\right)$，求 L 的方程。

3、设 $a_n=\int_0^{\frac{\pi}{4}}\tan^n x dx$

(1)求 $\sum\limits_{n=1}^{\infty}\frac{1}{n}(a_n+a_{n+2})$ 的值；

(2)试证：对任意的常数 $\lambda>0$，级数 $\sum\limits_{n=1}^{\infty}\frac{a_n}{n^{\lambda}}$ 收敛。

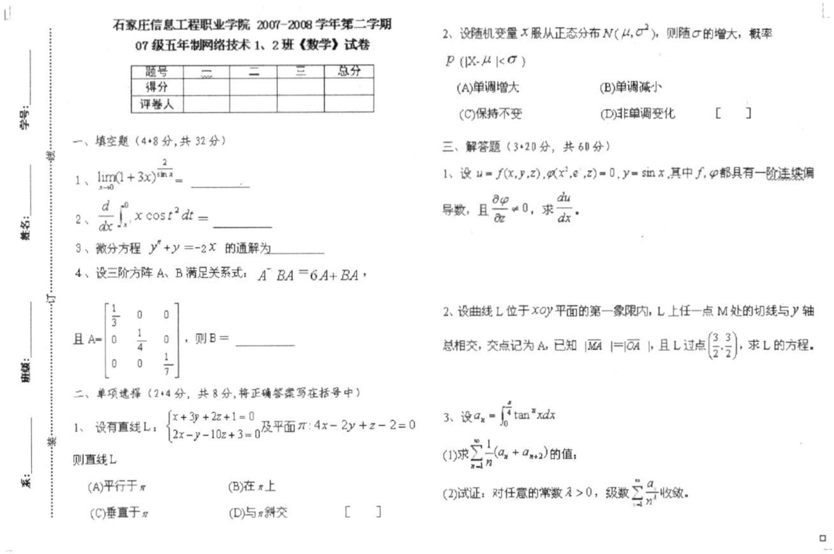

图 4.102　“数学试卷”样文

最后再把表格边框线设置成“无”。如果有必要还可以将做好的试卷打印出来。

方法与步骤

1. 页面设置并确定版面布局

（1）页面设置。

新建一个空白文档并以文件名“数学试卷 .doc”进行保存；通过“页面设置”对话框设置“纸张大小”为“B4”、方向设置为“横向”“左边距”为“1 厘米”“上、下、右页边距”均为“2 厘米”。

（2）插入表格：单击“常用”工具栏的“插入表格”按钮，选择 3 行、3 列的表格。

（3）调整表格中单元格大小：从“常用”工具栏的显示比例输入框中输入“65%”，此时在文档窗口中可以看到整个页面；利用“水平标尺”拖动表格第一列的右边框在“6 字符”处、第二列右边框在“49 字符”处、第三列右边框在“92 字符”处；利用“垂直标尺”拖动表格第一行的下边框在“8 字符”处、第二行的下边框在“22 字符”处、第三行的下边框在“39 字符”处；合并表格的第一列为一个单元格，这时整个版面布局就设置好了，总共分成了 5 大块，其中最左边的单元格是用来输入密封线内容的，第二列第一行单元格是用来放试卷说明和分数的，其他单元格是用来输入试题内容的。效果如图 4.103 所示。

图 4.103　“表格布局”效果图

2. 输入第一列和第二列第一行单元格内容

（1）插入点定位在第一列单元格中，设置单元格的文字方向为“文字方向”对话框中

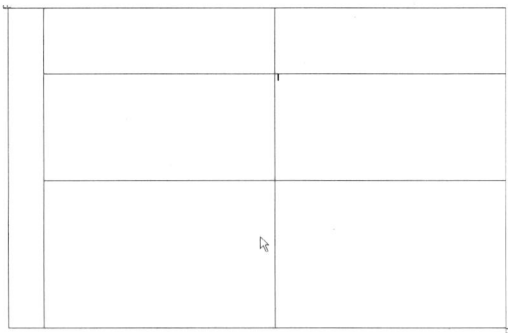

的第二行第一种样式；段落为"居中"；字体为"宋体、四号"。输入"系："，在英文标点时按住 Shift 键同时输入 9 个"－"下划线，再输入 6 个空格，按相同的方法输入"班级：_____　姓名：_____　学号：_____"，回车后再输入 40 个"…"，并在第 10 个、20 个、30 个后分别输入"密""封""线"3 个字。

　　（2）插入点定位在第二列第一行单元格中，设置单元格的段落为"居中"；输入内容"石家庄信息工程职业学院 2007—2008 学年第二学期"，回车后再输入"07 级五年制网络技术 1、2 班《数学》试卷"；再回车后绘制如样文所示的表格并输入单元格的内容。设置前两行的字体格式为"宋体、小三号、加粗"，单元格内容的字体格式为"黑体、四号"。得到如图 4.104 所示的结果。

　　3. 输入试题内容

　　设置剩余单元格字体格式为"宋体、四号"。

　　（1）插入点定位在第二列第二行单元格中，输入文本"一、填空题（4＊8 分，共 32 分）"并回车，设置字体为"仿宋"；输入"1、"。

　　（2）执行"插入"|"对象"命令，弹出"对象"对话框，如图 4.105 所示。

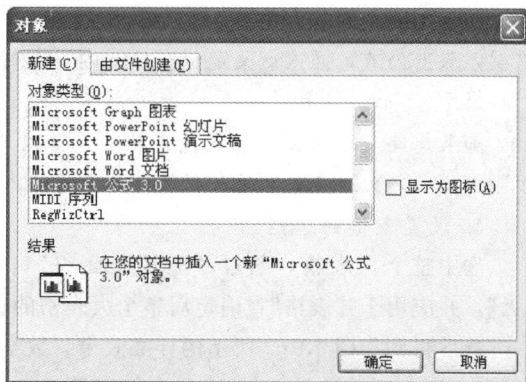

图 4.104　试卷制作效果图　　　　　　　　图 4.105　"对象"对话框

　　选择"对象类型"列表框中的"Microsoft 公式 3.0"，单击"确定"按钮，此时的 Word 窗口进入公式操作状态，同时出现了"公式"工具栏，插入点也定位在对象框内，如图 4.106 所示。

　　（3）单击"公式"工具栏中的"上标和下标"模板中的"中上标（极限）"按钮，如图 4.107 所示。

　　这时公式内输入内容的地方变成了上、下两部分，插入点定位在上面输入 lim，定位在下面输入 x，再单击"箭头符号"模板中的"右箭头"按钮，自动输入了符号"→"，再输

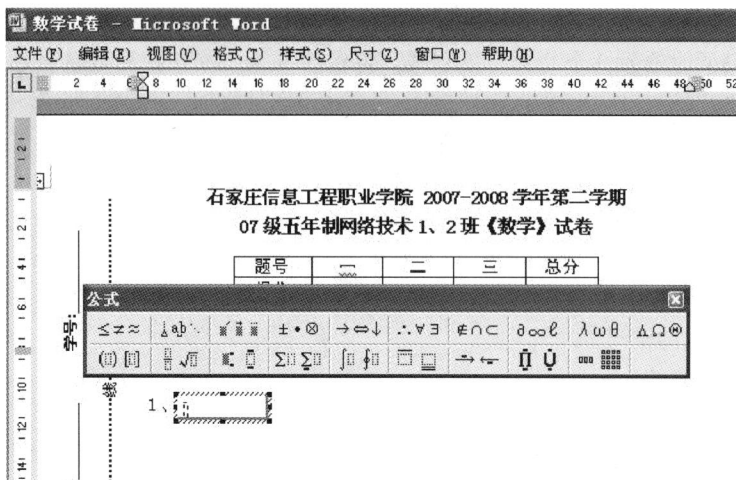

图 4.106 "公式"窗口

入"0"。

（4）把插入点定位在刚输入的上、下两部分内容的后边，输入
"(1+3x)"，单击"上标和下标"模板中的"上标"按钮，插入点自动
定位在上标的位置，再单击"分式和根式"模板中的"标准尺寸的竖
分式"按钮，插入点定位在"分子"位置，输入2，插入点定位在"分
母"位置，输入sinx，单击公式外的任意位置，公式输入结束，继续
输入"=＿＿＿＿"。

（5）按照相同的方法输入剩余的试题内容。如果发现公式输入有
错误，双击公式，插入点又定位在公式内，进行修改即可。

图 4.107 "上标
和下标"模板

提示：

如果想改变输入公式的样式或尺寸，可以通过菜单"样式"中的"定义"命令或"尺
寸"中的"定义"命令来进行设置，然后再输入公式。

4．设置表格的边框

选中整个大表格，通过"边框和底纹"对话框中的"边框"选项卡设置边框线为
"无"，并应用于"表格"，确定后整个大表格的边框线不显示了。

最后得到如图4.102所示的样文效果，数学试卷制作完成，保存文档。

5．保存试卷模板

如果想把设置好格式的试卷样式保留下来，可以把试卷以"模板"形式进行保存，具
体方法是：执行"文件|另存为"命令，弹出"另存为"对话框，从"保存类型"下拉列表
框中选择"文档模板"，此时"保存位置"自动变成Templates，在"文件名"输入框中输
入"数学试卷"，如图4.108所示，单击"保存"按钮，则"数学试卷"就以模板的形式保
存下来了。

6．应用试卷模板新建试卷文档

以后若想使用这种样式的试卷，可以执行"文件|新建"命令，从右边的"新建文档"
任务窗格中单击"本机上的模板"链接，从弹出的"模板"对话框中选择"数学试卷"，如

图 4.109 所示，选择"新建"下的"文档"单选按钮，单击"确定"按钮，一份数学试卷快速生成，可以根据需要在此基础上进行修改、保存即可。

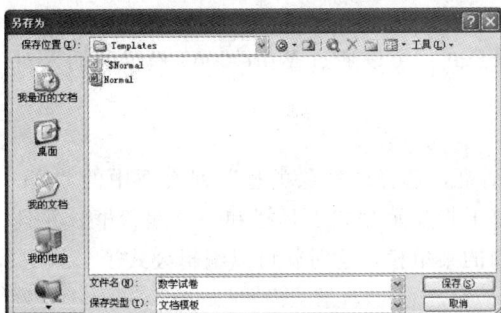

图 4.108　模板"另存为"对话框　　　　　图 4.109　　"模板"对话框

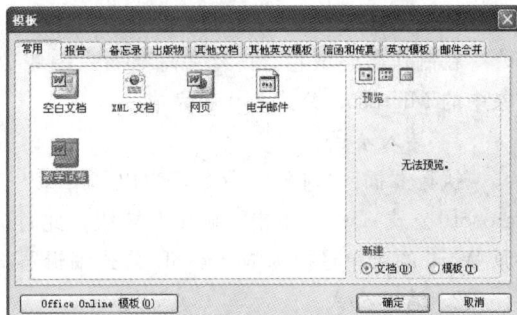

7. 试卷的打印

试卷打印之前，先单击"常用"工具栏中的预览按钮 ，进入"预览"视图，观察试卷在整个页面上的布局是否合理，如果有问题，单击"关闭"按钮，返回到"页面"视图调整好；如果排版效果满意，则执行"文件|打印"命令，弹出"打印"对话框，如图4.110 所示。

从"页面范围"中选择需要打印的页，按"纸张大小缩放"选择"无缩放"，如果想进一步设置打印属性，可以单击"选项"按钮，从弹出的"打印"对话框中按需要进一步设置，如图 4.111 所示，单击"确定"按钮后，默认的打印机开始进行打印。

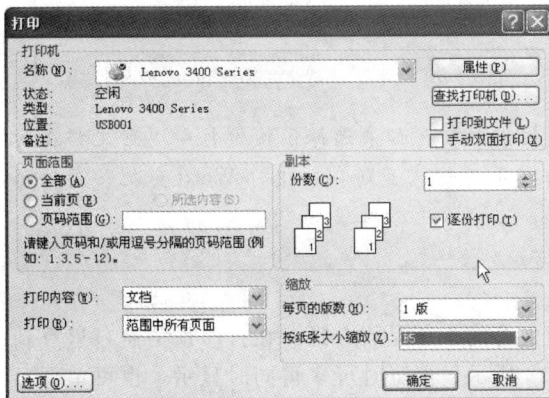

图 4.110　"打印"对话框　　　　　　图 4.111　"打印"选项对话框

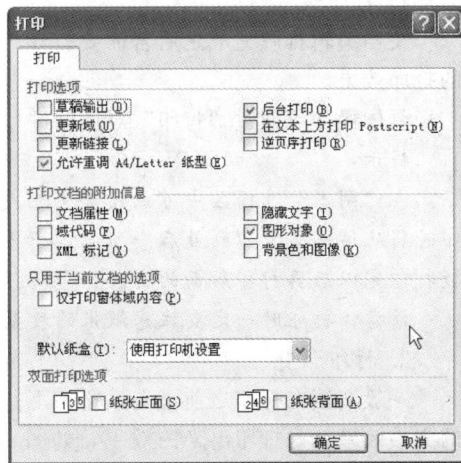

提示：

如果现在需要把页面设置为"B4"的内容打印在"B5"或"A4"或大一些的纸张上时，可通过对话框中"按纸张大小缩放"下拉列表框里的相应项进行设置，然后再单击"确定"按钮进行打印，打印的效果就是缩放后的效果。

把文档再次保存，现在就可以上交电子稿和打印稿数学试卷了。

相关知识与技能

一、插入公式

在制作数学试卷时，经常需要插入一些数学公式，可以通过 Word 2003 提供的插入对象中的 Microsoft 公式 3.0 来完成。

1. 插入公式

执行"插入|对象"命令，弹出"对象"对话框，选择"对象类型"列表框中的"Microsoft 公式 3.0"，单击"确定"按钮，此时屏幕上将显示公式工具栏和一个编辑框，并且原 Word 的菜单栏换为 Microsoft 公式编辑器 3.0 的菜单栏，这时就可以编辑公式了。

2. 编辑公式

（1）双击要编辑的公式，把插入点定位到需要修改或输入的位置。

（2）使用"公式"工具栏上的选项编辑公式。

（3）完成后单击公式外的 Word 文档的其他位置，退出编辑公式状态。

3. 设置公式格式

同样公式也可以设置环绕方式等，通过在公式上右击选择快捷菜单中的"设置对象格式"即可进行设置。

4. 删除公式

选中公式，按 Delete 键即可删除公式。

二、打印文档

1. 打印设置

文档编辑排版完成之后若需要打印，在打印时可以选择一些参数来设置，以得到预期的打印效果。

具体操作可通过"打印"对话框进行设置。

提示：

在"副本"选择区中可以设置文档是否按份打印，如果选择了按份打印，则文档在打印时将从第一页打印到最后一页后再开始打印第二份，否则在打印时 Word 会把一页的份数打印完以后再打印后面的页。

注意：打印时一定要注意纸张的放置方式。

2. 打印预览

一般文档在打印之前要先预览一下打印内容的排版是否合适。在打印预览窗口里看到的文档效果就是打印出来的效果，如图 4.112 所示。预览时可多页同时显示，也可单页显示：单击"单页"按钮，在预览窗口中的文档就按照单页来显示，单击"多页"按钮，选择一种多页的方式，则转到了多页显示的状态。

另外同页面视图中一样，打印预览视图下也可以设置显示的比例，还可以设置标尺的显隐；单击放大镜按钮，使它不再按下，可以在这里直接编辑文档；如果对预览的效果感到满意，直接单击预览窗口中的"打印"按钮，就可以把文档直接打印出来了。

拓展与提高

一、保护文档

本节要介绍的保护文档包含两方面的内容，其中一方面是指文档的安全性设置，即是否允许其他人打开或修改文档；另一方面是指对文档的格式或编辑所做的保护工作。

1. 设置文档的安全性

有时自己制作的文档不希望别人进行修改或打开，可以给文档设置一个口令，把文档保护起来。具体操作为：执行"工具|选项"命令，弹出"选项"对话框，再选择"安全性"选项卡，如图 4.113 所示，在这里可以完成对文档的 3 种安全性设置。

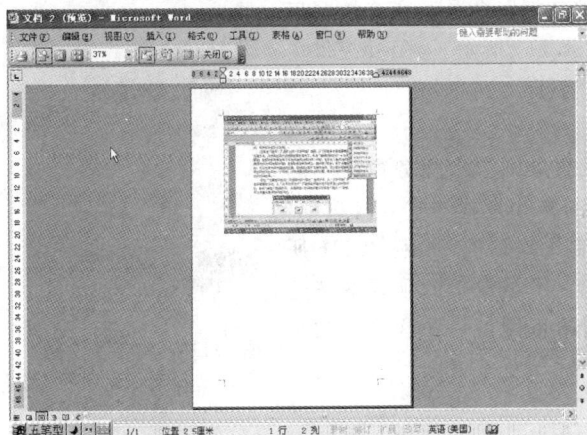

图 4.112　"打印预览"窗口　　　　　　图 4.113　"选项"对话框

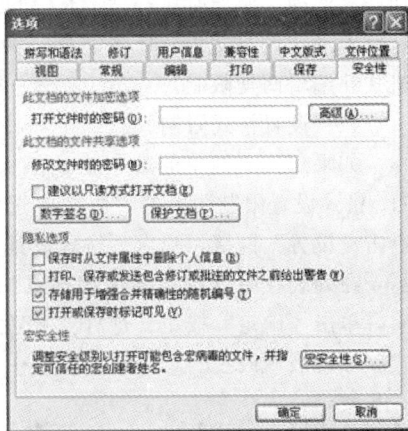

（1）设置打开文档密码：在选项卡中"打开文件时的密码"右边的输入框中输入设定的打开密码，密码最长可达 15 个字符，字符包括数字、字母和符号，并且字母可区分大小写。单击"确定"按钮后，要求二次确认密码，两次输入要完全一致，否则不予承认。这样文档保存并关闭后密码就生效了，想打开此文档，在操作时要求必须输入正确的密码，否则文件就打不开了。

（2）设置修改文档密码：在选项卡中"修改文件时的密码"右边的输入框中输入设定的修改密码，单击"确定"按钮，此时会出现一个"确认密码"对话框，再一次输入密码，单击"确定"按钮，密码就设置好了，保存并关闭文档，再打开它，就会出现一个"密码"对话框，要求输入一个密码，否则就只能以只读方式打开文档。要是把密码忘了，你最好和微软公司取得联系，让它们帮你来解决这个问题。

（3）建议以只读方式打开：选中选项卡中的"建议以只读方式打开文档"复选框，单击"确定"按钮，保存并关闭文档，再打开它，就会出现一个 Microsoft Office Word 建议

图 4.114　建议式对话框

式的对话框，如图 4.114 所示，选"否"，则文档以正常方式打开，选"是"，则文档就以只读方式打开，这样对文档中的内容进行修改后，只能改名字或位置、类型进行另存，当前文档是不接纳已修改内容的。

如果不想要密码了，打开"选项"对话框，在两个密码的输入框里把密码清除，单击"确定"按钮，保存并关闭后再打开就不需要密码了。

2. 保护文档

如果把文档发送给其他审阅者，但希望文档中的格式或编辑方面受到保护而不被修改时，可通过 Word 2003 提供的保护文档功能来实现。操作时执行"工具"|"保护文档"命令，在文档窗口右侧出现"保护文档"任务窗格，如图 4.115 所示。Word 提供了格式和编辑两类限制。

（1）设置格式限制。

如果想使文档中的某些格式不被设置，则选中任务窗格中的"1. 格式设置限制"下的"限制对选定的样式设置格式"复选框，单击"设置"链接，弹出"格式设置限制"对话框，如图 4.116 所示，在列表框中选中需要保护格式的项，不被保护的项要取消选中，单击"确定"按钮。这样文档发送给审阅者后，这些项的格式就不能被修改了。

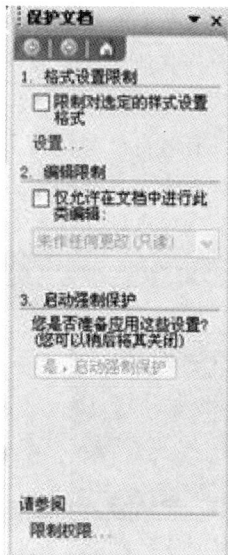

图 4.115 "保护文档"任务窗格

提示：

如果不知道要保护哪些项的格式，可单击"推荐的样式"按钮，这时 Word 会选中它认为绝对应被保留的样式。

（2）设置编辑限制。

如果想使文档中的某些编辑项被保护，可选中任务窗格中的"2. 编辑限制"下的"仅允许在文档中进行此类编辑"复选框，再从下拉列表框中选择对应项。

①未做任何更改：即审阅者只能浏览此文档，不允许做任何的更改。

②修订：即审阅者只能在文档中进行修订，所有操作都以修订标记，其他操作不允许。

③批注：即审阅者只能在文档中添加批注，其他操作不允许。

④填写窗体：即审阅者只能对文档中的窗体域进行操作，窗体外的其他区域不允许操作。

所有这些项都设置满意后，单击"是，启动强制保护"按钮，弹出"启动强制保护"对话框，如图 4.117 所示，输入密码并两次进行确认后，单击"确定"按钮。这样以后文档中进行操作时就会受到相应的限制。

要取消保护文档，单击任务窗格中的"停止保护"按钮，这时弹出"取消保护"对话框，在框中输入密码，单击"确定"按钮，如果密码正确则会取消保护文档功能。

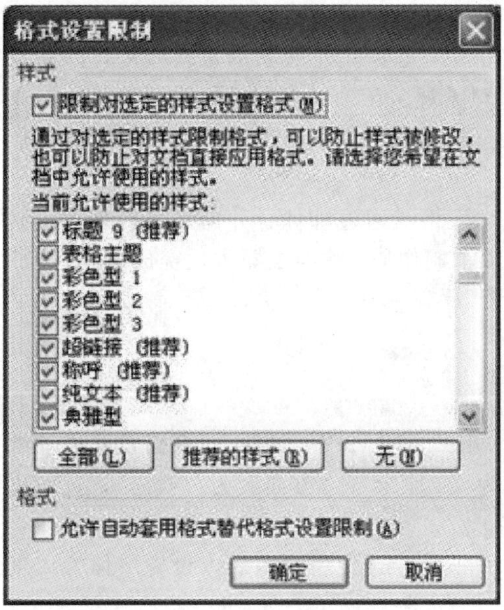

图 4.116　"格式设置限制"对话框 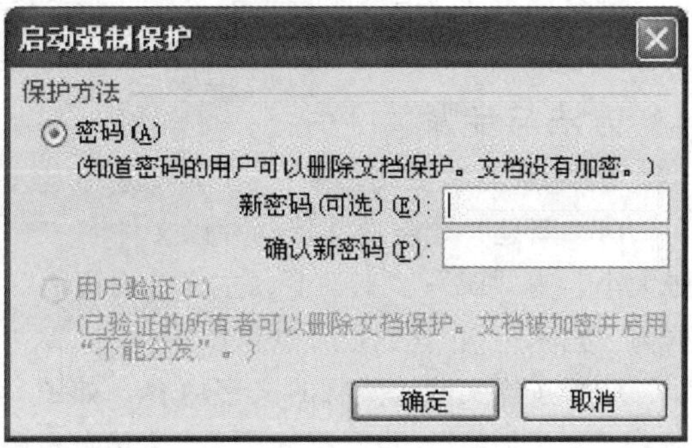　　　　图 4.117　"启动强制保护"对话框

>>>>>>>>>>>>>>>>>>>>>>>>> 复习思考题 <<<<<<<<<<<<<<<<<<<<<<<<<

1. 制作期中考试数学试卷。
2. 制作一份数学教案。
3. 制作一份化学课试验报告。

▶ 任务五　成批制作中英文录入比赛奖状

任务描述

学生学期考试、单位职工年度考核或各种比赛后，成绩都要进行排名，为了鼓励和表彰成绩优秀的学生、员工或评比对象，学校、单位或比赛的主办方经常发放奖状。

前一阶段石家庄信息工程职业学院计算机系基础教研室组织全院 07 级学生进行了中英文录入比赛，比赛结果评出后，学院决定除了给获奖者发放实物奖品外还要发放奖状，以资鼓励。本任务就来完成录入比赛获奖者奖状的制作。"录入比赛获奖者奖状"样文如图 4.118 所示。

任务分析

给获奖同学发放的比赛奖状内容都大致相同，不同的只是每个同学的系、班级、姓名和名次而已，这样可以通过 Word 中提供的邮件合并功能很简单地来完成这项工作。

邮件合并包括创建主文档、创建数据源和合并 3 部分，其中的主文档和数据源是完成合并的数据资源。

主文档：每个奖状中都相同的内容放在主文档中，它决定了奖状的最终效果，因此设计时要注意文档的排版布局和颜色搭配，力求合理美观。在平时人们经常看到奖状，制作时参照平时奖状的样式即可，颜色大多采用代表喜庆的红色。其中图章直接复制以前制作的"图章.doc"文档中的已有图章。

数据源：数据源可以用 Word、Excel、Access 表格或通过邮件合并向导进行创建，制作时视具体情况而定。本任务中数据源直接使用以前制作的"中英文录入比赛成绩表.doc"中的表格数据。

方法与步骤

1. 建立奖状主文档

（1）新建一个空白文档，并以文件名"奖状.doc"进行保存。把文档页面设置成"纸张大小"为"B5"；"上、下、左、右页边距"均为"4 厘米"；"方向"为"横向"；页面边框为"艺术型"；其他设置默认。

（2）按样文输入奖状的文字内容，如图 4.119 所示，选中所有内容，设置字体为"隶书、二号、加粗"，设置行间距为"2 倍"行距。

图 4.118 "录入比赛获奖者奖状"样文 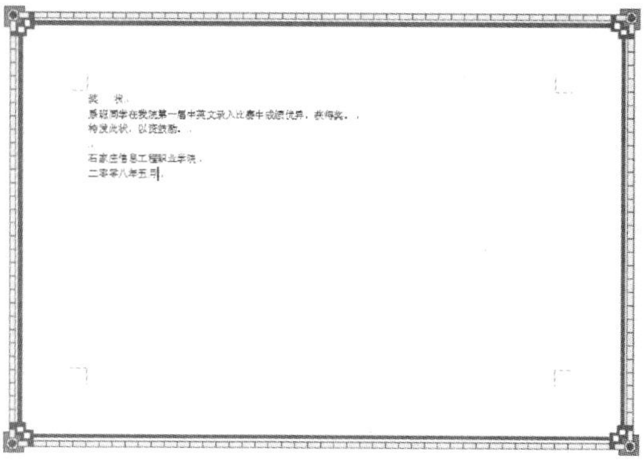   图 4.119 只有文字的奖状效果图

（3）选中文本"奖 状"，单击"绘图"工具栏中的插入艺术字按钮 ，从"编辑'艺术字'文字"对话框中设置字体格式为"隶书、加粗、66 磅"，从"艺术字库"对话框中选择第一种样式，单击"格式"工具栏中的居中按钮，设置居中，通过"绘图"工具栏上的"填充颜色"按钮设置填充颜色为"红色"，单击"线条颜色"按钮设置边框线为"红色"。

（4）设置第二、三段为"首行缩进 2 个字符"，最后两个段落为"右对齐"。

（5）单击"绘图"工具栏中的"椭圆"按钮，在奖状内容上绘制一个大椭圆，设置线条颜色为"无"、填充效果为"渐变、白色和金色的双色、中心辐射样式"，调整合适的大小和位置后执行快捷菜单中的"叠放次序"下的"衬于文字下方"命令。

（6）打开以前制作的"图章.doc"文档，把图章复制后粘贴到邮件合并的主文档中，叠放次序设置为"浮于文字上方"，移动到最后两个段落上面并调整好大小和位置，此时图章呈现浮于文字上方的效果。制作结果如图 4.120 所示。

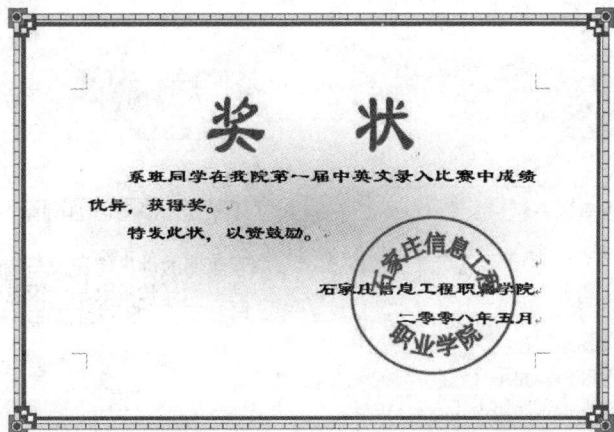

图 4.120　"奖状主文档"效果图

2．创建数据源表格

打开以前制作的"中英文录入比赛成绩表.doc"文档，根据需要修改成适合本任务使用的形式并保存。

3．邮件合并

（1）在主文档中，执行"工具｜信函与邮件｜邮件合并"命令，在文档窗口右侧出现"邮件合并"任务窗格，如图 4.121 所示，第一步首先选择文档类型，这里选择"信函"单选按钮，单击"下一步：正在启动文档"链接。

（2）选择"选择开始文档"中的"使用当前文档"单选按钮，如图 4.122 所示，单击"下一步：选取收件人"链接。

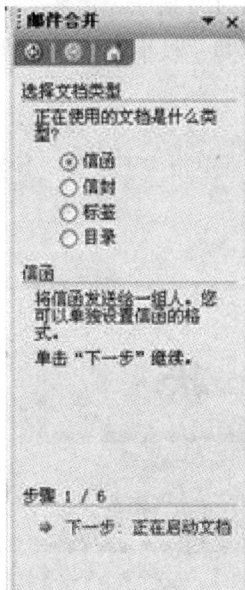

图 4.121　"邮件合并"任务窗格 1

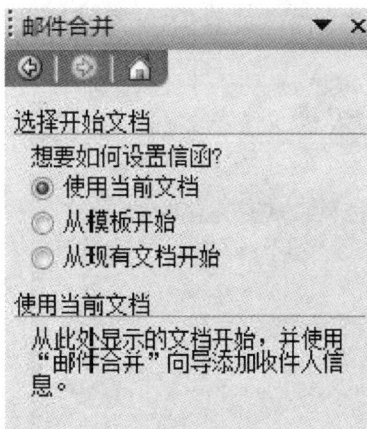

图 4.122　"邮件合并"任务窗格 2

（3）选择"选取收件人"中的"使用现有列表"单选按钮，如图 4.123 所示，单击"浏览"链接，弹出"邮件合并收件人"对话框，找到"中英文录入比赛成绩表.doc"并打开，弹出"邮件合并收件人"对话框，记录默认为"全选"，这里只选中获奖者记录（前 6

条），单击"确定"按钮，单击"下一步：撰写信函"链接。

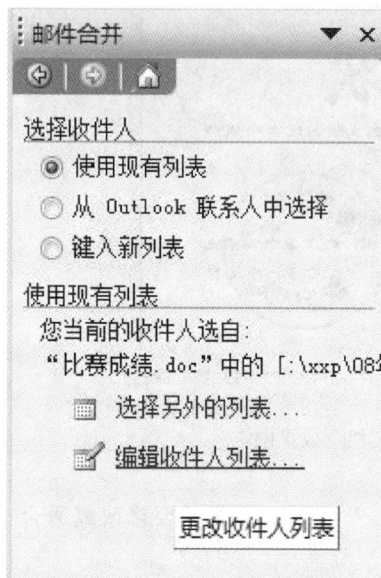

图 4.123　"邮件合并"任务窗格 3

图 4.124　"邮件合并"任务窗格 4

（4）信函已经撰写完成，直接定位光标在"系"字前面，单击任务窗格中的"其他项目"链接，如图 4.124 所示，弹出"插入合并域"对话框，如图 4.125 所示，选择"插入"中的"数据库域"和"域"列表框中的"系别"，单击"插入"按钮，再依次选择"班级""姓名"和"奖项"，分别单击"插入"按钮，单击"关闭"按钮。选中"《班级》"并把鼠标指针放在它上面拖动鼠标左键，把它移动到"班"字前，同样把"《姓名》"移动到"同学"前，把"《奖项》"移动到"获得"后，结果如图 4.126 所示。单击"下一步：预览信函"链接。

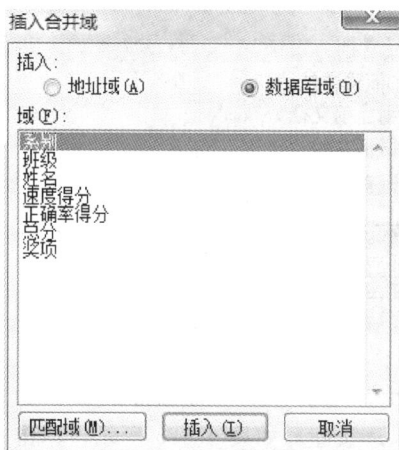

图 4.125　"插入合并域"对话框

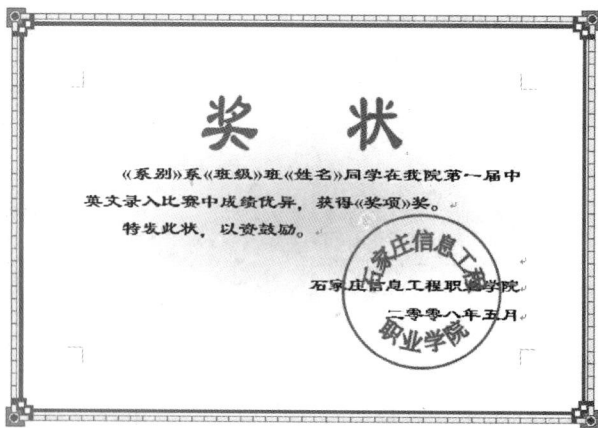

图 4.126　"插入域"效果图

（5）单击"预览信函"中的 << 或 >> 按钮预览信函的合并效果，没有错误后，单击"下一步：完成合并"链接，如图 4.127 所示。

（6）此时如果需要直接打印，则单击"打印"链接，如图 4.128 所示，所有获奖同学的奖状依次被打印出来；不打印可以单击"合并至新文档"，这时会生成一个新文档，每位同学的奖状被放置在一页上，可以暂时保存，等需要时再进行打印。

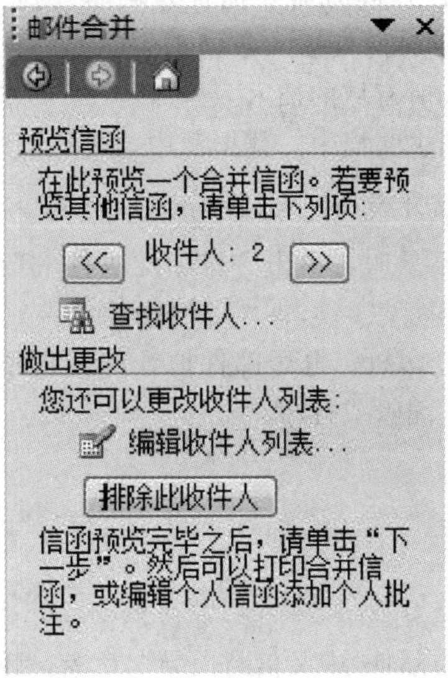

图 4.127　"邮件合并"任务窗格 5

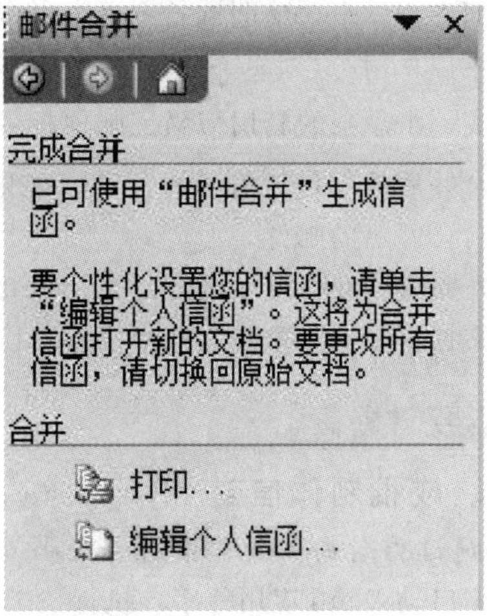

图 4.128　"邮件合并"任务窗格 6

相关知识与技能

使用"邮件合并"功能，可以使用同样格式的文档发送批量的信件，不仅可以建立信函，还可以直接建立信封、邮件标签、分类等。"邮件合并"向导可引导大家快速地完成这些工作。主要由 6 步来完成，具体操作如下。

（1）从"邮件合并"任务窗格选择文档类型，可以选择"信函""电子邮件""信封""标签"或"目录"。

（2）确定"邮件合并"主文档，主文档中包括了要重复出现在套用信函、邮件标签、信封或分类中的通用信息，其中：

①使用当前文档：以正在操作的文档作为主文档。

②从模板开始：根据 Word 模板新建主文档，并输入或修改主文档的内容。

③从现有文档开始：以已有的其他 Word 文档作为主文档，这时可单击"打开"按钮，从弹出的"打开"对话框中选择需要的文档打开。

（3）选择或创建数据源，数据源中包括了在各个合并文档中各不相同的数据，例如，套用信函中各收件人的姓名和地址。大家几乎可以使用任何类型的数据源，其中包括 Word 表格、Microsoft Outlook 联系人列表、Excel 工作表、Microsoft Access 数据库和 ASCII 码文本文件。

①使用现有列表：使用已有的数据库文件，这时单击"浏览"按钮，从弹出的"浏览

数据源"对话框中选择需要的数据源文件打开。没有合适的也可以单击其中的"新建源"按钮，创建新的数据源文件。

②从 Outlook 联系人中选择：可以从 Outlook 联系人文件夹中选择合适的已有列表，不合适的还可以进一步编辑。

输入新列表：可以通过"新建地址列表"对话框来完成。

（4）撰写信函：这一步可以实现主文档的修改，同时需要把合并域插入到主文档中。合并域是占位符，用于指示 Microsoft Word 信件中在何处插入数据源中的哪一数据项。一次只能插入一条不连续的域名，重复多次即可完成所有域的插入。

（5）预览信函：这时将数据源中的数据合并到主文档中。数据源中的每一行（或记录）都会生成一个单独的套用信函、邮件标签、信封或分类项。通过单击 $\boxed{<< \text{ 或 } >>}$ 按钮可以实现合并后的一封封信函的预览。如果某一封不要时，单击"排除此收件人"按钮，即删除这封合并后的邮件。

（6）完成合并，可以将合并文档直接发送到打印机、电子邮件地址或传真号码。也可将合并文档汇集到一个新文档中以便于以后审阅、编辑或打印。

拓展与提高

一、成批制作信封

1. 通过信封向导制作信封主文档

（1）启动 Word 应用程序，执行"工具|信函与邮件|中文信封向导"命令，弹出"信封制作向导-开始"对话框，如图 4.129 所示。

（2）单击"下一步"按钮，弹出"信封制作向导-样式"对话框，如图 4.130 所示，在"样式"对话框中，单击"信封样式"输入框的下拉按钮，从列表框中选择"普通信封 1"选项。

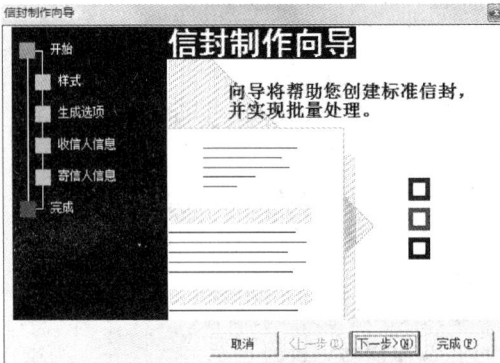

图 4.129　"信封制作向导-开始"对话框　　图 4.130　"信封制作向导-样式"对话框

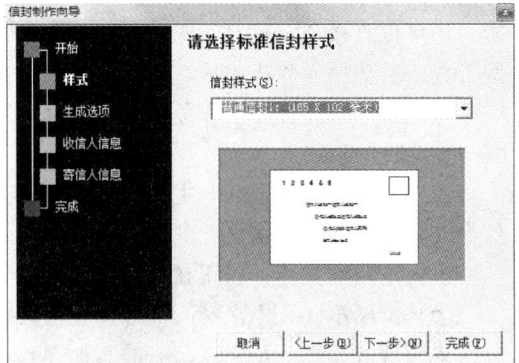

（3）单击"下一步"按钮，弹出"信封制作向导-生成选项"对话框，如图 4.131 所示，选择"以此信封为模板，生成多个信封"单选按钮，并选中"打印邮政编码边框"复选框。

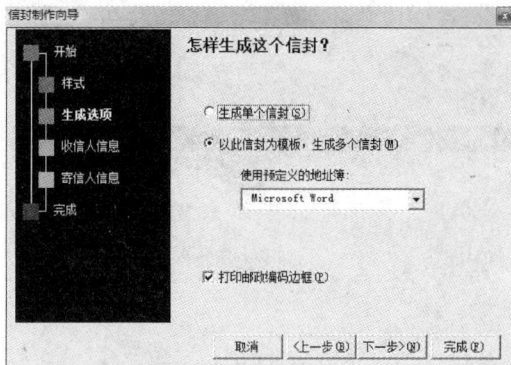

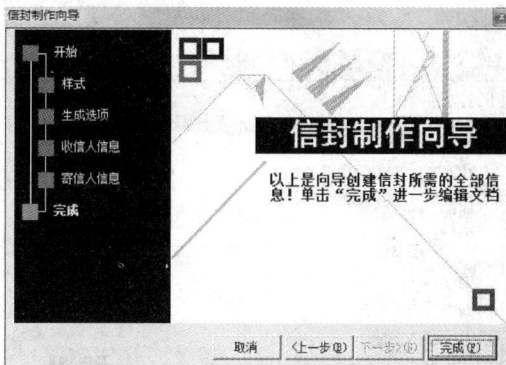

图 4.131　"信封制作向导-生成选项"对话框　　图 4.132　"信封制作向导-完成"对话框

　　(4) 单击"下一步"按钮，弹出"信封制作向导-完成"对话框，如图 4.132 所示，单击"完成"按钮，此时生成一个信封的新文档，并同时出现"邮件合并"工具栏，如图 4.133 所示。

　　在"信封"文档窗口中，选中"《发信人地址》"和"《发信人姓名》"后输入文本"石家庄信息工程职业学院"，选中"《发信人邮编》"后输入"０５００３５"，并设置两部分文本均为"小三号、加粗"。

　　2. 实现邮件合并

　　(1) 执行"工具"|"信函与邮件"|"邮件合并"命令，在文档窗口右侧出现"邮件合并-选取收件人"任务窗格，选择"键入新列表"单选按钮，单击"创建"链接，弹出"新地址列表"对话框，如图 4.134 所示。

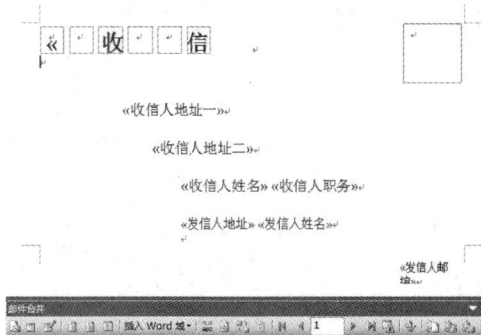

图 4.133　"生成信封"效果图　　　　图 4.134　"新地址列表"对话框

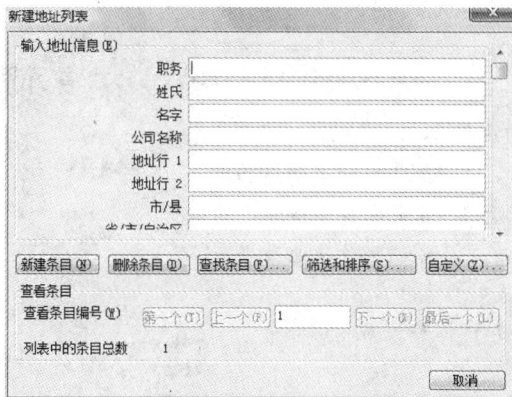

　　单击其中的"自定义"按钮，弹出"自定义地址列表"对话框，如图 4.135 所示。

　　把域名"姓氏"重命名成"收信人姓名""地址行 1"重命名成"收信人地址""邮政编码"重命名成"收信人邮编"，删除其他所有域名，使域名只有这 3 个。

　　单击"确定"按钮，出现新的"新地址列表"对话框，首先输入第一个收件人的信息，再单击"新建条目"按钮，输入其余收件人的信息，单击"关闭"按钮，弹出"保存通讯录"对话框，如图 4.136 所示，输入文件名"收信人信息"，保存类型为"通讯录"，单击

"保存"按钮，弹出"邮件合并收件人"对话框，检查信息无误后单击"确定"按钮。

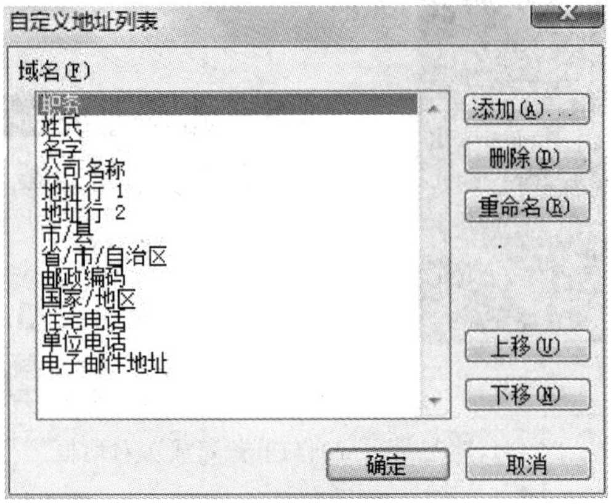

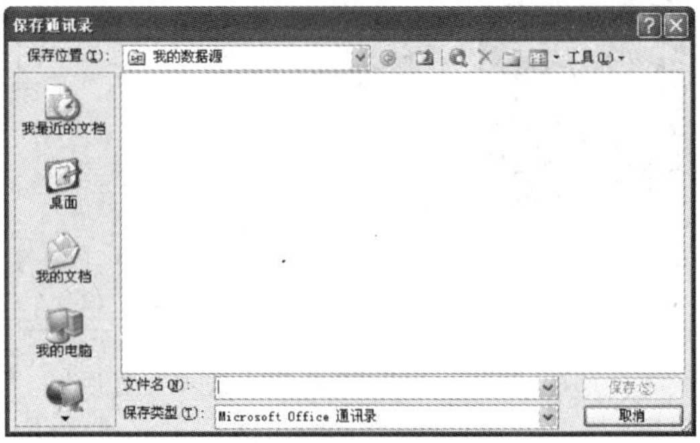

图 4.135　"自定义地址列表"对话框　　　　图 4.136　"保存通讯录"对话框

（2）单击"下一步：选取信封"链接，在信封中三击域"收信人邮编"时选中它，单击"邮件合并"任务窗格中的"其他项目"链接，然后从弹出的"插入域"对话框中选择"收信人邮编"，单击"插入"按钮，按照相同的方法，选中《收信人地址一》和《收信人地址二》域后插入域"收信人地址"，并在它后面输入"收"，最后选中《收信人姓名》和《收信人职务》域后再插入域"收信人姓名"。

（3）单击"下一步：预览信封"链接，此时可以修改每一部分的字体和段落格式，使信封整体效果最佳。

（4）单击"下一步：完成合并"链接，根据需要选择直接打印还是合并到新文档。

信封成批制作完成，保存结果。

>>>>>>>>>>>>>>>>>>>>>>>> 复习思考题 <<<<<<<<<<<<<<<<<<<<<<<<<<

1. 成批制作成绩通知书。
2. 成批制作邀请函和信封。
3. 成批制作毕业证书。

▶ Word 2003 综合实训

实训项目描述

为了使学生巩固 Word 部分所学知识，进一步提高对 Word 文档的操作水平与技巧，增强灵活运用所学知识解决实际问题的能力，特制定本实训项目。

实训项目要求

1. 项目任务

有以下几个参考项目，大家可以从中选择一个进行制作。

（1）制作抗震救灾的宣传海报（可以捐款、捐物或献血）。

（2）制作 2008 中国奥运的宣传海报。

（3）制作某种产品（或单位、书籍）的宣传海报。

（4）制作某项活动的宣传海报（如录入比赛、院运动会、演唱会、展览会等活动）。

（5）制作班级或系、院的简报。

同学们制作时可以以上边规定的项目为主要内容，另外在此内容后再附加制作人介绍、制作心得体会或其他内容（例如相应活动或产品的报名表、价目表、成绩单等），所有内容放在同一文档中。

2．项目制作时的具体要求

（1）要求用 A4 纸张，至少 3 页，每一页设置合适的页边距、页面边框及页眉和页脚（页眉或页脚中必须有你的实际班级、姓名和学号）。

（2）要求设计时，文档中包含文字、表格、图形、图片、艺术字、文本框等对象。

（3）最好能够应用全部所学知识点：文字、段落和页面格式设置，页眉和面脚，首字下沉，分栏，拼音，编号和项目符号，对象的边框、填充、位置、环绕方式和对齐方式等。

（4）力求作品主题明确、内容健康、色彩搭配和谐、版式排列合理、整体效果突出、具有艺术性，并能展示出自己对 Word 知识的掌握水平。

（5）以文件名"自己班级学号姓名 .doc"（如 07 财政 21 张三 .doc）进行保存，并以实际效果进行打印（彩印）。

（6）第 17 周周五之前上交，电子稿上交到个人所在班级的电子邮箱，打印稿交给各班任课老师。

特别强调：自己搜集素材，不允许有抄袭或复制现象。

实训项目提示（或项目举例）

以制作产品宣传海报为例。

（1）可以介绍产品的生产厂家、规格、功能、优缺点、价目表、销售网点及联系方式等，最后生成图、文、表混排的 Word 文档。

（2）制作人介绍，制作作品过程中的心得体会等。

单元五　使用 Excel 2003 实现企业工资管理

Excel 简单易学、功能强大，广泛应用于各类企、事业单位的日常办公中，是目前应用最广泛的数据处理软件之一。Microsoft Excel 2003 不仅应用于数据的保存、表格的简单计算和制作，更重要的是提供了对数据进行处理、管理、分析和绘制图表等功能，可以让用户方便、快捷、直观地从原始的数据中获得更为丰富、准确的信息。

1. 项目

企业工资管理

2. 项目描述

兴华科技有限公司现有 24 名员工，员工的工资包括基本工资、职务工资、工龄工资、福利工资、考勤扣款等项，这些数据须从员工档案、考勤表、业绩表等表格中引用或计算得出。如果采用原始的手工处理方式，复杂的数据引用和计算不但相当繁琐，而且容易出错，同时每个月都要做重复的计算工作才能得到工资明细表，如果想对员工的收入情况进行排序、筛选、分类汇总等也非常费时费力。试利用 Excel 2003 为兴华科技有限公司建立一套工资管理系统，轻松实现对工资数据的处理和管理。同时将该系统保存为模板，方便每个月套用模板生成工资明细表、对工资进行汇总分析、制作并打印工资条，从而保证工资管理的准确性并提升工作效率。

3. 项目分析

此项目可以分解为以下 5 个任务来完成。

单元五能力分解图表

任务名称	能力目标	具体技能	建议课时
任务一 建立企业员工相关数据表	掌握 Excel 的基本操作	1. 建立、保存新工作簿文档； 2. 打开已有工作簿文档并保存修改； 3. 把打开的文档另存为其他文档； 4. 工作表的移动、复制、删除、重命名、更改标签颜色； 5. 在单元格中输入各种类型的数据（文本、数字、符号、分数、文本数字、日期、时间）； 6. 输入各种序列（序列、等差序列、自定义序列）； 7. 新建、重排、拆分和冻结窗口	2

续表

任务名称	能力目标	具体技能	建议课时
	掌握工作表的编辑和格式化方法	1. 单元格格式设置； 2. 自动套用格式； 3. 条件格式； 4. 更改列宽和行高； 5. 单元格或单元格区域（包括行、列）的插入、删除； 6. 内容和格式的清除； 7. 取消/恢复显示网格线； 8. 单元格或单元格区域中内容、格式的复制、移动； 9. 选择性粘贴（公式、数值、格式和转置）	2
任务二 创建员工工资发放明细表	使用公式、函数处理数据	1. 运算符和表达式； 2. 公式与函数； 3. 单元格或单元格区域的命名； 4. 公式和函数中地址的相对引用、绝对引用和混合引用的使用； 5. 常用函数（SUM、AVERAGE、COUNTIF、MAX、MIN、ROUND、NOW、DATE、TIME、IF、INT、VLOOKUP）的使用	4
任务三 对员工工资情况进行分析、管理	掌握数据管理的方法	1. 排序； 2. 筛选； 3. 分类汇总； 4. 数据透视	4
	掌握制作图表的方法	1. 插入图表； 2. 编辑图表； 3. 美化图表	2
任务四 制作与打印工资条	打印及保护工作表	1. 设置打印区域； 2. 页面设置； 3. 数据保护	1
任务五 创建企业工资管理系统模板	创建和使用模板	1. 创建模板； 2. 使用模板	1
Excel 2003 综合实训	综合使用 Excel 处理实际问题	综合使用以上各任务的技能	课外完成

任务一 建立企业员工相关数据表

任务描述

兴华科技有限公司需要一个完美、实用的工资管理系统，它是企业员工薪资管理的重要工具。但要建立工资管理系统需要引用多项数据，如基本工资、工龄工资、考勤扣款、各种保险等，如果用人工手写方式进行这些数据处理，很容易出错。要想轻松应对这些问题，需要建立完善的工资管理系统。首先利用Excel将这些数据录入工作表中是建立工资管理系统的第一步。

任务分析

兴华科技有限公司每位员工的工资由13项数据组成，这些数据由6张相关表格中的数据计算得出。将这些表格数据录入到Excel中，并进行适当的美化。内容分别如图5.1～图5.6所示，美化后的表格如图5.7和图5.8所示。

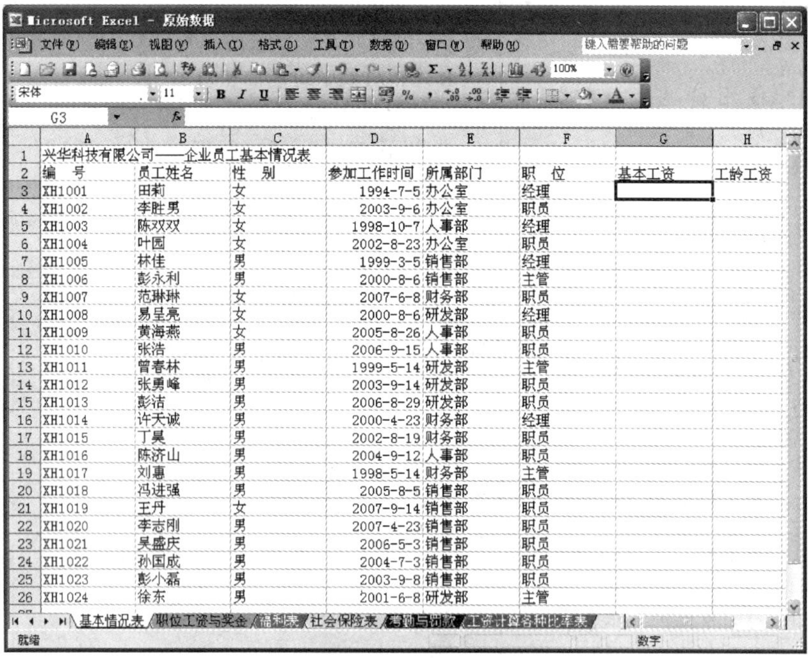

	A	B	C	D	E	F	G	H
1	兴华科技有限公司——企业员工基本情况表							
2	编 号	员工姓名	性 别	参加工作时间	所属部门	职 位	基本工资	工龄工资
3	XH1001	田莉	女	1994-7-5	办公室	经理		
4	XH1002	李胜男	女	2003-9-6	办公室	职员		
5	XH1003	陈双双	女	1998-10-7	人事部	经理		
6	XH1004	叶囡	女	2002-8-23	办公室	职员		
7	XH1005	林佳	男	1999-3-5	销售部	经理		
8	XH1006	彭永利	男	2000-8-6	销售部	主管		
9	XH1007	范琳琳	女	2007-6-8	财务部	职员		
10	XH1008	易呈亮	女	2000-8-6	研发部	经理		
11	XH1009	黄海燕	女	2005-8-26	人事部	职员		
12	XH1010	张浩	男	2006-9-15	人事部	职员		
13	XH1011	曾春林	男	1999-5-14	研发部	主管		
14	XH1012	张勇峰	男	2003-9-14	研发部	职员		
15	XH1013	彭洁	男	2006-8-29	研发部	职员		
16	XH1014	许天诚	男	2000-4-23	财务部	经理		
17	XH1015	丁昊	男	2002-8-19	财务部	职员		
18	XH1016	陈济山	男	2004-9-12	人事部	职员		
19	XH1017	刘惠	男	1998-5-14	财务部	主管		
20	XH1018	冯进强	男	2005-8-5	销售部	职员		
21	XH1019	王丹	女	2007-9-14	销售部	职员		
22	XH1020	李志刚	男	2007-4-23	销售部	职员		
23	XH1021	吴盛庆	男	2006-5-3	销售部	职员		
24	XH1022	孙国成	男	2004-7-3	销售部	职员		
25	XH1023	彭小磊	男	2003-9-8	销售部	职员		
26	XH1024	徐东	男	2001-6-8	研发部	主管		

图5.1 原始数据——企业员工基本情况

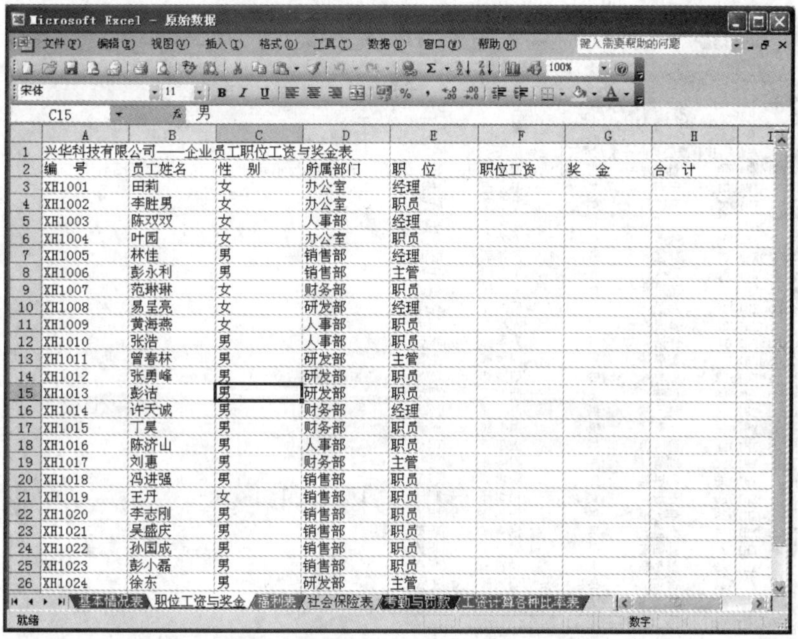

图 5.2　原始数据——企业员工职位工资与奖金

图 5.3　原始数据——企业员工福利

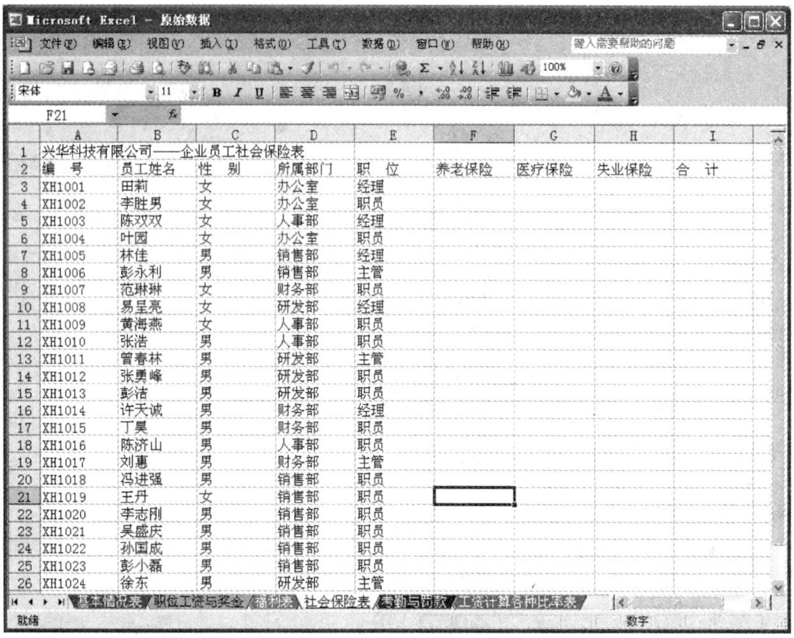

兴华科技有限公司——企业员工社会保险表

编　号	员工姓名	性　别	所属部门	职　位	养老保险	医疗保险	失业保险	合　计
XH1001	田莉	女	办公室	经理				
XH1002	李胜男	女	办公室	职员				
XH1003	陈双双	女	人事部	经理				
XH1004	叶园	女	办公室	职员				
XH1005	林佳	男	销售部	经理				
XH1006	彭永利	男	销售部	主管				
XH1007	范琳琳	女	财务部	职员				
XH1008	易呈亮	女	研发部	经理				
XH1009	黄海燕	女	人事部	职员				
XH1010	张浩	男	人事部	职员				
XH1011	曾春林	男	研发部	主管				
XH1012	张勇峰	男	研发部	职员				
XH1013	彭洁	男	研发部	职员				
XH1014	许天诚	男	财务部	经理				
XH1015	丁昊	男	财务部	职员				
XH1016	陈济山	男	人事部	职员				
XH1017	刘惠	男	财务部	主管				
XH1018	冯进强	男	销售部	职员				
XH1019	王丹	女	销售部	职员				
XH1020	李志刚	男	销售部	职员				
XH1021	吴盛庆	男	销售部	职员				
XH1022	孙国成	男	销售部	职员				
XH1023	彭小磊	男	销售部	职员				
XH1024	徐东	男	研发部	主管				

图 5.4　原始数据——企业员工社会保险

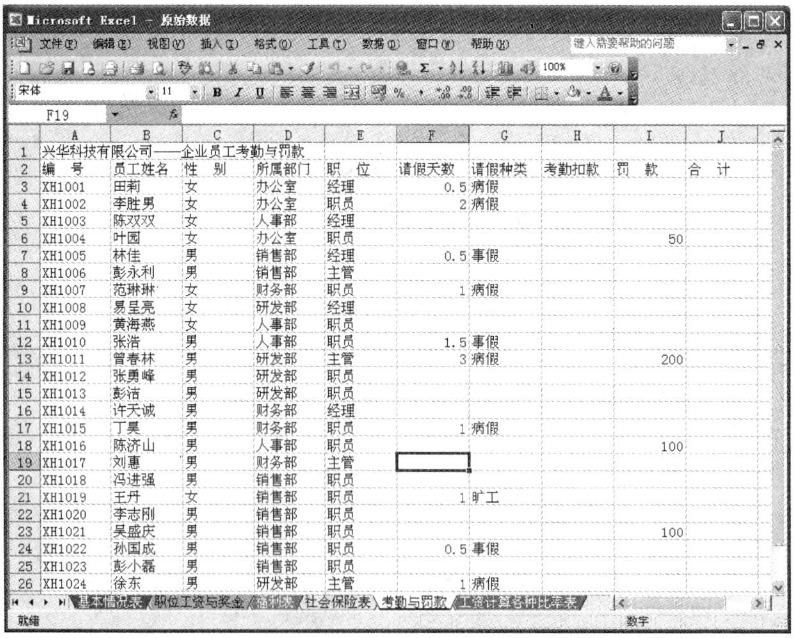

兴华科技有限公司——企业员工考勤与罚款

编　号	员工姓名	性　别	所属部门	职　位	请假天数	请假种类	考勤扣款	罚　款	合　计
XH1001	田莉	女	办公室	经理	0.5	病假			
XH1002	李胜男	女	办公室	职员	2	病假			
XH1003	陈双双	女	人事部	经理					
XH1004	叶园	女	办公室	职员				50	
XH1005	林佳	男	销售部	经理	0.5	事假			
XH1006	彭永利	男	销售部	主管					
XH1007	范琳琳	女	财务部	职员	1	病假			
XH1008	易呈亮	女	研发部	经理					
XH1009	黄海燕	女	人事部	职员					
XH1010	张浩	男	人事部	职员	1.5	事假			
XH1011	曾春林	男	研发部	主管	3	病假		200	
XH1012	张勇峰	男	研发部	职员					
XH1013	彭洁	男	研发部	职员					
XH1014	许天诚	男	财务部	经理					
XH1015	丁昊	男	财务部	职员	1	病假			
XH1016	陈济山	男	人事部	职员				100	
XH1017	刘惠	男	财务部	主管					
XH1018	冯进强	男	销售部	职员					
XH1019	王丹	女	销售部	职员	1	旷工			
XH1020	李志刚	男	销售部	职员					
XH1021	吴盛庆	男	销售部	职员				100	
XH1022	孙国成	男	销售部	职员	0.5	事假			
XH1023	彭小磊	男	销售部	职员					
XH1024	徐东	男	研发部	主管	1	病假			

图 5.5　原始数据——企业员工考勤与罚款

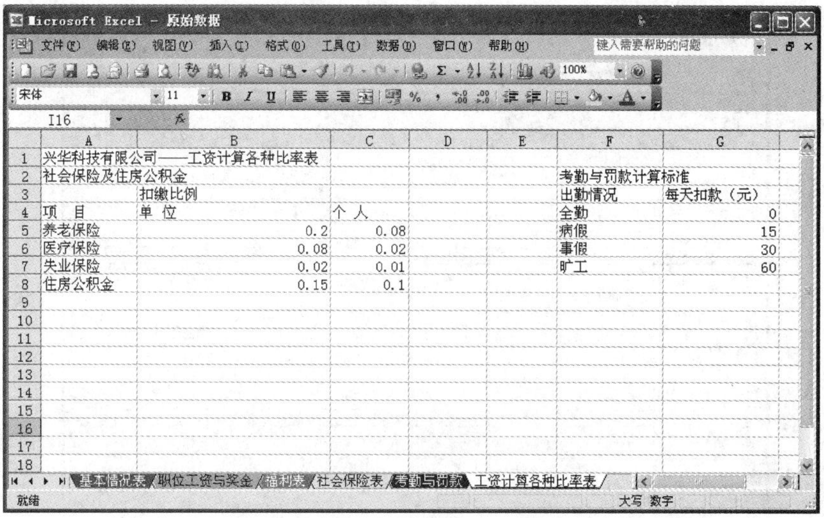

	A	B	C	D	E	F	G
1	兴华科技有限公司——工资计算各种比率表						
2	社会保险及住房公积金					考勤与罚款计算标准	
3		扣缴比例				出勤情况	每天扣款（元）
4	项 目	单 位	个 人			全勤	0
5	养老保险	0.2	0.08			病假	15
6	医疗保险	0.08	0.02			事假	30
7	失业保险	0.02	0.01			旷工	60
8	住房公积金	0.15	0.1				

图 5.6　原始数据——工资计算的各种比率

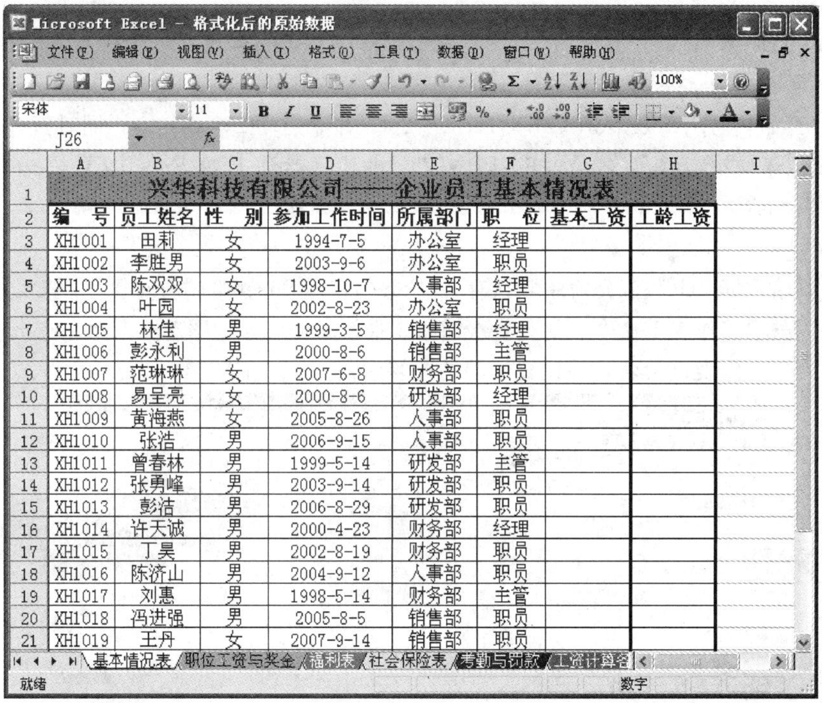

	A	B	C	D	E	F	G	H
1	兴华科技有限公司——企业员工基本情况表							
2	编 号	员工姓名	性 别	参加工作时间	所属部门	职 位	基本工资	工龄工资
3	XH1001	田莉	女	1994-7-5	办公室	经理		
4	XH1002	李胜男	女	2003-9-6	办公室	职员		
5	XH1003	陈双双	女	1998-10-7	人事部	经理		
6	XH1004	叶园	女	2002-8-23	办公室	职员		
7	XH1005	林佳	男	1999-3-5	销售部	经理		
8	XH1006	彭永利	男	2000-8-6	销售部	主管		
9	XH1007	范琳琳	女	2007-6-8	财务部	职员		
10	XH1008	易呈亮	女	2000-8-6	研发部	经理		
11	XH1009	黄海燕	女	2005-8-26	人事部	职员		
12	XH1010	张浩	男	2006-9-15	人事部	职员		
13	XH1011	曾春林	男	1999-5-14	研发部	主管		
14	XH1012	张勇峰	男	2003-9-14	研发部	职员		
15	XH1013	彭浩	男	2006-8-29	研发部	职员		
16	XH1014	许天诚	男	2000-4-23	财务部	经理		
17	XH1015	丁昊	男	2002-8-19	财务部	职员		
18	XH1016	陈济山	男	2004-9-12	人事部	职员		
19	XH1017	刘惠	男	1998-5-14	财务部	主管		
20	XH1018	冯进强	男	2005-8-5	销售部	职员		
21	XH1019	王丹	女	2007-9-14	销售部	职员		

图 5.7　格式化后的原始数据(一)

图 5.8　格式化后的原始数据(二)

方法与步骤

1. 创建和保存工作簿

选择"开始|程序|Microsoft Office Excel" 2003 命令启动 Excel 2003,同时打开一个 Excel 工作簿,系统默认文件名为 "Book1.xls"。将其另存到 E 盘 Excel 文件夹内,命名为 "原始数据.xls"。

2. 创建和编辑工作表

在 "原始数据.xls" 工作簿中默认存在 "Sheet1" "Sheet2" "Sheet3" 3 张工作表,选择 "插入" → "工作表" 命令,执行 3 次插入 3 张新工作表,如图 5.9 所示。右击当前工作表标签,为各工作表重命名,并设置不同的标签颜色。

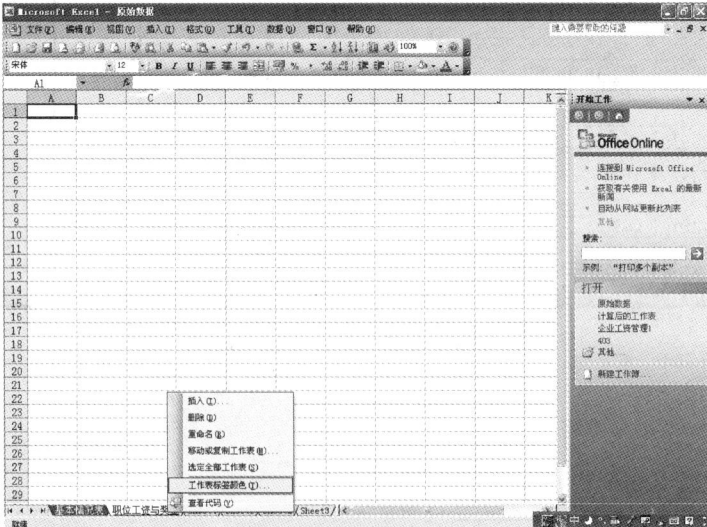

图 5.9　插入 3 张新工作表并重命名

3. 输入数据

在"基本情况表"工作表中，双击 A1 单元格，则 A1 单元格中有光标闪烁，此时 A1 单元格成为输入状态。如图 5.10 所示，录入文字内容"兴华科技有限公司——企业员工基本工资表"并按回车键确认。

此时 A2 单元格成为活动单元格，名称框内显示的是 A2 单元格的地址，如图 5.11 所示。此时可在 A2 单元格中直接输入数据，也可单击编辑栏，在编辑栏中输入数据，单击"√"按钮确认，单击"×"按钮取消，如图 5.12 所示。

图 5.10　录入文字　　　　　　　　　　图 5.11　选中 A2 单元格

使用 Tab 键、上下左右光标键或使用鼠标单击的方法，选择不同的单元格为活动单元格，进行其他数据的录入。在输入 A3 的内容后，可用鼠标向下拖动 A3 单元格右下角的填充手柄至 A26，在第 A 列的 A3：A26 区域实现自动递增的序列填充，如图 5.13 所示。

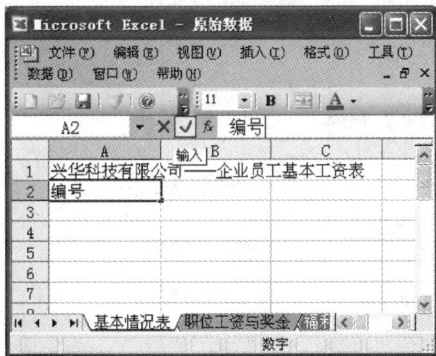

图 5.12　利用编辑栏输入数据　　　　　图 5.13　数据填充

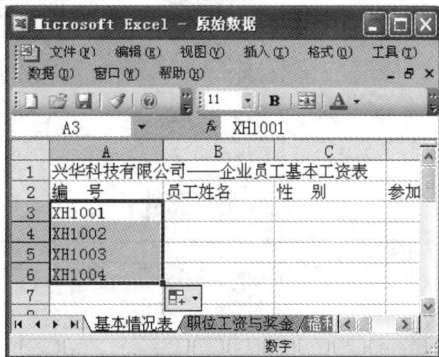

"基本情况表"工作表中的数据录入完成以后，单击其他工作表的标签，将其选为当前工作表进行数据录入。本例中多个表的数据与"基本情况表"中的数据有重复内容，可直接进行复制，以节约录入时间。例如，"职位工资与奖金"表中的第 A 至第 E 列内容都可从"基本情况表"中复制。在"基本情况表"中拖动鼠标选中 A2：C26 区域，按住 Ctrl 键再选中 E2：F26 区域（图 5.14），选择"编辑|复制"命令或使用 Ctrl＋C 快捷键进行复制，然后单击"职位工资与奖金"表的标签，选中此表中 A2 单元格，选择菜单命令或使用

Ctrl＋V快捷键进行粘贴。结果如图 5.15 所示。执行命令后"基本情况表"中选中区域出现了流动的虚框,按 Esc 键可消除。

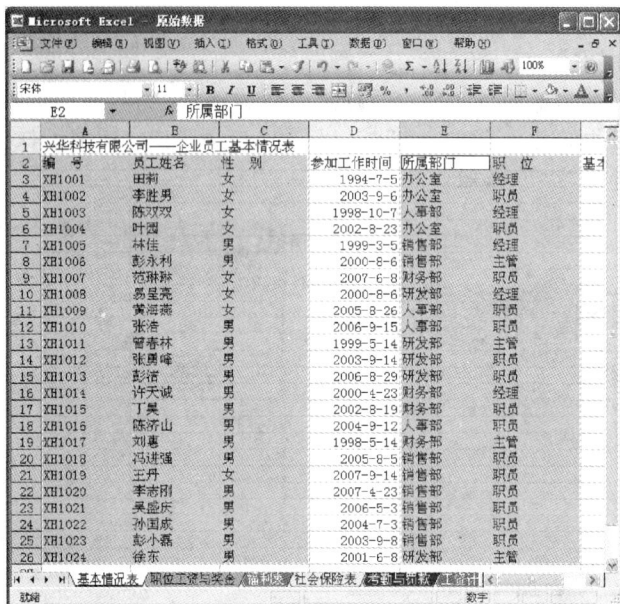

图 5.14　选中"基本工资表"中欲复制的内容

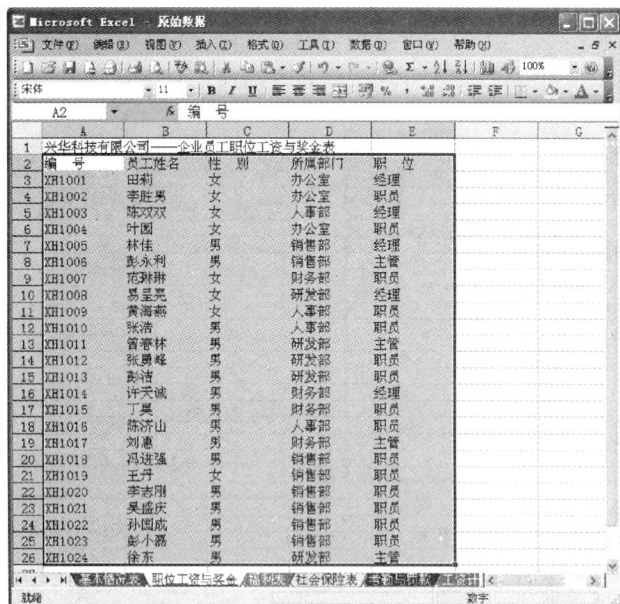

图 5.15　粘贴后的结果

4. 编辑和格式化

录入之后如果发现错误需要修改,则可单击要修改数据的单元格然后在编辑栏中对内容进行修改、插入或删除等操作,也可双击单元格,直接在单元格中进行编辑,然后按回

车键确认。如果发生误操作，可通过"撤销"按钮或 Ctrl＋Z 快捷键或"编辑|撤销"命令来改正。要清除单元格数据，可执行"编辑|清除|内容"命令，如图 5.16 所示。

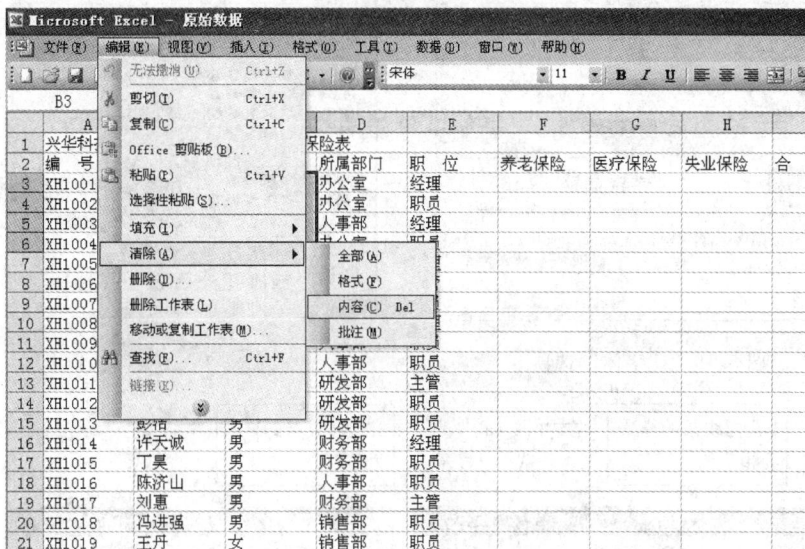

图 5.16　清除单元格数据

选中"基本情况表"工作表中 A1：H1 单元格区域，单击工具栏上"合并及居中"按钮。选择"格式|行"命令（图 5.17），在如图 5.18 所示的"行高"对话框中设置该行的行高为 21。同理设置第 2～26 行的行高为 14.25，第 A～H 列的列宽为 11。

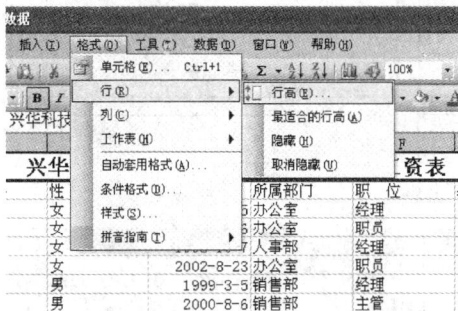

图 5.17　选择"格式|行"命令　　　　图 5.18　"行高"对话框

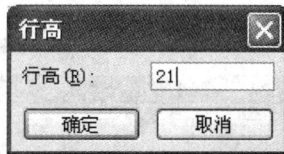

对于 A1：H1 单元格区域，使用工具栏将表中区域数据设置为宋体、16 号字、加粗，也可执行"格式|单元格格式设置"命令或快捷菜单中"设置单元格格式"命令，调出"单元格格式"对话框，在"字体"选项卡（图 5.19）上进行如下设置。

选中"基本情况表"工作表中 A1：H1 单元格区域，同上述操作步骤调出"单元格格式"对话框，在"图案"选项卡（图 5.20）上进行底纹的设置，为所选区域填充浅蓝色底纹和 6.25％灰色样式。

图 5.19 "字体"选项卡   图 5.20 "图案"选项卡

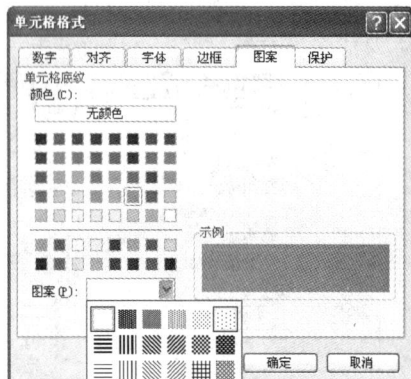

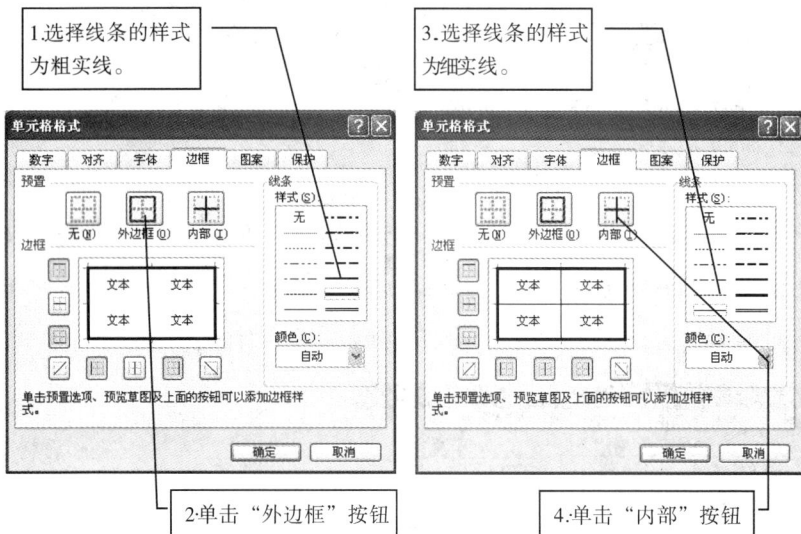

1.选择线条的样式为粗实线。

3.选择线条的样式为细实线。

2.单击"外边框"按钮

4.单击"内部"按钮

图 5.21 "选框"选项卡

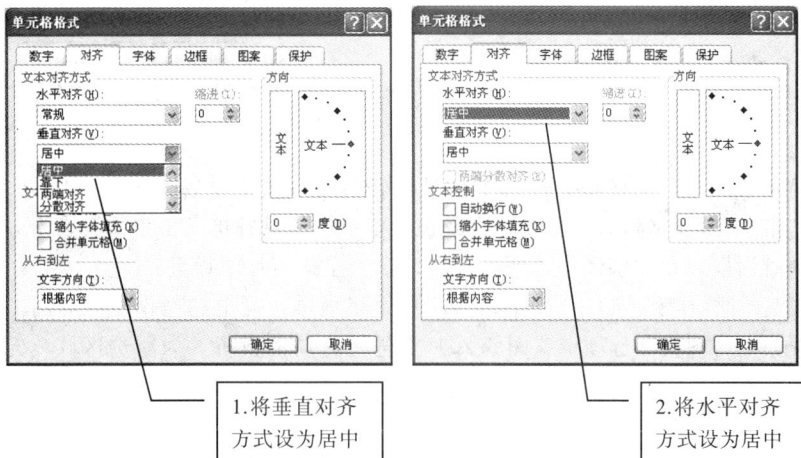

1.将垂直对齐方式设为居中

2.将水平对齐方式设为居中

图 5.22 "对齐"选项卡

选中"基本情况表"工作表中 A2：H26 单元格区域，在"单元格格式"对话框的"边框"和"对齐"选项卡上进行如图 5.21 和图 5.22 所示的设置，则"基本情况表"的格式如图 5.7 所示。

使用相同的方法对其余 5 张工作表进行格式设置，并将此工作簿另存为"格式化后的原始数据.xls"。

相关知识与技能

一、认识 Excel 2003

1. 工作簿

是存储和处理数据的文件。工作簿文件指的就是人们通常所说的 Excel 文件，一个工作簿可以由多张工作表组成。Excel 工作簿的文件扩展名是".xls"。新工作簿默认显示 3 张独立的工作表（Sheet1、Sheet2、Sheet3）。无论是数据还是图表，都是以工作表的形式存储在工作簿文件中，一个工作簿最多可以包含 255 个工作表，可使用"插入|工作表"命令或"编辑|删除工作表"命令进行添加或删除。

2. 工作表

工作表是工作簿中包含的存储和处理数据的单位空间。每一个工作表由单元格组成，用一个标签进行标识（如 Sheet1）。每一个工作表由 256 列（列标号从 A、B、… Z、AA、AB 到 IV）、65536 行（行号从 1 到 65536）构成。按住 Shift 键的同时，拖动工作表中的纵向或横向滚动条，可快速浏览到该工作表的最末行和最末列。正在使用的工作表称为活动工作表，也叫当前工作表。单击要操作的工作表标签将该工作表标签变为白色，工作表名称下出现下划线，表明该工作表被选中。被选中的工作表被激活，出现在工作簿窗口，即成为当前工作表。

3. 单元格

单元格是 Excel 工作表中的最小编辑单位，在工作表中处于某一行和某一列交叉位置的每一个长方形的小格就是一个单元格。每一个工作表包含 256×65536 个单元格。在 Excel 中，每一个单元格用列标号和行号进行标识，例如 D 列和第 6 行相交处的单元格标识为 D6。当前选中的单元格称为活动单元格。当选中一个单元格区域时，只有第一个被选中的单元格被默认为是活动单元格。

二、Excel 中的鼠标指针

在 Excel 2003 中，鼠标指针在工作表的不同区域呈现不同的形状，具有不同的功能。

（1）在菜单栏和工具栏中，指针呈现为一般熟悉的 Windows 斜向选择箭头。

（2）在工作表数据区，指针变成粗大的加号✚。单击可选中所指向的单元格；单击后按住鼠标左键拖动可选中连续的单元格区域；按住 Ctrl 键的同时再单击，可选中不连续的单元格区域。

（3）在编辑栏中，指针变成"|"型插入点。单击鼠标可将插入点置于想要编辑或输入信息的位置。

（4）在行或列标题中，指针变为水平的箭头 ➡ 或垂直的箭头 ⬇，单击可以选中一整行或一整列。在行和列交叉处，指针变为粗大的加号✚，单击可以选中整个工作表。

在操作工作表、工作表窗口和其他对象时，鼠标指针还会变成其他的形状，具有其特定的功能。

三、输入单元格数据

1. 选定的方法

在 Excel 中，一般来说需要先选定单元格或单元格区域，再进行某种操作，如输入数据、设置格式、复制等。选定的单元格或单元格区域的四周出现黑色边框，状态栏显示"就绪"，等待输入数据等各种操作。选定方法如表 5-1 所示。

表 5-1　选定的方法

选定	操作方法
单元格	鼠标单击该单元格
单元格区域	(1) 拖动鼠标选定连续的单元格区域。 (2) 鼠标单击某单元格，按住 Shift 键的同时再单击另一单元格，可选定两单元格间连续的矩形单元格区域。 (3) 鼠标单击某单元格，按住 Ctrl 键的同时再选定另一单元格或单元格区域，可选定不连续的单元格区域
行、列	(1) 鼠标单击行号或列标号，可选定该行或该列。 (2) 鼠标单击行号或列标号，按住 Shift 键的同时再单击另外的行号或列标号，可选中连续的行或列。 (3) 鼠标单击行号或列标号，按住 Ctrl 键的同时再单击另外的行号或列标号，可选中不连续的行或列
整个工作表	(1) 鼠标单击行号和列标号交叉位置的全选框。 (2) 按下快捷键 Ctrl＋A。

2. 单元格数据输入

要在某个单元格输入内容，首先选中某个单元格，激活该单元格，可以在该单元格直接输入内容，或在编辑栏的输入区域输入。

在输入时，输入项在编辑栏和活动单元格中都会显示。活动单元格中的闪烁垂直条|称作插入点。

当输入时，在编辑栏上显示 3 个按钮：取消×、输入√、插入函数 fx。如图 5.13 所示。输入完毕，可以按下列方法进行确认。

(1) 按 Enter 键，确认输入内容，并将活动单元格下移一个单元格。

(2) 鼠标单击"√"按钮，确认输入内容，活动单元格不变。

(3) 按 Tab 键，确认输入内容，并将活动单元格右移一个单元格。

(4) 鼠标单击其他单元格，确认输入内容，活动单元格移到其他单元格。

Excel 可接收的单元格数据项包括常量和公式。常量分为 3 种主要类型：数值、文本（又称字符串）、日期时间值。

(1) 数值：直接输入即可。默认数值在单元格中右对齐。

数值格式一般包括整数和小数两种，可输入正、负数，如 3、3.14、－3、－3.14 等；百分数，如 3％、3.14％等；科学计数法，如 2e3（编辑栏显示 2000），－2e－3（编辑栏显

示－0.002）等。输入分数时，在整数和分数之间要加一个空格，如输入$\frac{1}{2}$时可键入"0 1/

2"，输入$3\frac{1}{2}$时可键入"3 1/2"。在带格式的单元格里显示的值称为显示值。存储在单元格中，显示在编辑栏里的值称为隐藏值。如输入的数字太长，或在单元格内显示不了，Excel就会将其转为科学计数法。如科学计数法在单元格中仍显示不了，则会显示"♯♯♯"。

（2）文本：可以是汉字、字母、字符型数字和空格等符号的任意组合。默认情况下文本在单元格中左对齐。

若输入非数字的字符串文本时，可以直接输入，如：姓名、部门、ABC、abc 等。

若文本字符串全由数字组成，或要输入一个等号开头的计算式，则需要先输入英文格式的单引号"'"，再输入数字，表示这是一个字符串，默认左对齐。

如输入邮政编码 050035、序号 001、电话号码 031185900371、计算式＝2＋3，以及身份证号码等，均须先输入单引号"'"。在 Excel 2003 中，数字作为文本输入后，该单元格左上角出现一个绿色的三角，表示该数字为文本。

（3）日期和时间：输入日期时，可在年、月、日之间用"/"或"－"连接。一般可按"年/月/日、月/日、年-月-日、月-日"等形式输入，为避免产生歧义，年份最好用 4 位数表示，不要用两位数表示。如果只输入月和日，则 Excel 自动取计算机内部时钟的年份作为单元格日期数据的年份，显示在编辑栏中。如输入"10/2"，单元格中显示"10 月 2 日"，编辑栏中显示"2006 年 10 月 2 日"。

输入时间时，时、分、秒之间用冒号"："分隔，可按"时：分：秒"或"时：分"的形式输入。如 8:15:30 表示 8 点 15 分 30 秒，8:15 表示 8 点 15 分。也可仅输入"8:"，Excel 自动把它转换为 8:00，表示 8 点。

Excel 中的时间是以 24 小时制表示的，如果要按 12 小时制表示时间，输入时，要在输入时间后加一个空格，再输入 AM 或 PM 以分别表示上午和下午。

如果要在同一单元格中输入日期和时间，日期和时间之间要用空格分开。

提示：在一个单元格人为输入两行字符，在输入完第一行后，按 Alt＋Enter 键即可；如果想在选中的多个单元格或单元格区域里一次输入相同的数据，先选中单元格区域，再输入数据，然后按 Ctrl＋Enter 键；如果单元格中没有输入任何内容，则该单元格是空的；如果输入了一个空格，则该单元格就不为空，虽然看不到，但它的值是一个空格。在复制到有空格的单元格时，会提示"是否替换目标单元格内容"，所以在输入时不要随意多加空格。

3. 数据填充

Excel 提供的自动填充功能可以快速地向表格中连续的单元格填充一个数据序列，简化数据输入的操作，例如序号、日期、星期、等差、等比序列等。

一般利用填充柄功能中的"自动填充"特性，就可以快速方便地复制单元格内容或填充创建数据序列。所谓填充柄，是指在选中单元格或单元格区域时右下角的小黑方块。将鼠标指向填充柄时，鼠标指针形状变为黑十字形状。

（1）填充相同的数据。

在相邻的单元格填充相同的数据，相当于数据的复制。在 Excel 2003 中，直接拖动填充柄填充数值和一些文本时，默认为复制单元格。具体操作步骤如下。

首先输入序列的初始值；再选中初始值所在的单元格，将鼠标移到单元格右下角的填充柄，鼠标指针变为黑十字形状；再拖动填充柄至需要填充的区域，可以将选定单元格 A1 的内容进行复制填充。

（2）填充数据序列。

在相邻的单元格填充数值序列时的操作步骤基本同上。只需再选择"自动填充选项"智能标记菜单上的"以序列方式填充"选项，Excel 就会创建简单的等差序列 10、11、12、13、14。或者按住 Ctrl 键的同时，用鼠标拖动填充柄至需要填充的区域，也可以填充数值序列。

通过上述操作步骤，可以快速创建序号、日期、星期等序列。

（3）填充任意步长值的序列。

操作步骤如下：先输入序列的一个起始值，选中从起始位置到要填充终止位置的单元格区域；再选择"编辑|填充|序列"命令，打开"序列"对话框；在对话框中进行设置，单击"确定"按钮，就可以创建等差序列、等比序列、日期序列和自动填充。

例如，要填充等比序列 1、2、4、8、16。首先输入初始值 1；再选中包括初始值在内的要填充的行或列；选择"编辑|填充|序列"命令，打开"序列"对话框，在"序列"对话框中设置"类型"为等比序列，步长值为 2，单击"确定"按钮即可完成填充。"序列"对话框中的设置如图 5.23 所示。

要填充任意步长值的等差序列，也可以先选中两个已输入数据的单元格，再直接拖动填充柄，就可以创建任意步长值的等差序列了。

（4）自定义序列。

除了等差、等比等序列，对于经常使用的一些数据序列，可以在"自定义序列"列表框中先定义，在自动填充时就可以使用了。操作步骤如下。

选择菜单"工具|选项"命令，弹出"选项"对话框（图 5.24）；打开"自定义序列"选项卡，在"输入序列"列表框中输入数据序列，按 Enter 键分隔各数据条目；单击"添加"按钮，添加新的自定义序列，单击"确定"按钮加以确认。

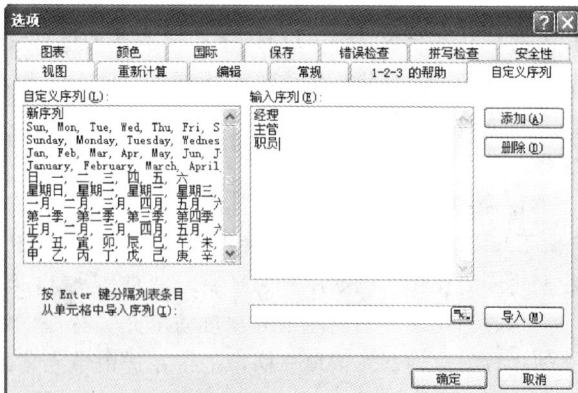

图 5.23　"序列"对话框　　　　　图 5.24　"选项"对话框

或者先选中工作表中已输入数据序列的单元格区域，再选择"工具|选项"命令，在

"自定义序列"选项卡中单击"导入"按钮，导入自定义序列，单击"添加"按钮，添加新的自定义序列。

在工作表中需要输入这样的序列后，就可以用前面的自动填充方法进行数据填充了。

四、格式化工作表

1．"单元格格式"对话框的使用

选择"格式"菜单中的"单元格"命令，或者单击鼠标右键，在弹出的快捷菜单中选择"设置单元格格式"命令，都可以打开"单元格格式"对话框，可使用各个选项卡进行数字、对齐、字体、边框、底纹等的设置。

2．复制格式

格式化单元格时，有些操作是重复的，这时就可以使用 Excel 提供的复制格式功能。

首先选定用来复制格式的源单元格，然后单击"格式"工具栏中的"格式刷"按钮，用带格式刷的鼠标指针选中目标区域，目标区域的格式即变为源单元格格式。

选定用来复制格式的源单元格后，如果双击"格式"工具栏中的"格式刷"按钮，可以多次使用格式刷，复制格式到不同的单元格。再次单击"格式刷"按钮，则取消了格式刷。

3．设置表格的行高和列宽

工作表有默认的行高和列宽，实际工作中，经常根据工作表中的内容或者格式需要来设置调整行高和列宽。

设置行高和列宽的操作步骤类似，设置行高通常使用以下两种方法。

（1）使用菜单命令。

首先选定要调整行高的行；再选择"格式|行|行高"命令，打开"行高"对话框，设定行高的精确值；单击"确定"按钮。

（2）使用鼠标。

将鼠标移动到要设置调整行高的行标号的下边界处，鼠标指针变成带双箭头的十字时，按住鼠标左键，拖动行标的下边界，调整到所需的行高后放开鼠标即可。

另外，选定行后，分别选择"格式|行|最适合的行高""隐藏""取消隐藏"命令，可以根据行中的内容自动调整为最适合的行高或隐藏/取消隐藏该行。

4．自动套用格式

自动套用格式是指用户可以根据需要，选择 Excel 中预先设定的一些表格格式，将工作表快速自动地进行格式化，从而节约格式化的时间。

如果采用了自动套用格式，原来的格式就会被替换。具体步骤如下。

首先，选定要格式化的单元格区域；然后，选择"格式|自动套用格式"命令，打开"自动套用格式"对话框（图 5.25）；最后，选择一种表格样式后，单击"确定"按钮。

5．使用条件格式

实际工作中，经常需要快速查阅到工作表中某些符合特定条件的数据，这时就可以利用条件格式，使那些符合特定条件的数据以一种醒目的格式显示出来。

使用条件格式的具体步骤如下。

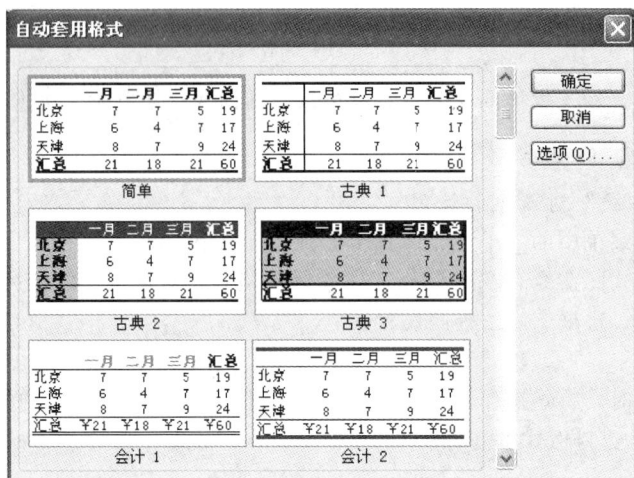

图 5.25 "自动套用格式"对话框

选定要格式化的单元格区域；选择"格式|条件格式"命令，打开"条件格式"对话框（图 5.26）；在"条件格式"对话框中，设置所需要应用的条件；建立好应用的条件后，单击"格式"按钮，弹出一个简略的"单元格格式"对话框，设置包括字体、边框、图案任意组合的格式。当满足预设条件时，就应用这些格式。

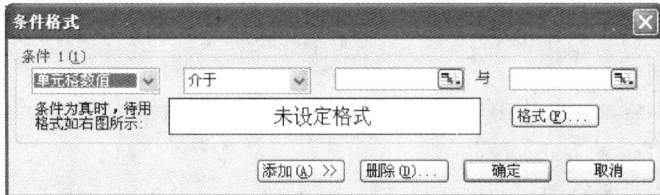

图 5.26 "条件格式"对话框

单击"添加"按钮，可以添加所要应用的条件。最多可以增加至 3 个条件。单击"删除"按钮，可以删除 3 个条件中的任何条件。

拓展与提高

1. 练习 5.1：工作簿及工作表的管理

（1）新建一个名为"EXCEL 练习"的文件夹。新建一个名为 LX1.XLS 的工作簿，将该工作簿保存到"EXCEL 练习"文件夹下，用复制工作表的方法将工作簿 GZB1.XLS 中的 3 张工作表复制到新建工作簿的 Sheet3 工作表的后面，然后将工作簿 LX1.XLS 中原来的 3 张工作表 Sheet1、Sheet2、Sheet3 删除，保存后关闭 LX1.XLS 工作簿。

（2）打开工作簿 LX1.XLS，将工作簿 LX1.XLS 另存为 LX.XLS，仍放在"EXCEL 练习"文件夹下。

（3）在 LX.XLS 工作簿中，练习选定一张工作表、选定连续的多张工作表、选定不连续的多张工作表、选定全部工作表等操作。

（4）在工作簿 XL.XLS 中进行如下操作。

①将工作表"学生情况"移动到该工作簿的第 3 张工作表的后面。

②将工作表"语文成绩"复制到第 3 张工作表的前面。

③将工作表"学生情况"的名称改为"学生基本情况"。

④在工作表"语文成绩"的后面插入一张新的工作表，并命名为"英语成绩"。

做完如上操作后，存盘。

（5）窗口冻结操作。

打开工作簿 GZB2.XLS，将工作表"成绩表"中的前 2 行和第 1 列冻结，移动水平和垂直滚动条，查看被冻结的行和列是否滚动，然后取消冻结。

2. 练习 5.2：数据的输入与序列填充

建立一个名为："自己姓名.XLS"的工作簿文件，保存在"EXCEL 练习"文件夹中，在其 Sheet1 工作表中进行如下操作。

（1）在第 1 行的第 1 列至第 10 列填充：甲、乙、丙……癸。

（2）在第 1 列的第 2 行至第 11 行中输入数值型数据：1、2、3…10。

（3）在第 2 列的第 2 行至第 11 行中填充以 11 开头、步长为 3 的递增等差序列。

（4）在第 3 列的第 2 行至第 11 行填充以 1 开头、步长为 5 的等比序列。

（5）在第 4 列的第 2 行开始进行如下日期序列的填充：以 2003-4-10 开始、按 1 日递增的序列，直至 2003-4-20。

（6）在第 5 列的第 2 行至第 11 行填充以 2003-4-1 开头，按 1 月递增的序列。

（7）在第 6 列的第 2 行至第 11 行填充：0101、0102…0110 的文本序列。

（8）在第 7 列的第 2 行至第 11 行填充：A1B101、A1B102…A1B110 的文本序列。

（9）在第 8 列进行如下填充：使该列中第 2 行至第 11 行的每个单元格的内容为其所在行的第 6 列单元格与第 7 列单元格的内容之和。

（10）自定义一个文本序列：一班、二班、三班……十班，并将该序列填充在第 13 行的第 1 列至第 10 列。

（11）在第 14 行的第 1 列至第 10 列进行如下分数等差序列的填充：以 1/4 开头，步长为 1/4。

完成以上工作后，对该工作簿进行保存。

3. 练习 5.3：编辑、复制单元格内容

（1）打开 gzb2.xls 工作簿，将"成绩表"工作表中的"民族"列中所有的"01"都替换成"汉"，并另存为 gzbbj6.xls，保存在"Excel 练习"文件夹中。

（2）打开工作簿 gzb8.xls，进行如下操作。

①将"语文成绩"和"数学成绩"两张工作表中的"总评成绩"改成平时成绩占 20%，考试成绩占 80%。

②将"语文成绩"工作表中的 A2：B11 单元格区域复制到"总成绩"工作表的 A2：B11 的单元区域中。

③将"语文成绩"工作表中的"总评成绩"的数值复制到"总成绩"工作表的 C2：C11 的单元区域中。

④将"数学成绩"工作表中的"总评成绩"的数值复制到"总成绩"工作表的 D2：D11 的单元区域中。

操作完后将其另存为 gzbbj1.xls，保存在"Excel 练习"文件夹下。

4. 练习 5.4：编辑表格

（1）打开工作簿 gzb10.xls，对"基本情况"工作表进行如下操作：在第 2 列的后面插入两列，在第 3 行上方插入 3 行。操作完后将其另存为 gzbbj2.xls，保存在"Excel 练习"文件夹下。

（2）打开工作簿 gzb9.xls，在"报名表"工作表中，由于输入数据时，少输入了"聂亚"的身份证号，所以其下面的身份证号都错位了，用插入单元格的方法，使所有错位的身份证号改正，并输入"聂亚"的身份证号码：1306047908210002，另存为 gzbbj3.xls，保存在"Excel 练习"文件夹中。

（3）打开 gzb2.xls，在"成绩表"工作中删除第 3 列和第 4 列，删除最后 5 行，删除第 10 行第 2 列的单元格，并另存为 gzbbj4.xls，保存在"Excel 练习"文件夹下。

5. 练习 5.5：表格格式的设置

（1）打开 gzb11.xls 工作簿，对"成绩表"工作表进行如下操作。

①将第 1 行的行高设置成 40，将第 2 行的行高设置成"最适合的行高"。

②将第 1 列的列宽设置成 15，将第 2、3、4 列设置成"最适合的列宽"。

③显示出隐藏起来的第 5、6 两列。

④将第 2 行到第 5 行隐藏起来。

操作完成后将其另存为 gzbbj7.xls，保存在"Excel 练习"文件夹中。

（2）打开 gzb8.xls 工作簿，进行如下操作。

①在"语文成绩"工作表的第 1 行的上方插入一行，合并第 1 行的第 1 列至第 5 列，并在其中输入"语文成绩单"。将其设置成黑体、倾斜、红色、24 号字，将第 1 行的行高设置成 50，并将合并成的单元格的对齐方式设置成：水平居中、垂直居中。将表中其余单元格中的字设置为：楷体、12 号、桔黄色。除标题行外，表中的所有单元格均填充浅黄色。将表格的外边框设置成蓝色粗实线，内线设置成蓝色细实线，标题行不加框线。

②在"数学成绩"工作表的第 1 行的上方插入一行，在该行的第 1 列单元格内输入标题"数学成绩单"，将该标题在该行的第 1 列和第 5 列间"跨列居中"。

③将"英语成绩"工作表的背景设置成图片 008661.gif，将其另存为 gzbbj8xls，保存在"Excel 练习"文件夹中。

（3）打开 gzb2.xls 工作簿，清除"成绩表"工作表中的格式，并另存为 gzbbj5.xls，保存在"Excel 练习"文件夹中。

▶ 任务二　创建员工工资发放明细表

任务描述

到了发放五月份员工工资的时间了，但是财务处还没有一个详细的员工工资发放明细表。于是需要根据员工的相关数据表，制作出能清晰反映员工应发工资和应扣工资的工资发放明细表。

任务分析

兴华科技有限公司员工工资的每一项都是根据约定计算得出的。例如：员工的基本工资是根据其所在部门制定的，办公室员工基本工资为 1300 元，而人事部、研发部、市场部的员工分别为 1350 元、1600 元、800 元。又如：员工的工龄工资是根据工作年限发放的，约定截止到当前月份每一年工龄发 10 元工龄工资。各种福利和保险也都有相应的约定。利用 Excel 提供的公式和函数，可快速计算出员工的各项工资，并将它们汇总到一张表中，生成员工工资发放明细表，如图 5.27 所示。

图 5.27　企业员工工资发放明细表

方法与步骤

打开"格式化后的原始数据.xls"，进行如下操作。

1. 计算工作表

（1）计算"基本情况表"。

约定不同部门的基本工资为：办公室 1300 元，人事部 1350 元，财务部 1350 元，研发部 1600 元，市场部 800 元。根据工作年限发放工龄工资，截止到当前月份每一年工龄发 10 元工龄工资。

选中 G3 单元格，使用"插入|函数"命令或单击 fx 按钮，调出"插入函数"对话框并找出 IF 函数，如图 5.28 所示。

在"函数参数"向导中输入参数，如图 5.29 所示。用鼠标单击绿色括号内部，则出现绿括号内所需输入参数的"函数参数"向导，如图 5.30 所示，可继续输入，直到输入最后一层嵌套的 IF 函数的参数。此时编辑栏

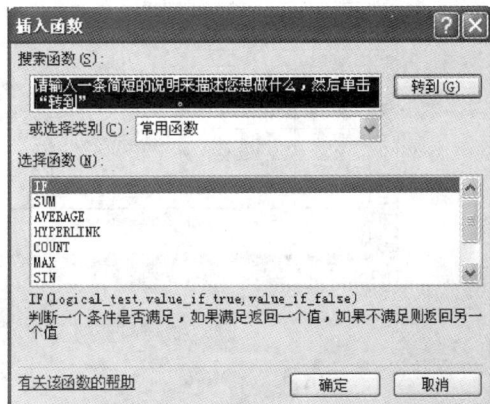

图 5.28　"插入函数"对话框

里的内容为：＝IF(E3＝"办公室"，1300，IF(E3＝"人事部"，1350，IF(E3＝"财务部"，1350，IF(E3＝"研发部"，1600，800))))，如图5.31所示。

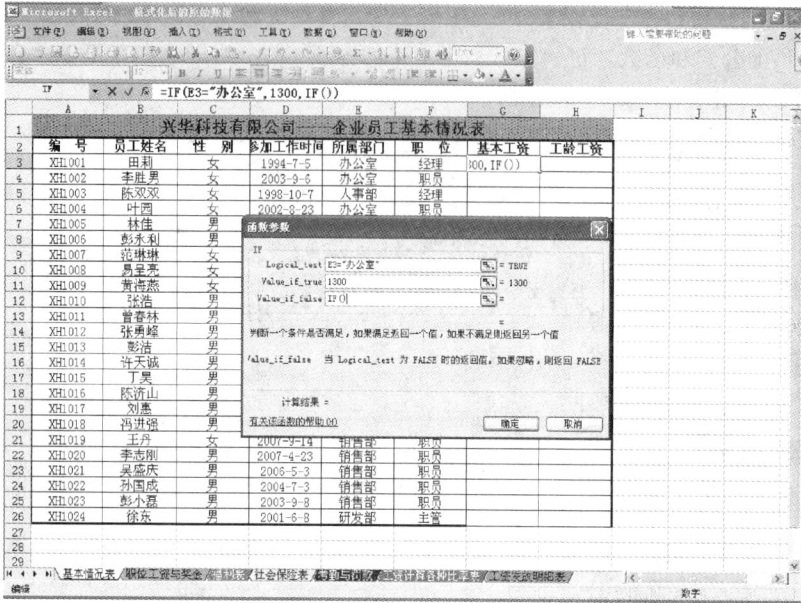

图5.29　输入参数(一)

图5.30　输入参数(二)

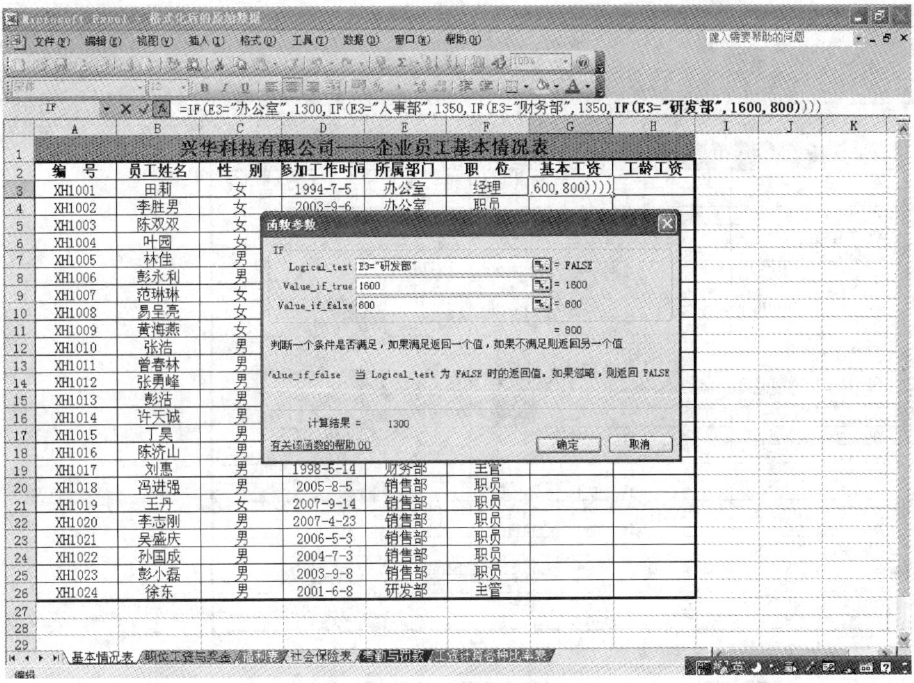

图 5.31　输入参数(三)

按回车键或单击"√"按钮确认后，G3 单元格内显示计算结果 1300，如图 5.32 所示。

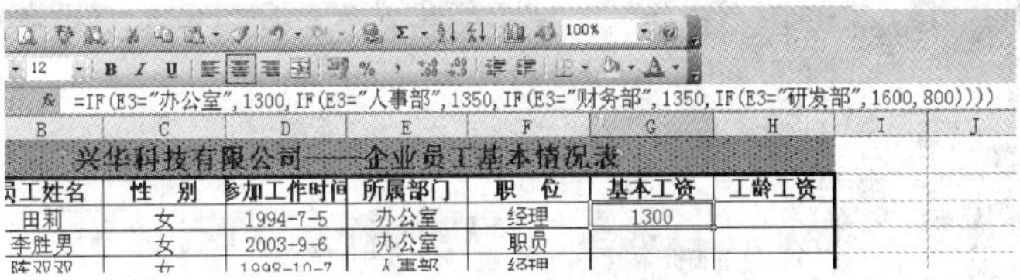

图 5.32　显示计算结果

用鼠标拖动 G3 单元格右下角的填充手柄至 G26，则使用了单元格地址的相对引用，快速计算出其他员工的基本工资，如图 5.33 所示。

也可以选中 G3 单元格后直接在单元格或编辑栏内输入"＝IF(E3＝"办公室"，1300，IF(E3＝"人事部"，1350，IF(E3＝"财务部"，1350，IF(E3＝"研发部"，1600，800)))))"。

选中 H3 单元格，输入"＝INT((NOW()－D3)/365) ＊ 10"，可计算出田莉的工龄工资为 130 元。与上述同理，使用单元格地址的相对引用可快速得到其他员工的工龄工资。员工的工龄工资的计算结果如图 5.34 所示。

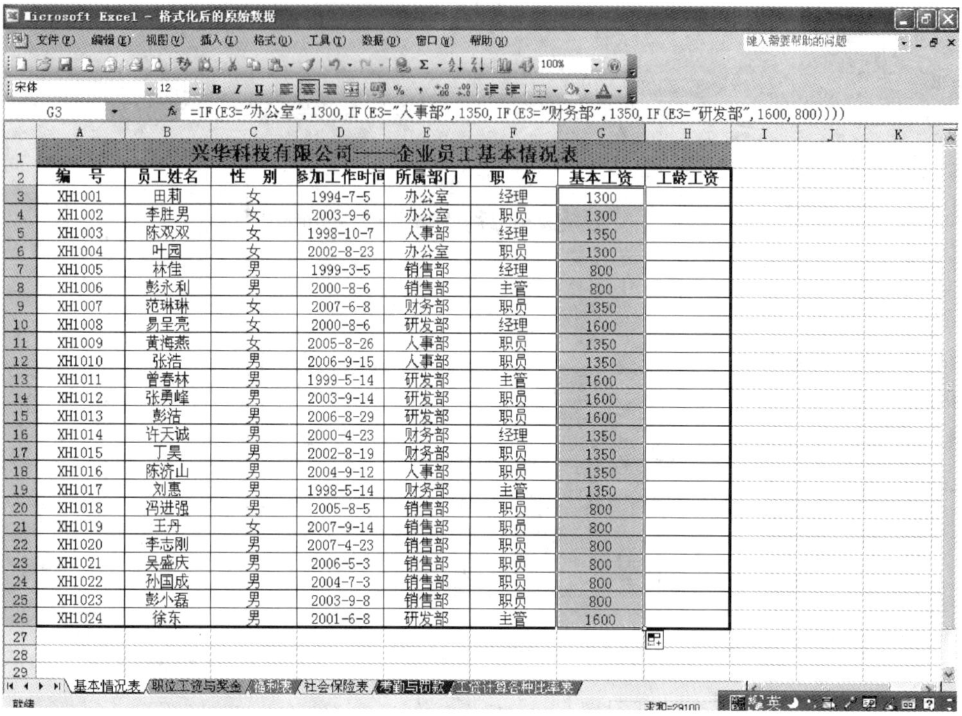
Microsoft Excel - 格式化后的原始数据

G3 =IF(E3="办公室",1300,IF(E3="人事部",1350,IF(E3="财务部",1350,IF(E3="研发部",1600,800))))

兴华科技有限公司——企业员工基本情况表							
编　号	员工姓名	性　别	参加工作时间	所属部门	职　位	基本工资	工龄工资
XH1001	田莉	女	1994-7-5	办公室	经理	1300	
XH1002	李胜男	女	2003-9-6	办公室	职员	1300	
XH1003	陈双双	女	1998-10-7	人事部	经理	1350	
XH1004	叶园	女	2002-8-23	办公室	职员	1300	
XH1005	林佳	男	1999-3-5	销售部	经理	800	
XH1006	彭永利	男	2000-8-6	销售部	主管	800	
XH1007	范琳琳	女	2007-6-8	财务部	职员	1350	
XH1008	易呈亮	女	2000-8-6	研发部	经理	1600	
XH1009	黄海燕	女	2005-8-26	人事部	职员	1350	
XH1010	张浩	男	2006-9-15	人事部	职员	1350	
XH1011	曾春林	男	1999-5-14	研发部	主管	1600	
XH1012	张勇峰	男	2003-9-14	研发部	职员	1600	
XH1013	彭浩	男	2006-8-29	研发部	职员	1600	
XH1014	许天诚	男	2000-4-23	财务部	经理	1350	
XH1015	丁昊	男	2002-8-19	财务部	职员	1350	
XH1016	陈济山	男	2004-9-12	人事部	职员	1350	
XH1017	刘惠	男	1998-5-14	财务部	主管	1350	
XH1018	冯进强	男	2005-8-5	销售部	职员	800	
XH1019	王丹	女	2007-9-14	销售部	职员	800	
XH1020	李志刚	男	2007-4-23	销售部	职员	800	
XH1021	吴盛庆	男	2006-5-3	销售部	职员	800	
XH1022	孙国成	男	2004-7-3	销售部	职员	800	
XH1023	彭小磊	男	2003-9-8	销售部	职员	800	
XH1024	徐东	男	2001-6-8	研发部	主管	1600	

图 5.33　计算其他员工的基本工资

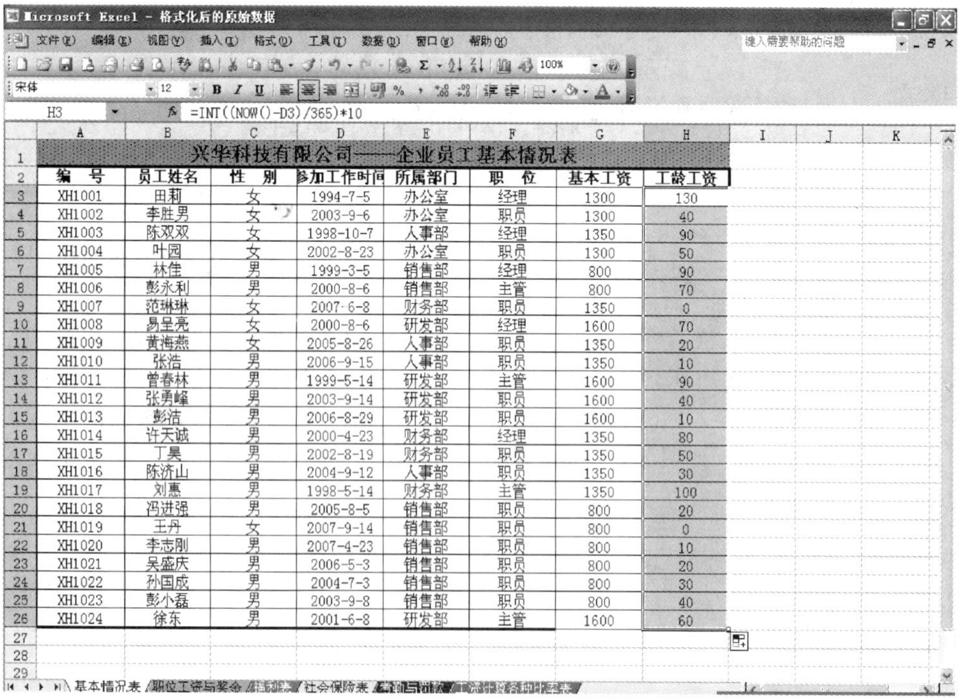
Microsoft Excel - 格式化后的原始数据

H3 =INT((NOW()-D3)/365)*10

兴华科技有限公司——企业员工基本情况表							
编　号	员工姓名	性　别	参加工作时间	所属部门	职　位	基本工资	工龄工资
XH1001	田莉	女	1994-7-5	办公室	经理	1300	130
XH1002	李胜男	女	2003-9-6	办公室	职员	1300	40
XH1003	陈双双	女	1998-10-7	人事部	经理	1350	90
XH1004	叶园	女	2002-8-23	办公室	职员	1300	50
XH1005	林佳	男	1999-3-5	销售部	经理	800	90
XH1006	彭永利	男	2000-8-6	销售部	主管	800	70
XH1007	范琳琳	女	2007-6-8	财务部	职员	1350	0
XH1008	易呈亮	女	2000-8-6	研发部	经理	1600	70
XH1009	黄海燕	女	2005-8-26	人事部	职员	1350	20
XH1010	张浩	男	2006-9-15	人事部	职员	1350	10
XH1011	曾春林	男	1999-5-14	研发部	主管	1600	90
XH1012	张勇峰	男	2003-9-14	研发部	职员	1600	40
XH1013	彭浩	男	2006-8-29	研发部	职员	1600	10
XH1014	许天诚	男	2000-4-23	财务部	经理	1350	80
XH1015	丁昊	男	2002-8-19	财务部	职员	1350	50
XH1016	陈济山	男	2004-9-12	人事部	职员	1350	30
XH1017	刘惠	男	1998-5-14	财务部	主管	1350	100
XH1018	冯进强	男	2005-8-5	销售部	职员	800	20
XH1019	王丹	女	2007-9-14	销售部	职员	800	0
XH1020	李志刚	男	2007-4-23	销售部	职员	800	10
XH1021	吴盛庆	男	2006-5-3	销售部	职员	800	20
XH1022	孙国成	男	2004-7-3	销售部	职员	800	30
XH1023	彭小磊	男	2003-9-8	销售部	职员	800	40
XH1024	徐东	男	2001-6-8	研发部	主管	1600	60

图 5.34　计算员工的工龄工资

(2)计算“职位工资与奖金”表。

表 5-2 职位工资与奖金的约定

职位 工资	经理	主管	职员
职位工资	1000	750	600
奖金	1000	600	400

按表 5-2 的约定计算职位工资与奖金。

在 F3 单元格内输入“=IF(E3="经理", 1000, IF(E3="主管", 750, 600))”并填充至 F 列的其他单元格；在 G3 单元格内输入“=IF(E3="经理", 1000, IF(E3="主管", 600, 400))”并填充至 G 列的其他单元格，如图 5.35 所示。

选中 H3 单元格，输入公式“=F3+G3”，并向下拖动填充公式，如图 5.36 所示。

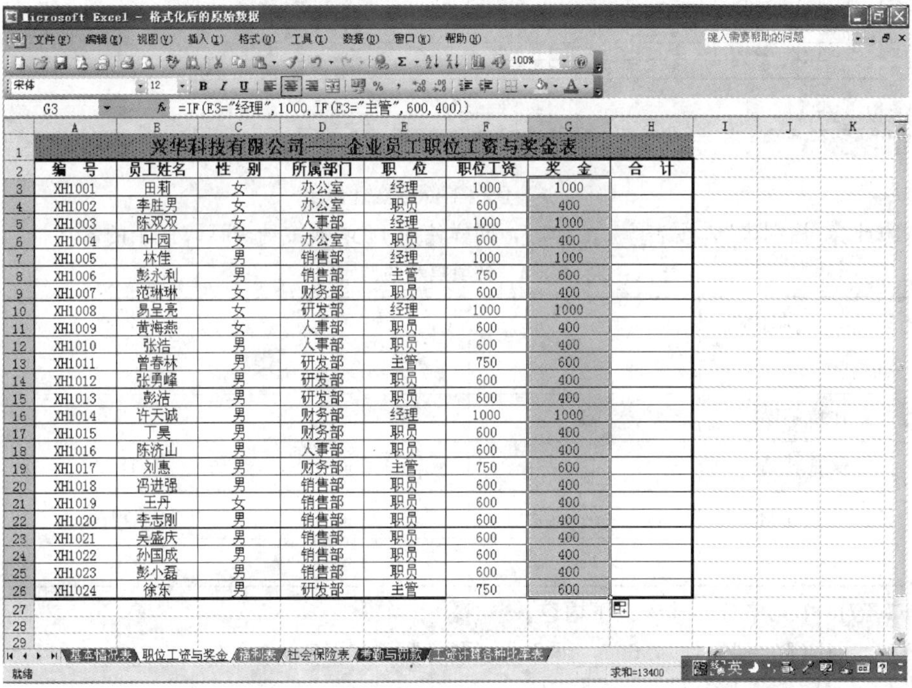

兴华科技有限公司——企业员工职位工资与奖金表							
编　号	员工姓名	性　别	所属部门	职　位	职位工资	奖　金	合　计
XH1001	田莉	女	办公室	经理	1000	1000	
XH1002	李胜男	女	办公室	职员	600	400	
XH1003	陈双双	女	人事部	经理	1000	1000	
XH1004	叶园	女	办公室	职员	600	400	
XH1005	林佳	男	销售部	经理	1000	1000	
XH1006	彭永利	男	销售部	主管	750	600	
XH1007	范琳琳	女	财务部	职员	600	400	
XH1008	易呈亮	女	研发部	经理	1000	1000	
XH1009	黄梅燕	女	人事部	职员	600	400	
XH1010	张浩	男	人事部	职员	600	400	
XH1011	曾春林	男	研发部	主管	750	600	
XH1012	张勇峰	男	研发部	职员	600	400	
XH1013	彭浩	男	研发部	职员	600	400	
XH1014	许天诚	男	财务部	经理	1000	1000	
XH1015	丁昊	男	财务部	职员	600	400	
XH1016	陈济山	男	人事部	职员	600	400	
XH1017	刘惠	男	财务部	主管	750	600	
XH1018	冯进强	男	销售部	职员	600	400	
XH1019	王丹	女	销售部	职员	600	400	
XH1020	李志刚	男	销售部	职员	600	400	
XH1021	吴盛庆	男	销售部	职员	600	400	
XH1022	孙国成	男	销售部	职员	600	400	
XH1023	彭小磊	男	销售部	职员	600	400	
XH1024	徐东	男	研发部	主管	750	600	

图 5.35 计算员工的职位工资与奖金

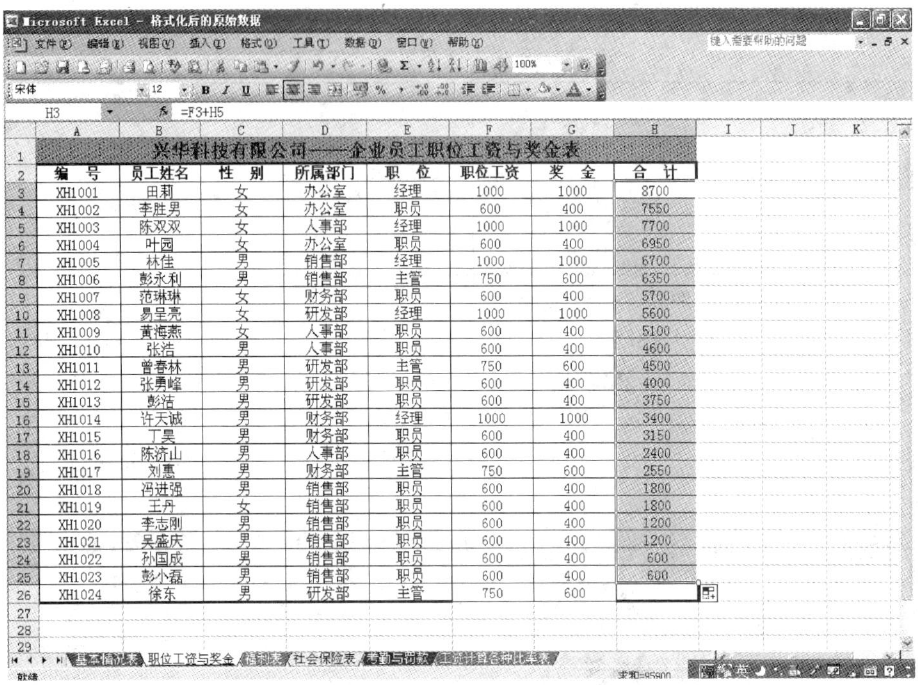

编号	员工姓名	性别	所属部门	职位	职位工资	奖金	合计
XH1001	田莉	女	办公室	经理	1000	1000	8700
XH1002	李胜男	女	办公室	职员	600	400	7550
XH1003	陈双双	女	人事部	经理	1000	1000	7700
XH1004	叶园	女	办公室	职员	600	400	6950
XH1005	林佳	男	销售部	经理	1000	1000	6700
XH1006	彭永利	男	销售部	主管	750	600	6350
XH1007	范琳琳	女	财务部	职员	600	400	5700
XH1008	易呈亮	女	研发部	经理	1000	1000	5600
XH1009	黄海燕	女	人事部	职员	600	400	5100
XH1010	张浩	男	人事部	职员	600	400	4600
XH1011	曾春林	男	研发部	主管	750	600	4500
XH1012	张勇峰	男	研发部	职员	600	400	4000
XH1013	彭浩	男	研发部	职员	600	400	3750
XH1014	许天诚	男	财务部	经理	1000	1000	3400
XH1015	丁昊	男	财务部	职员	600	400	3150
XH1016	陈济山	男	人事部	职员	600	400	2400
XH1017	刘惠	男	财务部	主管	750	600	2550
XH1018	冯进强	男	销售部	职员	600	400	1800
XH1019	王丹	女	销售部	职员	600	400	1800
XH1020	李志刚	男	销售部	职员	600	400	1200
XH1021	吴盛庆	男	销售部	职员	600	400	1200
XH1022	孙国成	男	销售部	职员	600	400	600
XH1023	彭小磊	男	销售部	职员	600	400	600
XH1024	徐东	男	研发部	主管	750	600	

图 5.36 职位工资与奖金合计

(3)计算“福利表”，按表 5-3 的约定，同样使用 IF 函数按约定计算职工的各项福利。

表 5-3 各项福利的约定

福利 \ 职位	经理	主管	职员
住房补贴	600	450	300
伙食补贴	400	260	150
交通补贴	200	150	80
医疗补贴	150	120	80

F3 至 J3 单元格分别输入以下内容。

F3：=IF(E3="经理"，600，IF(E3="主管"，450，300))

G3：=IF(E3="经理"，400，IF(E3="主管"，260，150))

H3：=IF(E3="经理"，200，IF(E3="主管"，150，80))

I3：=IF(E3="经理"，150，IF(E3="主管"，120，80))

J3：=SUM(F3：I3)

各项福利及合计如图 5.37 所示。

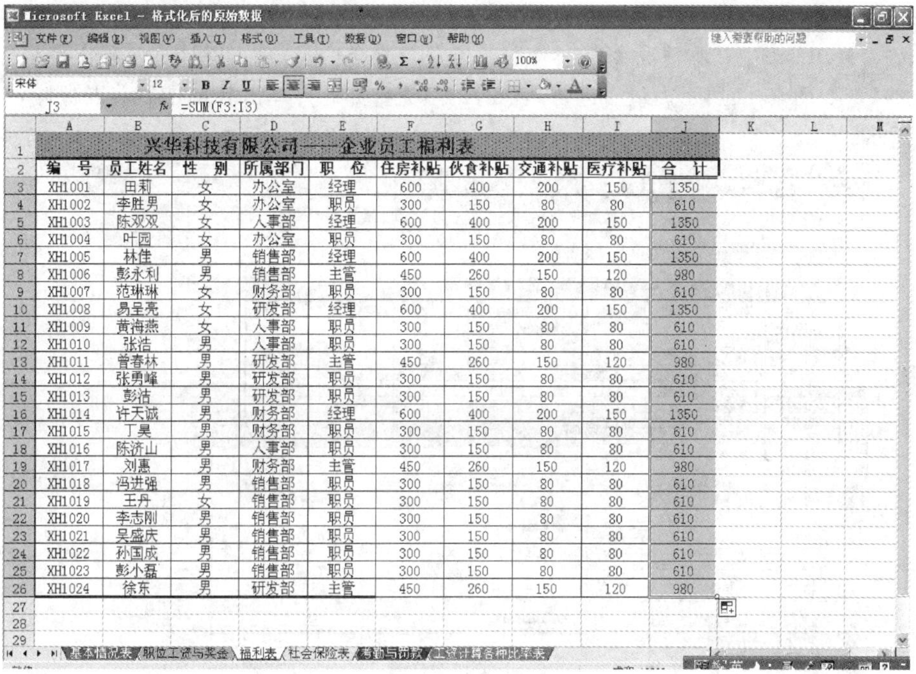

编号	员工姓名	性别	所属部门	职位	住房补贴	伙食补贴	交通补贴	医疗补贴	合计
XH1001	田莉	女	办公室	经理	600	400	200	150	1350
XH1002	李胜男	女	办公室	职员	300	150	80	80	610
XH1003	陈双双	女	人事部	经理	600	400	200	150	1350
XH1004	叶园	女	办公室	职员	300	150	80	80	610
XH1005	林佳	男	销售部	经理	600	400	200	150	1350
XH1006	彭永利	男	销售部	主管	450	260	150	120	980
XH1007	范琳琳	女	财务部	职员	300	150	80	80	610
XH1008	易呈亮	女	研发部	经理	600	400	200	150	1350
XH1009	黄海燕	女	人事部	职员	300	150	80	80	610
XH1010	张浩	男	人事部	职员	300	150	80	80	610
XH1011	曾春林	男	研发部	主管	450	260	150	120	980
XH1012	张勇峰	男	研发部	职员	300	150	80	80	610
XH1013	彭浩	男	研发部	职员	300	150	80	80	610
XH1014	许天诚	男	财务部	经理	600	400	200	150	1350
XH1015	丁昊	男	财务部	职员	300	150	80	80	610
XH1016	陈济山	男	人事部	职员	300	150	80	80	610
XH1017	刘惠	男	财务部	主管	450	260	150	120	980
XH1018	冯进强	男	销售部	职员	300	150	80	80	610
XH1019	王丹	女	销售部	职员	300	150	80	80	610
XH1020	李志刚	男	销售部	职员	300	150	80	80	610
XH1021	吴盛庆	男	销售部	职员	300	150	80	80	610
XH1022	孙国成	男	销售部	职员	300	150	80	80	610
XH1023	彭小磊	男	销售部	职员	300	150	80	80	610
XH1024	徐东	男	研发部	主管	450	260	150	120	980

图 5.37　各项福利及合计

(4)计算“社会保险表”。约定员工的各种保险为(基本工资＋职位工资)乘以在“工资计算各种比率表”中相对应的保险扣缴比例。选中“社会保险表”工作表中的 F3 单元格，调出 Round 函数向导输入参数，如图 5.38、图 5.39、图 5.40 的演示步骤，使用鼠标在不同工作表中选取不同地址进行数据输入。注意引用的“工资计算各种比率表”中的数据地址应为绝

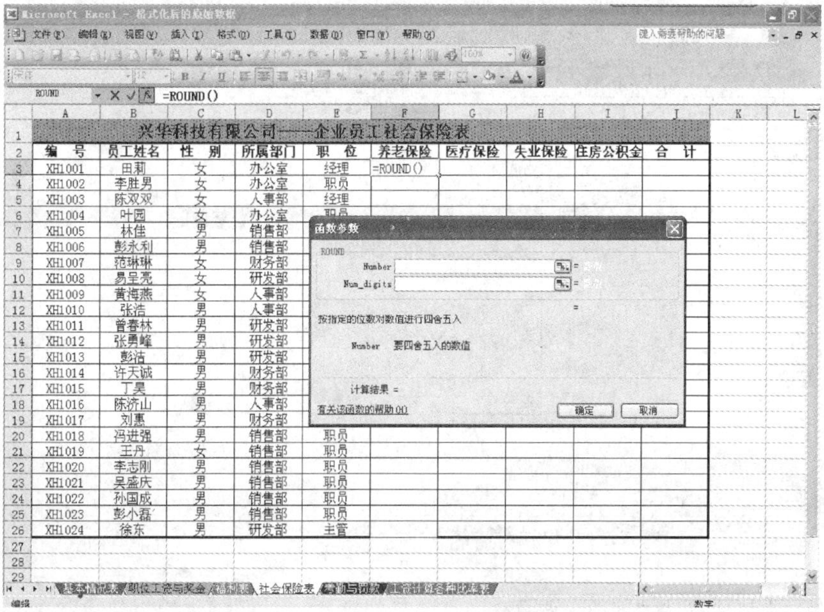

图 5.38　输入参数(一)

对地址引用，所以行号和列号之前分别添加了"＄"号，如图 5.41 所示。也可以在编辑栏直接输入"＝ROUND((基本情况表！G3＋职位工资与奖金！F3)＊工资计算各种比率表！＄C＄5，2)"，如图 5.42 所示。最后进行其他行的填充，如此计算出各员工的养老保险，如图 5.43 所示。

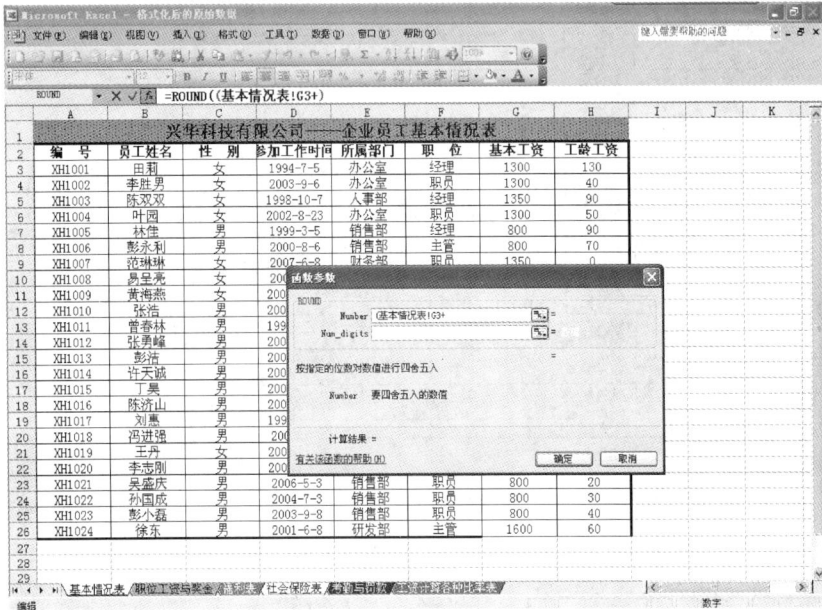

图 5.39　输入参数(二)

图 5.40　输入参数(三)

图 5.41 输入参数（四）

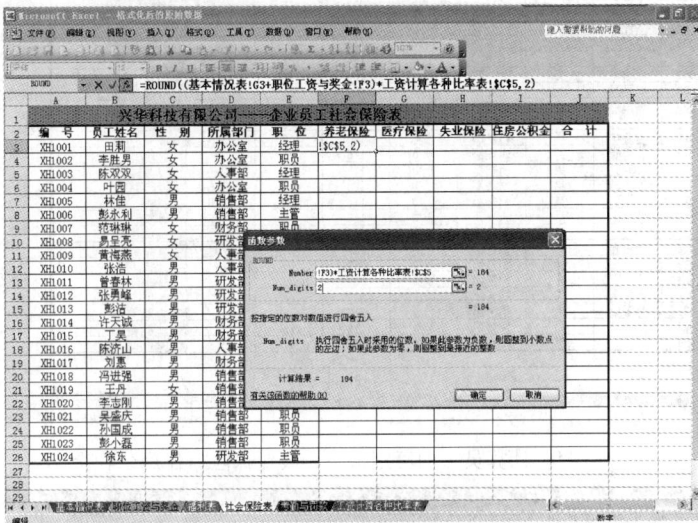

图 5.42 输入参数（五）

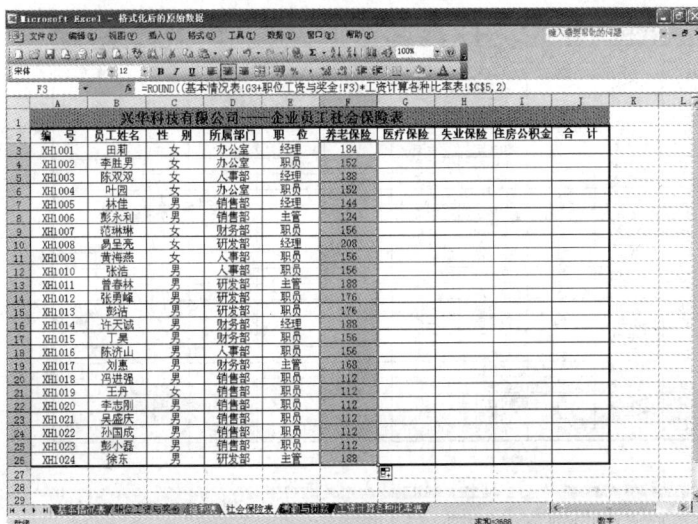

图 5.43 计算员工的养老保险

同理，分别在 G3、H3、I3 输入函数"＝ROUND((基本情况表！G3＋职位工资与奖金！F3)＊工资计算各种比率表！＄C＄6，2)"、"＝ROUND((基本情况表！G3＋职位工资与奖金！F3)＊工资计算各种比率表！＄C＄7，2)"、"＝ROUND((基本情况表！G3＋职位工资与奖金！F3)＊工资计算各种比率表！＄C＄8，2)"，分别计算出各员工医疗保险、失业保险、住房公积金的数据并进行合计，如图 5.44、图 5.45 所示。

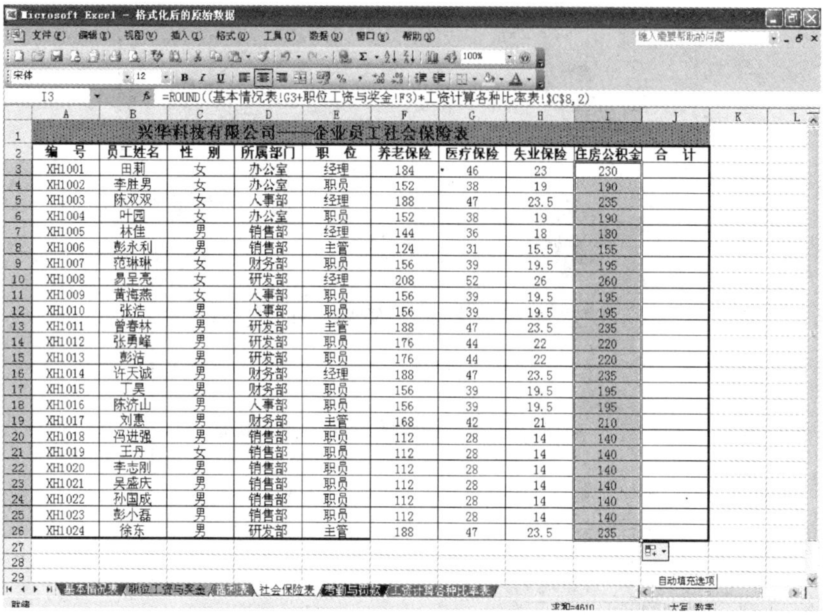

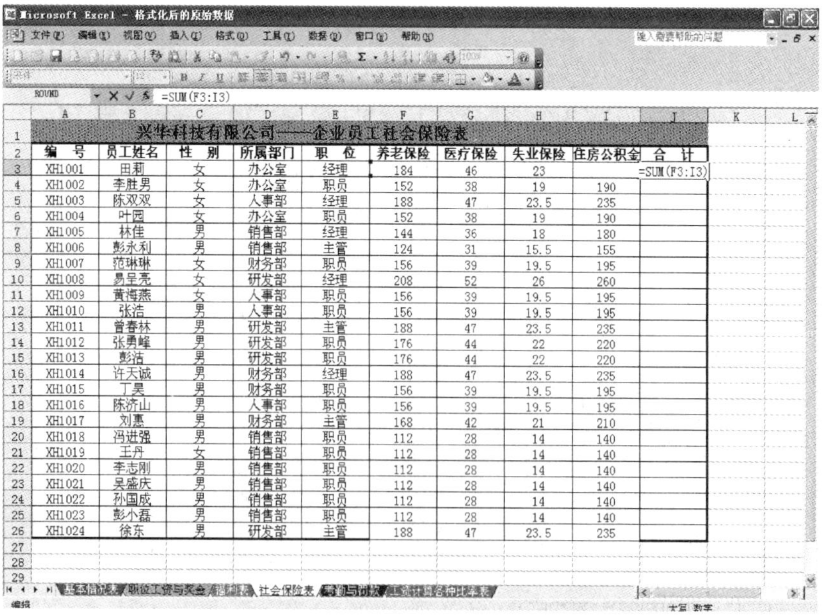

图 5.44　计算员工的医疗保险、失业保险、住房公积金

图 5.45　进行合计

(5)计算“考勤与罚款”表。选中“考勤与罚款”工作表中 H3 单元格，使用 IF 函数向导或直接输入函数“＝IF(考勤与罚款！G3＝工资计算各种比率表！＄E＄5，F3＊工资计算各种比率表！＄F＄5，IF(G3＝工资计算各种比率表！＄E＄6，F3＊工资计算各种比率表！＄F＄6，F3＊工资计算各种比率表！＄F＄7))”，也可在单元格或编辑栏直接输入“＝IF(G3＝"病假"，F3＊15，IF(G3＝"事假"，F3＊30，F3＊60))”。读者考虑这两种办法有什么不同？然后在 J3 单元格输入公式“＝H3＋I3”并填充，如图 5.46 所示。

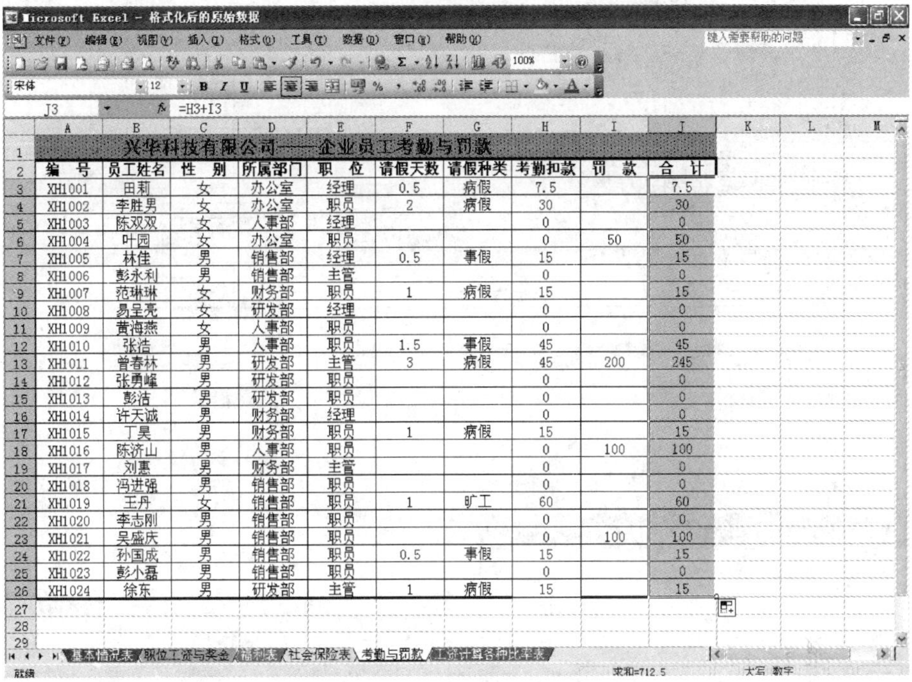

兴华科技有限公司——企业员工考勤与罚款

编　号	员工姓名	性　别	所属部门	职　位	请假天数	请假种类	考勤扣款	罚　款	合　计
XH1001	田莉	女	办公室	经理	0.5	病假	7.5		7.5
XH1002	李胜男	女	办公室	职员	2	病假	30		30
XH1003	陈双双	女	人事部	经理			0		0
XH1004	叶园	女	办公室	职员			0	50	50
XH1005	林佳	男	销售部	经理	0.5	事假	15		15
XH1006	彭永利	男	销售部	主管			0		0
XH1007	范琳琳	女	财务部	职员	1	病假	15		15
XH1008	易呈亮	女	研发部	经理			0		0
XH1009	黄海燕	女	人事部	职员			0		0
XH1010	张浩	男	人事部	职员	1.5	事假	45		45
XH1011	曾春林	男	研发部	主管	3	病假	45	200	245
XH1012	张勇峰	男	研发部	职员			0		0
XH1013	彭洁	男	研发部	职员			0		0
XH1014	许天诚	男	财务部	经理			0		0
XH1015	丁昊	男	财务部	职员	1	病假	15		15
XH1016	陈济山	男	人事部	职员			0	100	100
XH1017	刘惠	男	财务部	主管			0		0
XH1018	冯进强	男	销售部	职员			0		0
XH1019	王丹	女	销售部	职员	1	旷工	60		60
XH1020	李志刚	男	销售部	职员			0		0
XH1021	吴盛庆	男	销售部	职员			0	100	100
XH1022	孙国成	男	销售部	职员	0.5	事假	15		15
XH1023	彭小磊	男	销售部	职员			0		0
XH1024	徐东	男	研发部	主管	1	病假	15		15

图 5.46　计算员工的考勤扣款金额

2. 创建员工工资发放明细表并引用相关数据进行计算

(1)插入一张新工作表并命名为“工资发放明细表”，将其标签设为浅蓝色，置于“工资计算各种比率表”之后。如图 5.47 所示输入表头及标题行，其中前 5 列内容可从其余表中复制。并参照其余表格进行格式化，美化表格。(建议：第 2 行行高为 40.5，第 A 列列宽为 7，第 B、D 列列宽为 6，其余为 5，表内字号为 11，如图 5.47 所示设置第 2 行的对齐方式。)

(2)选中 F3 单元格，调出 VLOOKUP 函数输入向导(图 5.48)，并输入参数，如此引用“基本情况表”数据得到田莉的基本工资，也可直接输入公式“＝VLOOKUP(A3，基本情况表！＄A＄3：＄H＄26，7)”，如图 5.49 所示。读者可以考虑，如果输入“＝VLOOKUP(A3，基本情况表！A3：H26，7)”会有什么结果呢？

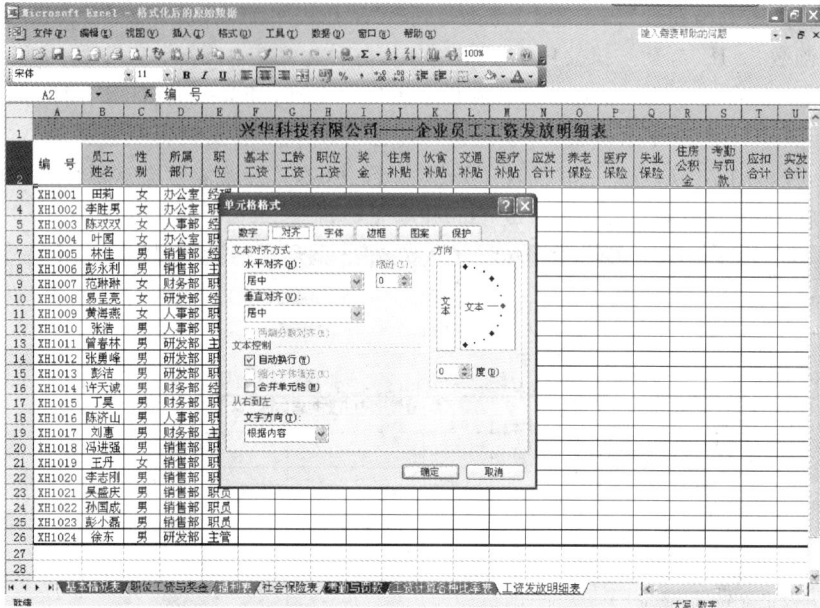

图 5.47　美化表格

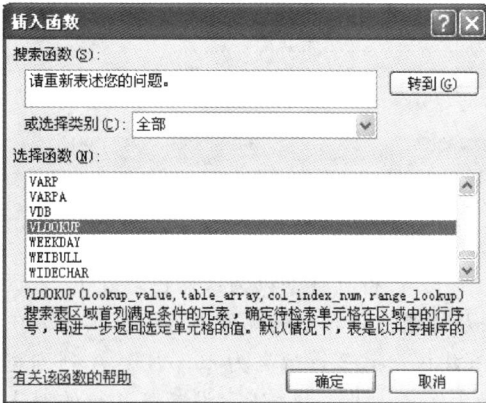

图 5.48　调出 VLOOKUP 函数

图 5.49　输入公式

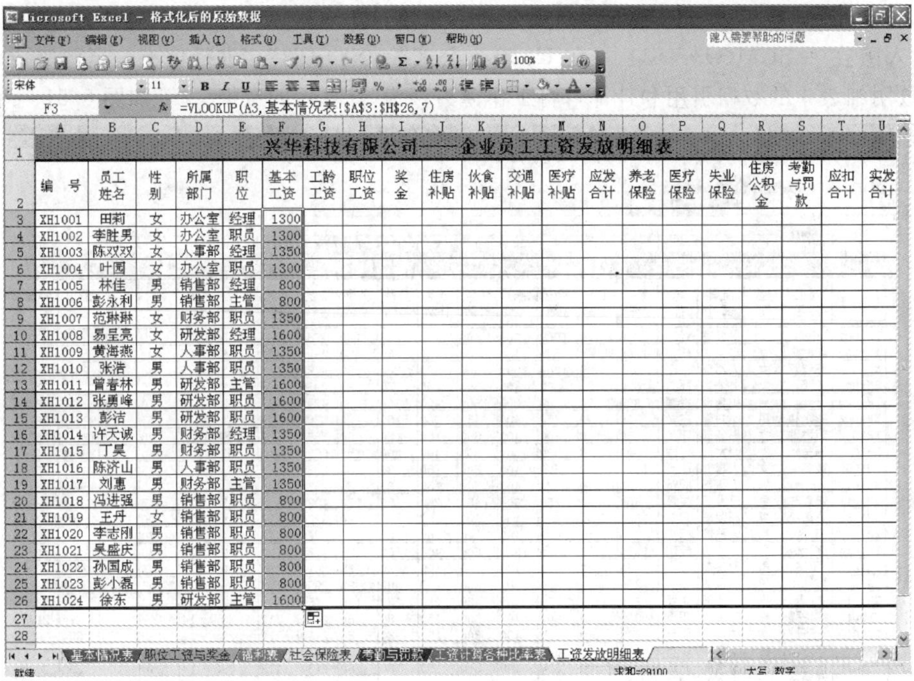

图 5.50 计算基本工资

使用填充功能得到其他行的数据，然后依次使用 VLOOKUP 函数分别引用不同表内的数据，如表 5-4 所示向不同单元格输入函数。

表 5-4 使用 VLOOKUP 函数计算各项

需计算项目	单元格	函数
工龄工资	G3	＝VLOOKUP(A3, 基本情况表！＄A＄3：＄H＄26，8)
职位工资	H3	＝VLOOKUP(A3, 职位工资与奖金！＄A＄3：＄H＄26，6)
奖金	I3	＝VLOOKUP(A3, 职位工资与奖金！＄A＄3：＄H＄26，7)
住房补贴	J3	＝VLOOKUP(A3, 福利表！＄A＄3：＄J＄26，6)
伙食补贴	K3	＝VLOOKUP(A3, 福利表！＄A＄3：＄J＄26，7)
交通补贴	L3	＝VLOOKUP(A3, 福利表！＄A＄3：＄J＄26，8)
医疗补贴	M3	＝VLOOKUP(A3, 福利表！＄A＄3：＄J＄26，9)
养老保险	O3	＝VLOOKUP(A3, 社会保险表！＄A＄3：＄J＄26，6)
医疗保险	P3	＝VLOOKUP(A3, 社会保险表！＄A＄3：＄J＄26，7)
失业保险	Q3	＝VLOOKUP(A3, 社会保险表！＄A＄3：＄J＄26，8)
住房公积金	R3	＝VLOOKUP(A3, 社会保险表！＄A＄3：＄J＄26，9)
考勤与罚款	S3	＝VLOOKUP(A3, 考勤与罚款！＄A＄3：＄J＄26，10)

观察表 5-4 中所列出的函数，从同一表中引用数据时所输入函数有什么变化？考虑一

下输入时是否有简单方法？输入后进行填充，并在 N3 输入函数“＝SUM(F3：M3)”，在 T3 输入函数“＝SUM(O3：S3)”，在 U3 输入公式“＝N3－T3”，进行填充，至此完成了工资发放明细表中的数据引用和计算，将工作簿另存为“计算后的数据 . xls”如图 5.51 所示。

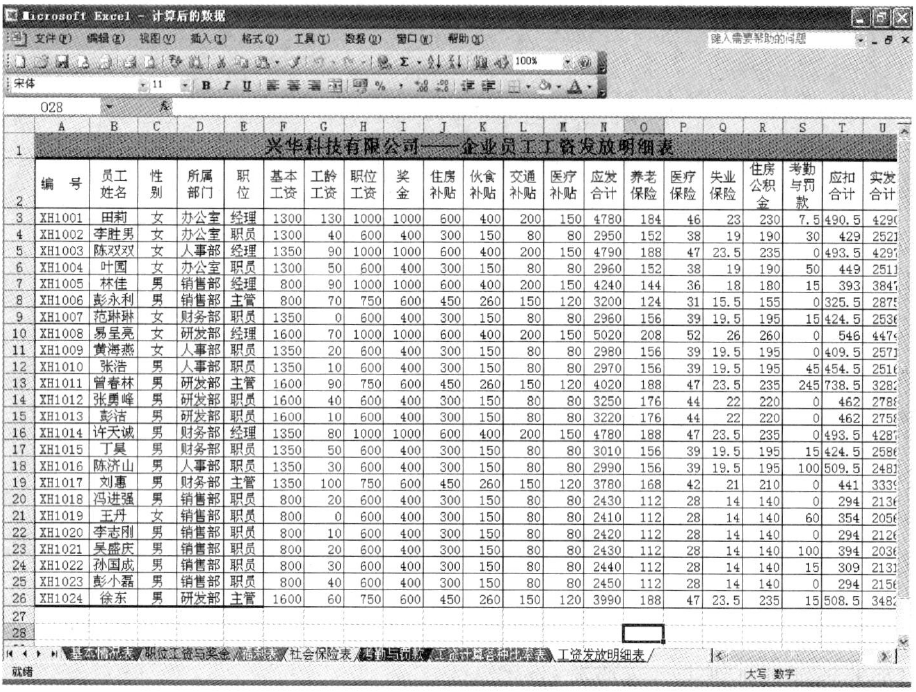

	A	B	C	D	E	F	G	H	I	J	K	L	M	N	O	P	Q	R	S	T	U
1	兴华科技有限公司——企业员工工资发放明细表																				
2	编　号	员工姓名	性别	所属部门	职位	基本工资	工龄工资	职位工资	奖金	住房补贴	伙食补贴	交通补贴	医疗补贴	应发合计	养老保险	医疗保险	失业保险	住房公积金	考勤与罚款	应扣合计	实发合计
3	XH1001	田莉	女	办公室	经理	1300	130	1000	1000	600	400	200	150	4780	184	46	23	230	7.5	490.5	4290
4	XH1002	李胜男	女	办公室	职员	1300	40	600	400	300	150	80	80	2950	152	38	19	190	30	429	2521
5	XH1003	陈双双	女	人事部	经理	1350	90	1000	1000	600	400	200	150	4790	188	47	23.5	235	0	493.5	4297
6	XH1004	叶囡	女	办公室	职员	1300	50	600	400	300	150	80	80	2960	152	38	19	190	50	449	2511
7	XH1005	林佳	男	销售部	经理	800	90	1000	1000	600	400	200	150	4240	144	36	18	180	15	393	3847
8	XH1006	彭永利	男	销售部	主管	800	70	750	600	450	260	150	120	3200	124	31	15.5	155	0	325.5	2875
9	XH1007	范琳琳	女	财务部	职员	1350	0	600	400	300	150	80	80	2960	156	39	19.5	195	15	424.5	2536
10	XH1008	易呈亮	女	研发部	经理	1600	70	1000	1000	600	400	200	150	5020	208	52	26	260	0	546	4474
11	XH1009	黄海燕	女	人事部	职员	1350	20	600	400	300	150	80	80	2980	156	39	19.5	195	0	409.5	2571
12	XH1010	张浩	男	人事部	职员	1350	10	600	400	300	150	80	80	2970	156	39	19.5	195	45	454.5	2516
13	XH1011	曾春林	男	研发部	主管	1600	90	750	600	450	260	150	120	4020	188	47	23.5	235	245	738.5	3282
14	XH1012	张勇峰	男	研发部	职员	1600	40	600	400	300	150	80	80	3250	176	44	22	220	0	462	2788
15	XH1013	彭洁	男	研发部	职员	1600	10	600	400	300	150	80	80	3220	176	44	22	220	0	462	2758
16	XH1014	许天诚	男	财务部	经理	1350	80	1000	1000	600	400	200	150	4780	188	47	23.5	235	0	493.5	4287
17	XH1015	丁昊	男	财务部	职员	1350	50	600	400	300	150	80	80	3010	156	39	19.5	195	15	424.5	2586
18	XH1016	陈济山	男	人事部	职员	1350	30	600	400	300	150	80	80	2990	156	39	19.5	195	100	509.5	2481
19	XH1017	刘惠	男	财务部	主管	1350	100	750	600	450	260	150	120	3780	168	42	21	210	0	441	3339
20	XH1018	冯进强	男	销售部	职员	800	20	600	400	300	150	80	80	2430	112	28	14	140	0	294	2136
21	XH1019	王丹	女	销售部	职员	800	0	600	400	300	150	80	80	2410	112	28	14	140	60	354	2056
22	XH1020	李志刚	男	销售部	职员	800	10	600	400	300	150	80	80	2420	112	28	14	140	0	294	2126
23	XH1021	吴盛庆	男	销售部	职员	800	20	600	400	300	150	80	80	2430	112	28	14	140	100	394	2036
24	XH1022	孙国成	男	销售部	职员	800	30	600	400	300	150	80	80	2440	112	28	14	140	15	309	2131
25	XH1023	彭小磊	男	销售部	职员	800	40	600	400	300	150	80	80	2450	112	28	14	140	0	294	2156
26	XH1024	徐东	男	研发部	主管	1600	60	750	600	450	260	150	120	3990	188	47	23.5	235	15	508.5	3482
27																					
28																					

图 5.51　计算后的数据

相关知识与技能

1. 输入公式

Excel 中的公式以等号“＝”开始。等号“＝”后面是一个表达式，由常量、单元格引用、函数、运算符等组成。一个 Excel 公式最多可以包含 1024 个字符。

在单元格中输入编辑公式与输入编辑数据类似，具体的操作步骤如下。

①选中要输入公式的单元格；

②在该单元格或编辑栏的输入框中输入一个等号“＝”；

③在等号后面输入由常量、单元格引用、函数、运算符等组成的表达式；

④输入完毕，按 Enter 键或单击编辑栏上的“√”按钮。如果取消输入的公式，可以单击编辑栏中的“取消”按钮“×”，或按 Esc 键。

例如，在单元格 A1 和 A2 已经分别输入数值 2 和 3；在 A3 单元格输入公式：＝A1＋A2，按 Enter 键，则在 A3 单元格出现计算结果 5；在 A4 单元格输入公式：＝A3＋4，按 Enter 键，则 A4 的显示结果为 9。

运算符是描绘特定运算的符号。

①算术运算符：%(百分比)、^(乘方)、＊(乘)、/(除)、＋、－、()。

②文本运算符：&。将多个文本值连接为一个组合文本。

例如，如果 A1 单元格的数值为 2006，在 B1 中输入公式：＝A1&"年"，结果为：2006 年。

③比较运算符：＝、＜、＜＝、＞、＞＝、＜＞。比较运算符的功能是比较两个数值，并得出比较的结果为逻辑值 TURE(真)或 FALSE(假)。

④引用运算符：常用的有"："(冒号)和"，"(逗号)。引用运算符可以产生对工作表中特定单元格区域的引用。

：(冒号)表示要引用一个包括两个基准单元格在内的矩形区域。例如 A1：B4 表示要引用 A1 到 B4 矩形区域的所有单元格。

，(逗号)表示要引用两个或两个以上单元格或单元格区域。例如 A1，A3，B1：B4 表示要引用 A1 和 A3 单元格，以及 B1：B4 单元格区域。

空格也是一种引用运算符，(空格)表示要引用两个单元格区域相交的公共部分。例如，(A1：A7 A1：B5)就是指两个单元格区域相交的 A1：A5 单元格区域。

按优先级的从高到低是：引用运算符、算术运算符、文本运算符、比较运算符。计算过程中按优先级进行运算。在公式中，总是先计算括号内的内容。

2. 引用单元格

引用单元格就是在 Excel 公式中引用某单元格的行、列坐标位置，以此来获取该单元格的数据。引用单元格后的公式，其运算结果将随着被引用单元格数据的变化而变化。引用通常有以下几种。

(1)相对引用：运算结果单元格的公式中，引用与其处于相对位置的单元格。如果将公式复制到其他位置的单元格中，则公式会随之变动地引用相对位置的单元格。

例如，运算结果单元格 C1 的公式为"＝A1＋B1"，即 C1 单元格等于处于其同行前两个单元格 A1 和 B1 数据之和。

如果将 C1 单元格的公式复制到 C2 单元格，则 C2 单元格公式随之变为"＝A2＋B2"。

(2)绝对引用：运算结果单元格的公式中，引用处于固定位置的单元格。如果将公式复制到其他位置的单元格中，则公式仍然引用原固定位置的单元格。在 Excel 中，通过在列标号和行号前面加"＄"符号来冻结固定单元格的位置。

例如，运算结果单元格 C1 的公式为"＝＄A＄1＋＄B＄1"，即 C1 单元格等于单元格 A1 和 B1 数据之和。

如果将 C1 单元格的公式复制到 C2 单元格，则 C2 单元格公式仍然为"＝＄A＄1＋＄B＄1"，结果保持不变。

(3)混合引用：运算结果单元格的公式中，引用只固定列而不固定行位置，或只固定行而不固定列位置的单元格。

例如，运算结果单元格 C1 的公式为"＝＄A1＋＄B1"，即 C1 单元格等于固定 A 列和固定 B 列的单元格 A1 和 B1 数据之和。

如果将 C1 单元格的公式复制到 C2 单元格，则 C2 单元格公式随之而变为"＝＄A2＋＄B2"。

如果将 C1 单元格的公式复制到 D1 单元格，则 D1 单元格公式仍然为"＝＄A1＋＄B1"。

复制公式的操作与前面所讲的单元格复制相同，也可利用填充柄的复制特性。

另外，可以从同一工作簿的不同工作表或不同工作簿引用单元格，创建运算公式，也称为三维引用。

引用同一工作簿的不同工作表单元格的格式为：工作表名！单元格地址。

打开多个工作簿后，引用不同工作簿单元格的格式：［工作簿名］工作表名！单元格地址。

例如，在同一工作簿中 Sheet2 工作表的 A1 单元格输入公式："＝Sheet1！A1＋Sheet1！B1"，即可以引用 Sheet1 工作表的 A1 和 B1 单元格。

打开工作簿 Book1.xls 和 Book2.xls，在工作簿 Book1.xls 中的 Sheet1 工作表单元格中输入公式："＝［Book2.xls］Sheet1！＄A＄1"，即可以引用 Book2.xls 工作簿中的单元格。

在输入公式引用单元格时，可以用鼠标直接单击要引用的单元格，则要引用单元格的地址就会出现在编辑栏中，简化公式的输入。

3. 使用函数

函数是一些预先定义或内置的公式，它们使用一些称为参数的特定数值按特定的顺序或结构进行计算。一个函数可以作为独立的公式单独使用，也可以用于另一个公式或函数中。一般来说，每个函数都返回一个计算得到的结果值。Excel 提供了 9 大类、300 多个函数，包括数学与三角函数、统计函数、逻辑函数、文本函数、财务函数等。

函数由函数名和圆括号括起来的参数组成，格式如下。

函数名(参数1，参数2，……)

参数可以是具体的数值、字符、逻辑值，也可以是单元格地址、区域、区域名字、表达式等，也可以嵌入函数作为参数。如果一个函数没有参数，也必须加上括号。

输入函数时必须遵守函数所要求的格式。输入函数与输入公式的过程类似，具体操作方法和步骤如下。

(1)直接输入函数。

首先，选中要输入公式存放计算结果的单元格；然后，在该单元格或编辑栏输入框中输入一个等号"＝"；再按照函数格式，输入函数名和参数；输入完毕，按 Enter 键或单击编辑栏上的"√"按钮。如果取消输入的函数，可以单击编辑栏中的取消按钮"×"，或按 Esc 键。

(2)使用粘贴函数。

当记不住函数名时，可以使用粘贴函数的方式输入。

首先，选中要输入公式存放计算结果的单元格；其次，选择"插入|函数"命令，或者单击编辑栏的"插入函数"按钮 f_x，弹出"插入函数"对话框，选择函数类别和所需函数，单击"确定"按钮；然后，在弹出的"函数参数"对话框中，输入参数，或者利用鼠标单击"折叠"按钮，用鼠标选择作为参数的单元格；最后，单击"确定"按钮，或者再次单击"折叠"按钮，单击"确定"按钮。

在"插入函数"对话框（图 5.52）选择函数后，在弹出的"函数参数"对话框（图 5.53 中）设置函数参数，更简单的方法是：直接利用鼠标选择作为参数的单元格，单击"确定"按钮。

4. 常用函数介绍

(1) SUM 函数。

功能：计算得出单元格区域中一系列数值的和，属数学与三角函数。

格式：SUM（number1，number2，…，number30）。SUM 函数中的参数即被求和的常数、单元格或单元格区域不能超过 30 个。

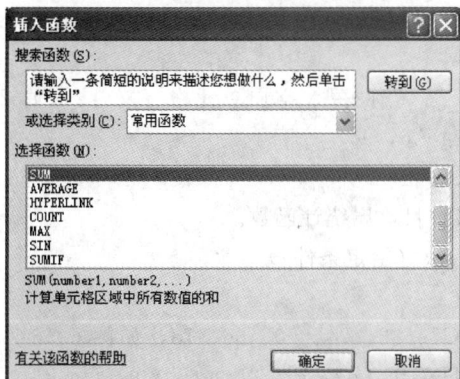

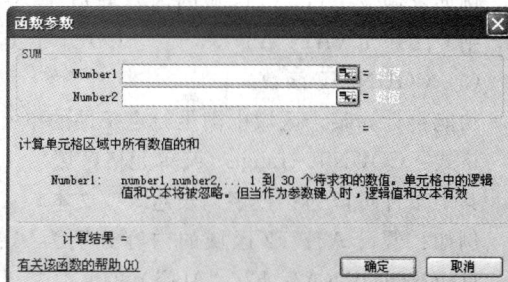

图 5.52 "插入函数"对话框　　　　　　图 5.53 "函数参数"对话框

求和函数是平时工作中使用最多的函数之一，除了利用上述函数输入方法，Excel 在"常用"工具栏提供了"自动求和"按钮 Σ ▾。如果选中一个单元格，然后单击"自动求和"按钮，Excel 会创建一个 SUM 公式并推测准备求和的单元格区域，可以用鼠标再次选择准备求和的单元格区域，最后按 Enter 键或单击编辑栏上的"√"按钮。

例如：SUM（2，3）的值为 5。

已知 A1、A2 单元格的值分别为 2、3，则 SUM（A1，A2，2）的值为 7。

已知 A2～E2 的各科成绩值如图 5.54 所示，则总成绩 SUM（A2：E2）的值为 360。

	A	B	C	D	E	F
F2			f_x =SUM(A2:E2)			
1	语文	数学	英语	物理	计算机	总成绩
2	90	80	70	60	60	360

图 5.54 SUM 函数

（2）AVERAGE 函数。

功能：计算得出各参数的算术平均数，属统计函数。

格式：AVERAGE（number1，number2，…，number30）

例如：如图 5.55 所示，平均成绩 AVERAGE（A2：E2）的值为 72。

	A	B	C	D	E	F	G	H
G2				f_x =AVERAGE(A2:E2)				
1	语文	数学	英语	物理	计算机	总成绩	平均成绩	
2	90	80	70	60	60	360	72	

图 5.55 AVERAGE 函数

（3）ROUND 函数。

功能：按指定的位数对某个数值进行四舍五入，属数学与三角函数。

格式：ROUND（number（要四舍五入的数值），num_digits（小数部分保留的位数））

例如：ROUND（12.3456，3）的值为 12.346。

（4）COUNT 函数。

功能：返回参数中包含数字单元格的个数，以及参数中数字的个数，属统计函数。

格式：COUNT（value1，value2，…）

函数 COUNT 在计数时，把数字、空值、日期计算进去，但空白单元格和错误值或无法转化为数值的内容不计数。

例如：假设 A1：A6 区域的内容分别为"ABC"、"你好"、空白单元格、0、1、9 月 2 日，则 COUNT（A1：A6）等于 3，COUNT（A1：A6，96）等于 4。

（5）COUNTIF 函数。

功能：计算某个区域中满足给定条件的单元格数目，属统计函数。

格式：COUNT（range（某单元格区域），criteria（给定条件））

其中条件可以为：数字、表达式或文本。

例如：假设 A2：F2 区域的内容分别为"ABC"、82、74、60、56、78，如图 5.56 所示，则 COUNTIF（A2：F2，"ABC"）的值为 1，COUNTIF（A2：F2，"＞＝60"）的值为 4。

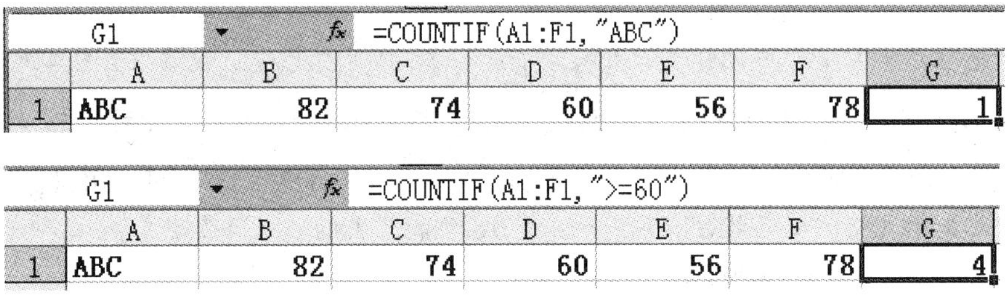

图 5.56　COUNTIF 函数

（6）MAX 函数。

功能：返回一组数值中的最大值。若参数中不包含数字，则函数 MAX 返回值为 0。

格式：MAX（number1，number2，…）

例如：如图 5.56 所示的数据，MAX（A2：F2）的值为 82。

（7）MIN 函数。

功能：返回一组数值中的最小值。

格式：MIN（number1，number2，…）

例如：如图 5.56 所示数据，MIN（A2：F2）的值为 56。

（8）IF 函数。

IF 函数是一个逻辑函数，在实际工作中的应用非常广泛。IF 函数用于执行真假值的判断，根据逻辑判断的真假值返回不同的结果，也称为条件函数。

功能：对一个条件表达式进行判断，如果条件表达式为真则返回一个值，否则返回另一个值。

格式：IF（logical＿test，value＿if＿ture，value＿if＿false）

说明：logical＿test 为条件表达式，value＿if＿ture 条件表达式为真返回的值，value＿if＿false 条件表达式为假返回的值。

例 1：公式"＝IF（A6＞60，10，5）"即判断 A6 单元格的数值是否大于 60，大于时返回值为 10，否则返回值为 5。

IF 函数中的参数可以使用文本字符串。IF 函数也可以嵌套使用，最多可以嵌套 7 层。当然也可以嵌套使用其他函数。

例 2：假如根据 E2：E50 中的考试成绩，在 G2：G50 中自动给出每一个成绩的等级：60 分以下为不及格，60～75 分为及格，75～85 分为良好，85 分以上为优秀。

在 G2 单元格中输入公式："＝IF（E2＜60，" 不及格"，IF（E2＜75，" 及格"，IF（E2＜85，" 良好"，"优秀")))"。向下拖动填充柄，复制引用 G2 中的公式即可。

（9）AND、OR 和 NOT 函数。

这 3 个函数为逻辑函数，可以建立逻辑条件测试。

AND 函数（"与"函数），所有参数的逻辑值为真时返回 TURE，只要有一个参数的逻辑值为假即返回 FALSE。例如：AND（2＋1＝3，2＋3＞4，5＜7）等于 TURE；AND（2＋1＝5，2＋3＞4，5＜7）等于 FALSE。

OR 函数（"或"函数），任何一个参数的逻辑值为真时返回 TURE，所有参数的逻辑值都为假时返回 FALSE。例如：OR（2＋1＝5，2＋3＜4，5＜7）等于 TURE；OR（2＋1＝5，2＋3＜4，9＜7）等于 FALSE。

NOT 函数（"非"函数），对逻辑参数求相反的值。如果参数的逻辑值为假，返回 TURE；如果参数的逻辑值为真，返回 FALSE。例如：NOT（FALSE）等于 TURE；NOT（1＋1＝3）等于 TURE；NOT（1＋1＝2）等于 FALSE。

这 3 个函数经常和 IF 函数结合使用。

（10）VLOOKUP 函数

功能：在表格或数值数组的首列查找指定的数值，并由此返回表格或数组当前行中指定列处的数值。

格式：VLOOKUP（lookup_value，table_array，col_index_num，range_lookup）

说明：lookup_value 为需要在表格或数组第一列中查找的数值，可以为数值、引用或文本字符串。table_array 为两列或多列数据，可以使用对区域或区域名称的引用。col_index_num 为 table_array 中待返回的匹配值的列序号。col_index_num 为 1 时，返回 table_array 第一列中的数值；col_index_num 为 2，返回 table_array 第二列中的数值，以此类推。range_lookup 为一逻辑值，指明函数 VLOOKUP 返回时是精确匹配还是近似匹配。如果为 TRUE 或省略，则返回近似匹配值，也就是说，如果找不到精确匹配值，则返回小于 lookup_value 的最大数值；如果 range_value 为 FALSE，函数 VLOOKUP 将返回精确匹配值。如果找不到，则返回错误值 ♯N/A。

例如，公式"＝VLOOKUP（E3，A2：C5，3）"即在 A2：C5 单元个区域的第一列中查找与 E3 单元格匹配的记录，并返回第三列的值。如下图：

	F3	▼	fx	=VLOOKUP(E3,A2:C7,3)			
	A	B	C	D	E	F	G
1	编号	姓名	销售额				
2	XH001	姜丽	16500		编号	销售额	
3	XH002	王丹	20060		XH003	18930	
4	XH003	程晓鹏	18930				
5	XH004	林勇	21000				
6	XH005	尚永嘉	16240				
7	XH006	李楠	17800				
8							

拓展与提高

1. 练习 5.6：复习格式设置、练习简单公式和函数

打开素材"存款.xls"进行如下操作。

(1) 将第一行文本"存款清单"设置为20磅红色字体，并在A1至G1单元格跨列居中。

(2) 在"存款日"列填充从2008年7月1日至2010年9月1日止的日期序列，实现每两个月存一笔钱。

(3) 在"金额"列填充以150开头的步长为50的等差序列，填充至B16。

(4) 循环复制"年限"列和"银行"列的数据，分别至C16、E16。

(5) 利用公式和函数计算出"到期日"和"到期本息"列的数据，到期本息＝金额×(1＋年利率)^{年限}，到期本息保留两位小数。

(6) 让所有日期数据显示"二○○三年九月一日"形式。

(7) 为A2：G16区域自动套用格式，格式自选。

(8) 将"到期本息"列低于300的数据设为红色底纹。

(9) 将表Sheet1重命名为"取款备忘录"，并将"到期日"和"到期本息"列的数据复制到该表的第1、2列。

2. 练习 5.7：IF函数的练习

(1) 打开素材"加减法.xls"，使用IF函数，根据计算结果在"结论"栏给出"正确"或"错误"的结论，或打出"√"号或"×"号。

(2) 打开素材"奖金系数.xls"，使用公式和函数计算出一季度各部门销售合计、每个月总计销售额、月平均销售额等数据。然后为5个销售部门制定奖金系数：若其月平均额大于总月平均额则奖金系数为1.5，否则为1.0。

(3) 打开素材"工资表.xls"，使用公式或函数 计算出有颜色填充的单元格中的数据，具体要求如下。

①实发工资 ＝基本工资－水电费；应发工资＝实发工资＋补贴。

②补贴：教授110元，副教授90元，讲师70元，助讲50元；科室编号：A开头为基础室，B开头为计算机室，C开头为会计室。

③将应发工资低于1300元的记录在备注栏标上"★"。

▷ 任务三　对员工工资情况进行分析、管理

任务描述

兴华科技有限公司5月份的工资明细表已经制作完毕，财务科通知每个部门来领工资。同时，妇联派代表统计本公司实发工资低于2000元的女职员的情况，老板想按职位由高到低的顺序查看工资发放情况，还想直观地了解各部门实发工资占整体开支的比例。如果使用手工对工资明细表中的数据进行排序、筛选和汇总，不但费时费力，而且还容易出错。现在使用Excel 2003可以快速完成以上要求，并能快速绘制图表，实现直观的数据分析。

任务分析

要完成以上工作，可将工资明细表复制多遍，在不同的工作表中进行不同的数据分析。

财务科的要求是实现按"所属部门"字段对"实发工资"进行汇总方式为"求和"的分类汇总；妇联代表的要求是实现性别为"女"，实发工资为"<2000"的高级筛选；老板的要求是自定义一个"经理、主管、职员"的序列，并按其进行排序，还要将按"所属部门"字段对"实发工资"进行方式为"求和"的分类汇总，并根据汇总结果制作饼形图。

方法与步骤

打开"计算后的数据.xls"工作簿，将"工资发放明细表"复制 3 次，分别命名为"工资分析 1""工资分析 2"和"工资分析 3"，如图 5.57、图 5.58 所示。

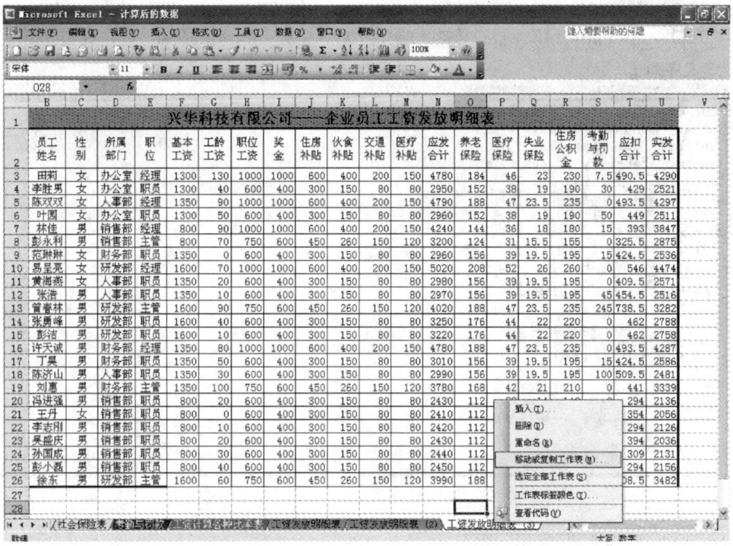

图 5.57　复制工作表（一）

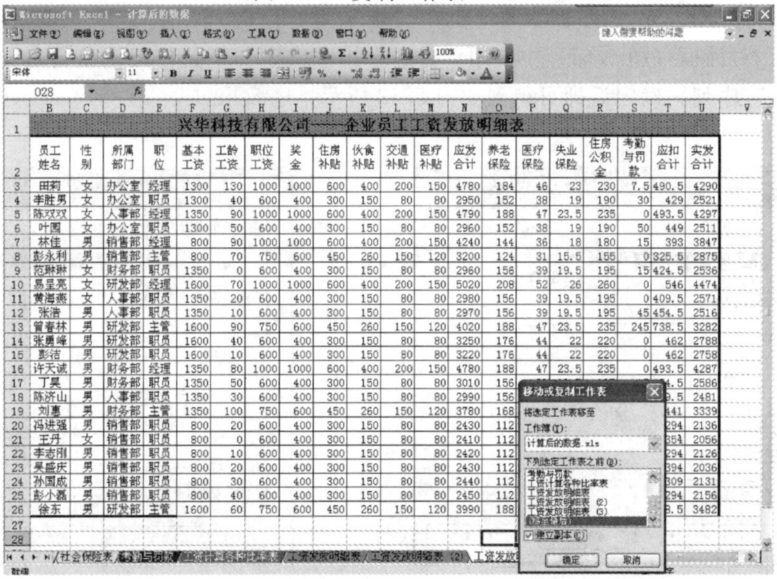

图 5.58　复制工作表（二）

1. 排序

在"工资分析1"表中按照"经理、主管、职员"的顺序排序各条记录，如有并列则按编号升序排列。

（1）选择"工具|选项"命令，调出"选项"对话框（图5.59），在"自定义序列"选项卡中输入想定义的序列，每输一词后按回车键或在各词之间用英文的逗号隔开，确定后可以看到所输序列进入左边的"自定义序列"列表框中。

图5.59　"选项"对话框

（2）将活动单元格置于"职位"列的任意位置，选择"数据|排序"命令调出"排序"对话框，进行如图5.60所示的设置。选中关键字"职位"，单击"选项"按钮，在出现的"排序选项"对话框（图5.61）中使用"自定义排序次序"下拉按钮调出自定义的"经理、主管、职员"序列，确定后即可得到如图5.62所示排序效果。

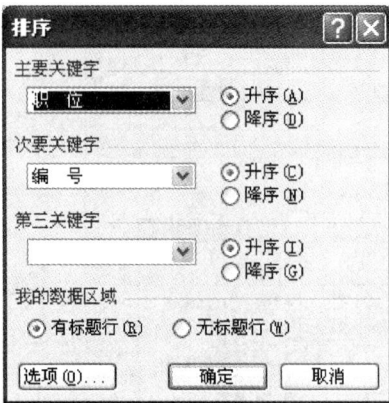

图5.60　"排序"对话框

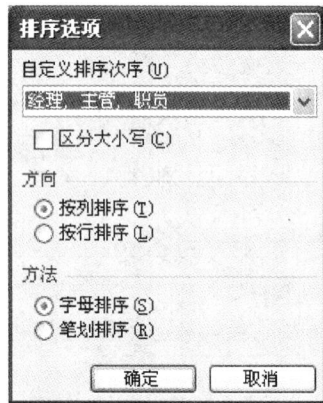

图5.61　"排序选项"对话框

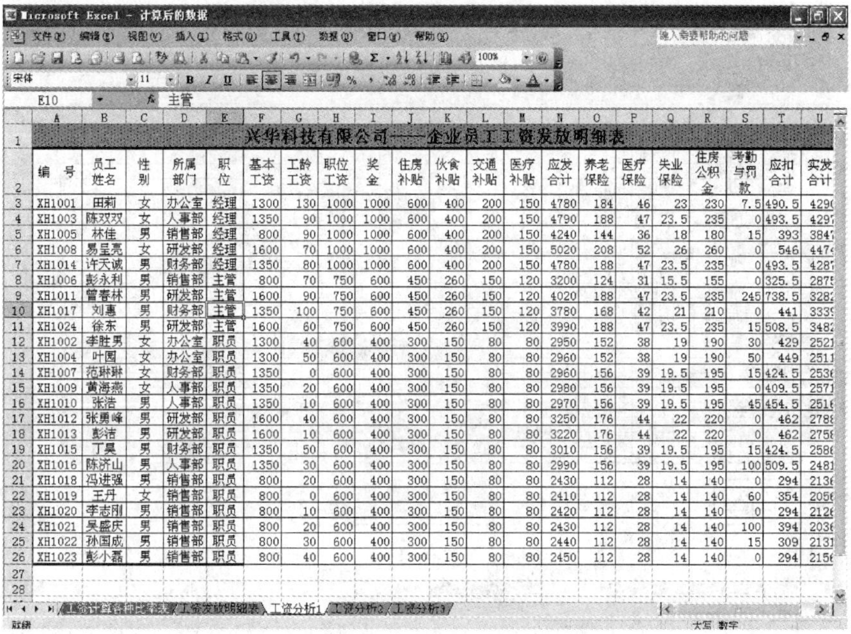

图 5.62　排序效果

2. 筛选

（1）筛选出工资低于 2600 元的女职员记录，存放于该表的以 A31 开始的地方：将 U2 和 C2 单元格的内容分别复制到 A28 和 B28 中，在 A29 和 B29 分别输入如图 5.63 所示的数据，将 A28：B28 区域制作成为一个条件区域。

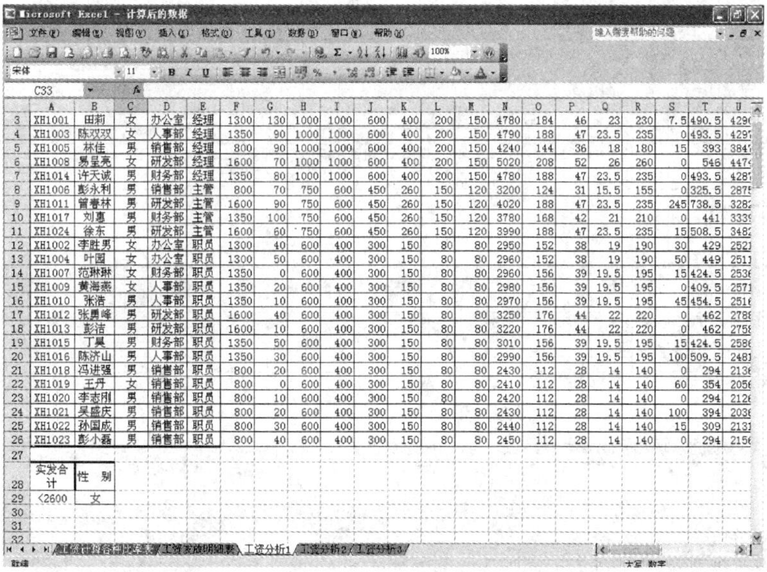

图 5.63　筛选

（2）选择"数据│筛选│高级筛选"命令，调出"高级筛选"对话框，进行如图 5.64 所示的设置。

图 5.64　高级筛选

（3）确定后在 A31：U36 区域可得到如图 5.65 的筛选结果。

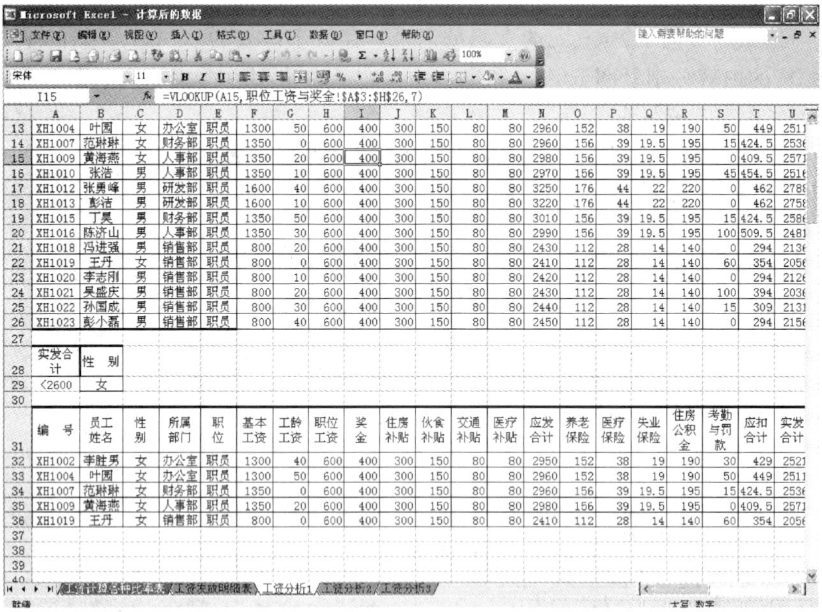

图 5.65　筛选结果

3. 分类汇总、制作图表

按部门汇总实发工资并制作图表，步骤如下。

（1）在"工资分析 2"工作表中将活动单元格置于"所属部门"列的任意位置，单击"排序"按钮 或 进行排序，然后选择"数据|分类汇总"命令，调出"分类汇总"

对话框，进行如图 5.66 所示的设置。

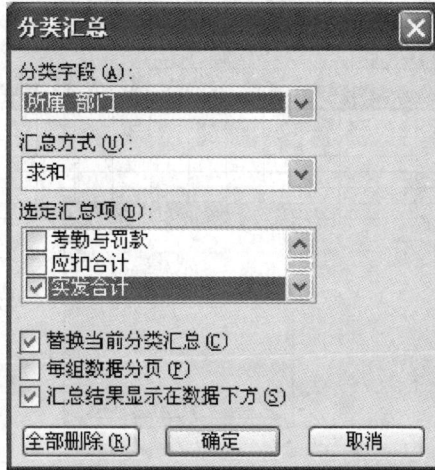

图 5.66　"分类汇总"对话框

（2）确定后得到如图 5.67 所示的结果。

图 5.67　分类汇总的结果

（3）分类汇总后可选择左端的 3 个分级显示控制符，对数据进行分级显示。选择分级编号"2"，并选择如图 5.68 所示区域，执行"编辑|定位"命令调出"定位"对话框。

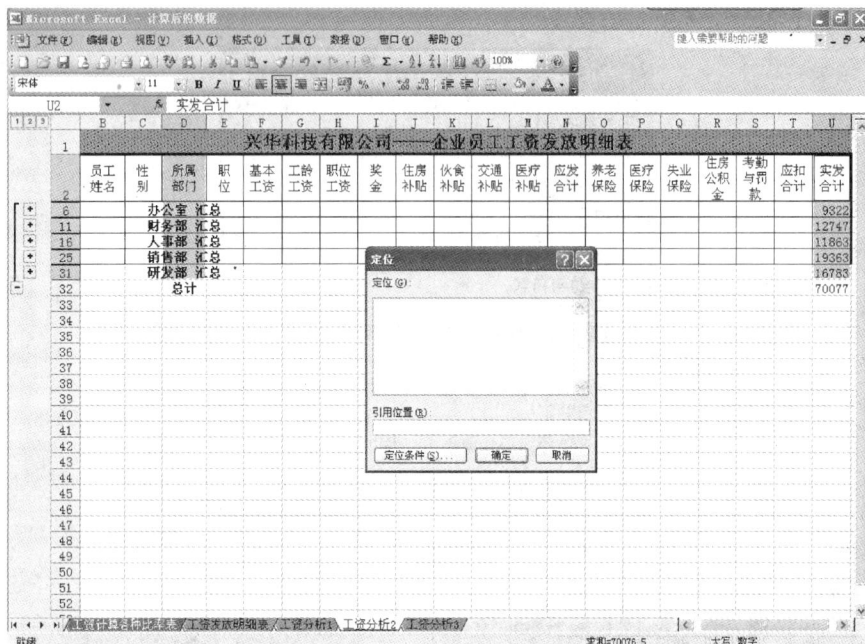

图 5.68 "定位"对话框

（4）单击"定位条件"按钮，选择定位条件为"可见单元格"，如图 5.69 和图 5.70 所示。

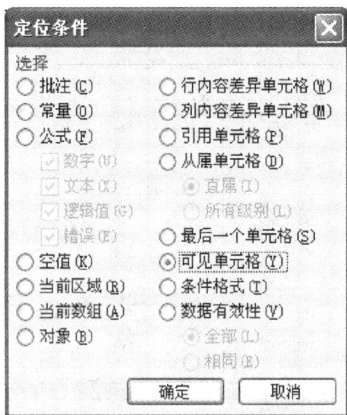

图 5.69 "定位条件"对话框　　　　图 5.70 设置为"可见单元格"的效果

（5）确定后将所选区域复制、粘贴至 A35 开始的区域。选中这个区域，执行"插入|图表"命令或单击工具栏上 按钮调出"图表向导"对话框，按图 5.71～图 5.75 的演示进行设置，可生成柱形图。

图 5.71 图表向导（一）

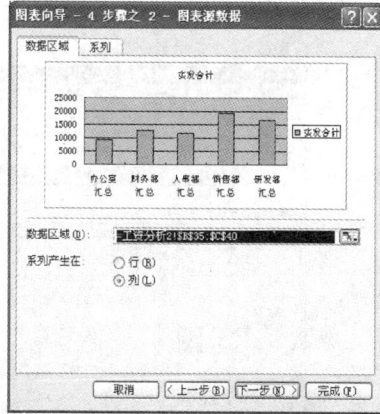

图 5.72 图表向导（二）

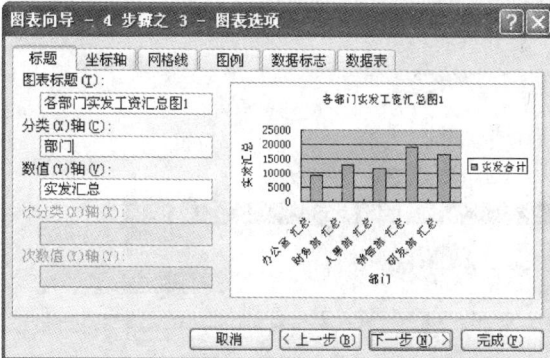

图 5.73 图表向导（三）

图 5.74 图表向导（四）

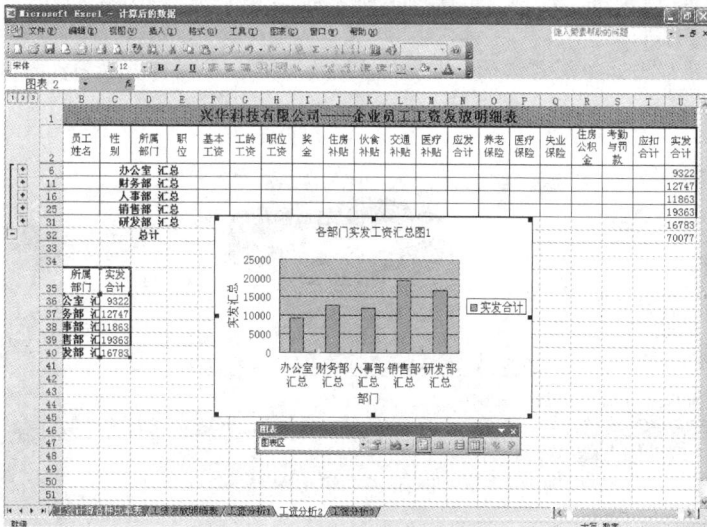

图 5.75 所绘出的图表效果图

（6）参考在 Word 部分所学的对对象的格式设置的技能将图表进行格式化，如图 5.76
所示。

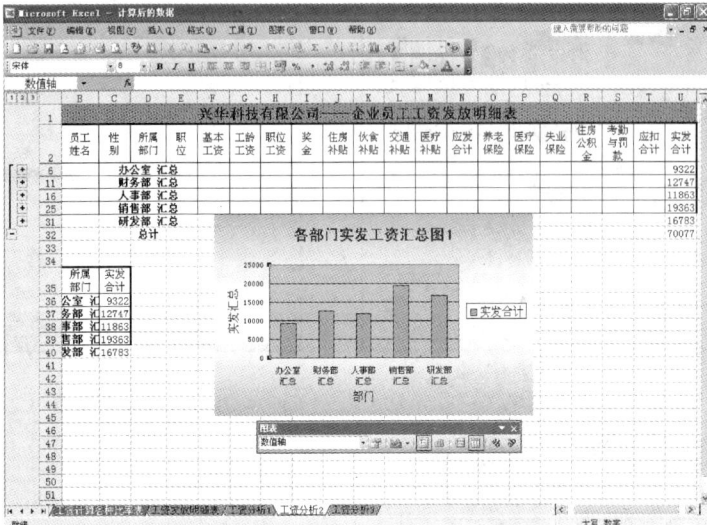

图 5.76　对图表进行格式化

试一试，能否使用以上数据生成如图 5.77 所示的饼形图？

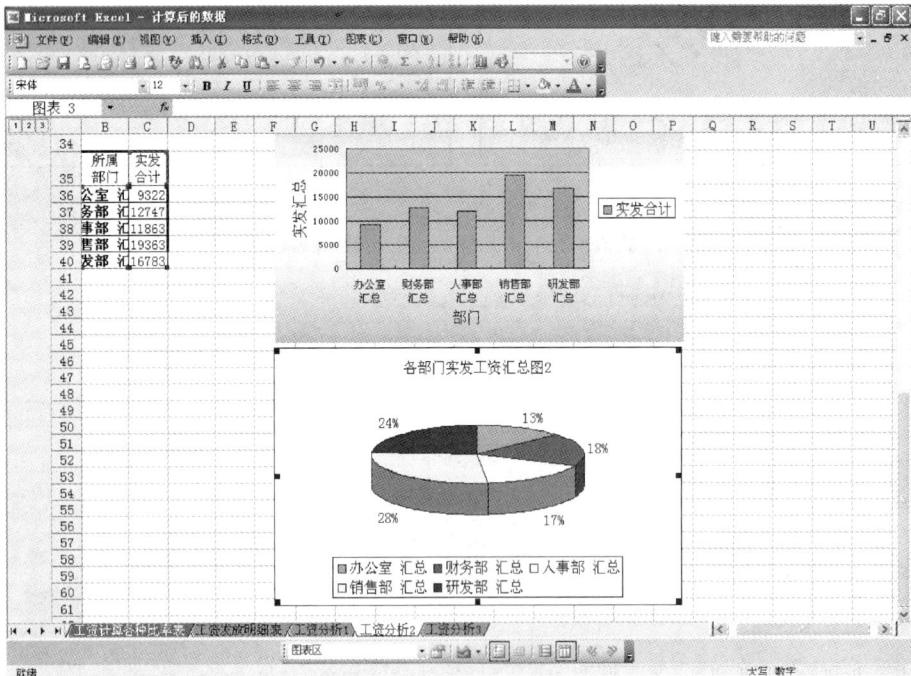

图 5.77　饼形图

4. 数据透视

利用数据透视图实现按部门分职务查看不同性别的员工的实发工资的平均数。

（1）在"工资分析 3"工作表中，执行"数据|数据透视表和数据透视图"命令，调出"数据透视表和数据透视图向导"对话框，如图 5.78～图 5.80 所示进行设置。

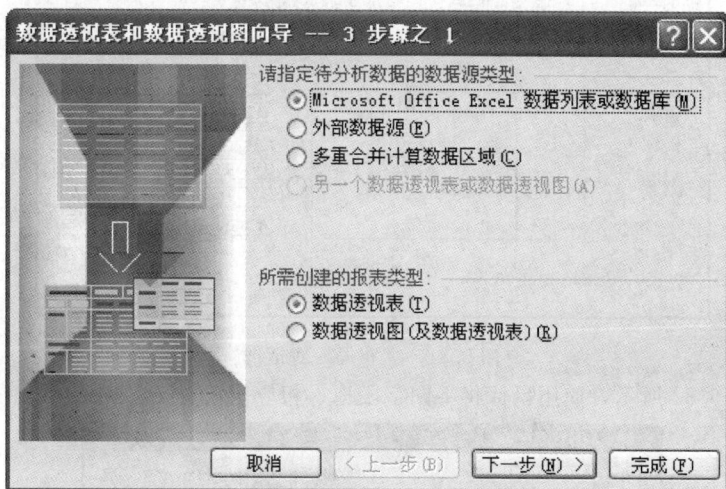

图 5.78　数据透视表和数据透视图向导（一）

图 5.79　数据透视表和数据透视图向导（二）

图 5.80　数据透视表和数据透视图向导（三）

（2）在"数据透视表和数据透视图向导——步骤之 3"对话框中单击"布局"按钮调出"布局"对话框（图 5.81），进行布局。

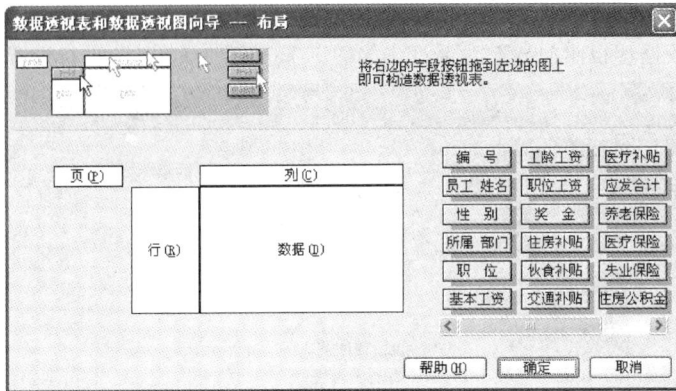

图 5.81　"布局"对话框

（3）如图 5.82 所示，使用鼠标将不同字段拖入相应位置。

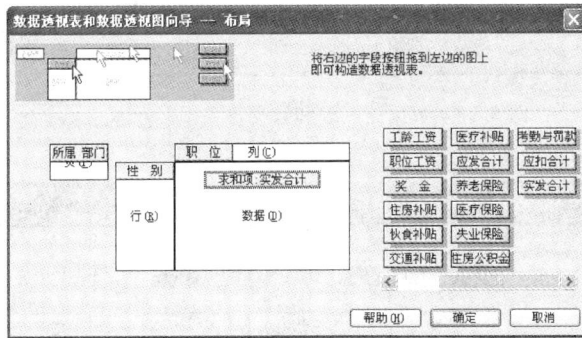

图 5.82　进行字段的布局

（4）双击"数据"项，在弹出的如图 5.83 所示
的对话框中更改汇总方式。

（5）确定后回到"数据透视表和数据透视图向
导——步骤之 3"对话框，单击"完成"按钮则可
在区域 A28：E34 得到如图 5.84 所示的数据透
视表。

（6）利用"单元格格式"设置对话框将相关区
域的数值设置为保留两位小数。

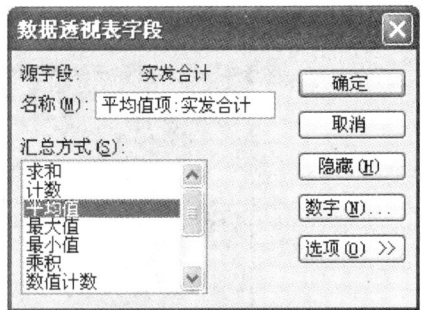

图 5.83　更改汇总方式

	A	B	C	D	E	F
27						
28	所属 部门	（全部）				
29						
30	平均值项:实发合计	职 位				
31	性　别	经理	主管	职员	总计	
32	男	4066.75	3244.13	2371.25	2801.41	
33	女	4353.33		2438.80	3156.75	
34	总计	4238.70	3244.13	2393.77	2919.85	
35						

图 5.84　最终的数据透视表

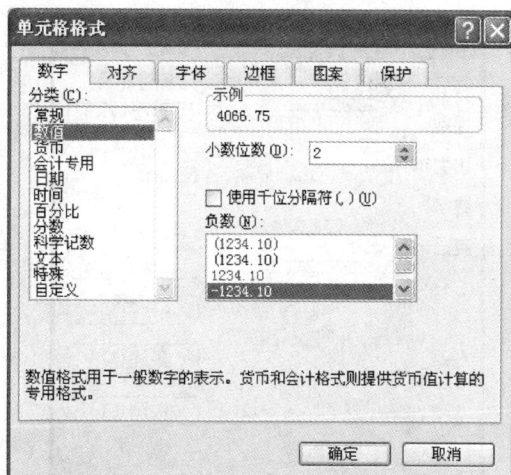

图 5.85 "单元格格式"对话框

（7）将工作簿另存为"分析后的数据 .xls"。

相关知识与技能

一、建立与编辑数据清单

1. 数据清单的建立

实际工作中，设计好一个数据清单的结构后，就可以在工作表中输入数据了。

首先在工作表的首行依次输入各个字段名，例如输入字段：姓名、性别、出生年月、数学、英语、总分，如图 5.86 所示，然后输入各项数据记录。

图 5.86 首行输入各个字段名

输入数据记录有两种方法：一是直接输入，和一般工作表数据输入的方法相同；二是利用"记录单"输入数据。具体操作步骤如下。

首先，选中字段名下面要输入第一条记录中的任一个单元格。

然后，选择菜单"数据|记录单"命令，弹出如图 5.87 所示的提示对话框，单击"确定"按钮，弹出"记录单"对话框，如图 5.88 所示。

单击"确定"按钮选定首行作字段名。

图 5.87 提示对话框

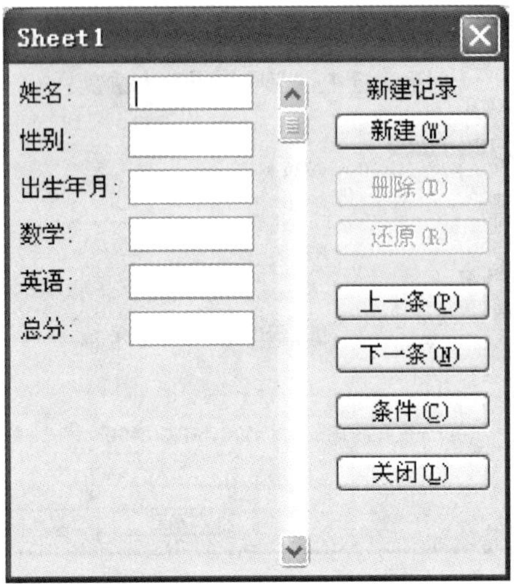

图 5.88 "记录单"对话框

在"记录单"对话框各个字段中输入数据记录，按 Tab 键，光标移动到下一个字段中。当输完所有需要输入的字段数据后，单击"新建"按钮或按 Enter 键，即可加入一条记录。可以继续输入下一条记录，直到输入所有记录为止。

2. 数据清单的编辑

（1）查询记录。

利用记录单查询记录，可以单击"记录单"对话框中的"条件"按钮，此时的字段框不是用来输入字段值，而是用来输入查询条件的；输入的查询条件中可以使用 >、<、>=、<=、<>、= 等比较运算符；然后单击"上一条"和"下一条"按钮查找显示出符合条件的记录。

（2）修改记录。

对于数据清单中的记录进行修改编辑，可以和一般工作表一样，在相应单元格进行编辑，也可以利用记录单进行修改编辑。其操作过程如下。

首先，选择数据清单中的任一单元格。

其次，选择"数据|记录单"命令，弹出"记录单"对话框。

最后，查找显示出要修改数据的记录，编辑修改记录内容。单击"关闭"按钮退出即可。

（3）插入记录。

可以先插入空白的行，然后在空白行中输入数据。

（4）删除记录。

选中要删除的一个或多个记录，选择"编辑|删除"命令，或在"记录单"中单击"删除"按钮。

（5）增加、删除字段。

增加、删除字段就是指插入、删除字段列。

二、排序数据

实际工作中，经常需要工作表中的数据按照某种顺序排列，以便数据有条理性，并且能快速查找到需要的数据。Excel 可以对整个数据清单的数据进行排序，也可以对某一列或所选定的单元格区域进行排序。

1. 对某一列数据排序

对某一列数据排序，可以使用"常用"工具栏上的"升序"按钮 $\frac{A}{Z}\downarrow$ 或"降序"按钮 $\frac{A}{Z}\downarrow$。具体操作步骤是：单击工作表中要进行排序列中的任意一个单元格，然后再单击"常用"工具栏上的"升序"按钮 $\frac{A}{Z}\downarrow$ 或"降序"按钮 $\frac{A}{Z}\downarrow$ 即可。

2. 对单元格区域数据排序

大多数情况下需要对单元格区域或整个数据清单进行排序，操作步骤如下。

首先，单击工作表中要进行排序列中的任意一个单元格，选择"数据|排序"命令，打开"排序"对话框，如图 5.89 所示。

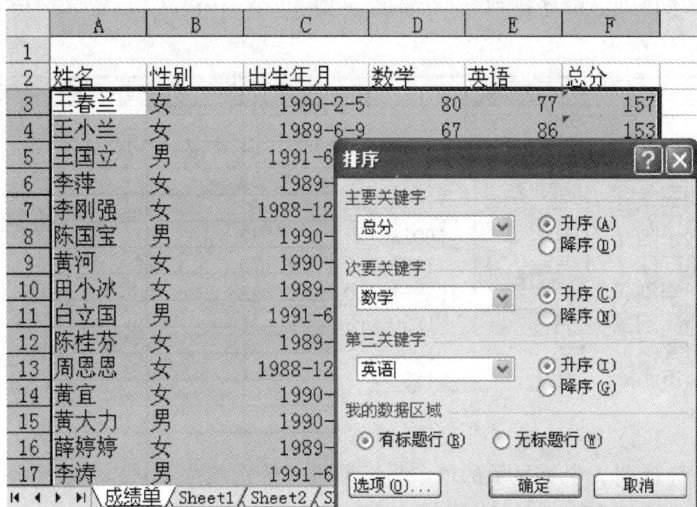

图 5.89 "排序"对话框

然后，在"排序"对话框中设定排序的依据，即选择设定"主要关键字""次要关键字""第三关键字"和相应的"递增""递减"选项。

最后，单击"确定"按钮即可。

Excel 默认状态为按列、按字母排序。如果需要按时间、按行或者文本按笔划排序等，可以单击"排序"对话框中的"选项"按钮，打开"选项"对话框进行设置，还可以按照自定义的序列进行排序，如图 5.90 所示。

三、筛选数据

筛选是一种在工作表数据清单中查找所需数据的快速方法。"筛选"功能可以使 Excel 只显示出符合指定条件的记录，隐藏那些不满足指定条件的记录。当

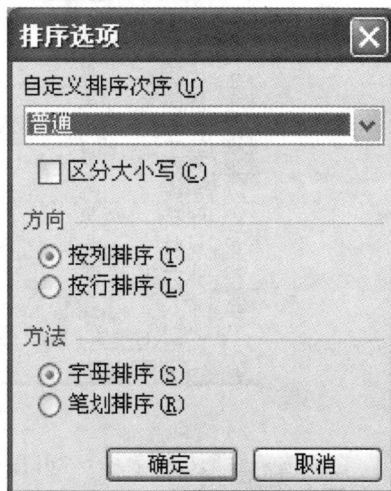

图 5.90 "排序选项"对话框

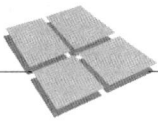

然可以只将筛选显示出的记录直接打印输出。

Excel 提供了自动筛选和高级筛选两种方法，其中自动筛选用于满足简单条件的筛选，高级筛选用于满足复杂条件的筛选。

1. 自动筛选

“自动筛选”可以在一列或同时在多列中指定筛选条件。通常，设定了筛选条件的字段名的下拉箭头和筛选出来的记录行号变成蓝色。

例如，在学生成绩数据清单中，要筛选显示出所有男生的成绩记录，操作步骤如下。

(1) 首先，在要筛选的数据清单中选定任一单元格。

(2) 其次，选择“数据|筛选|自动筛选”命令，此时各字段名的右下角显示一个下拉箭头。

(3) 然后，单击筛选条件所在字段（如“性别”）的下拉箭头，在 Excel 2003 中出现的下拉列表为：升序排列、降序排列、(全部)、(前 10 个……)、(自定义……) 和在该列出现的值，如图 5.91 所示。

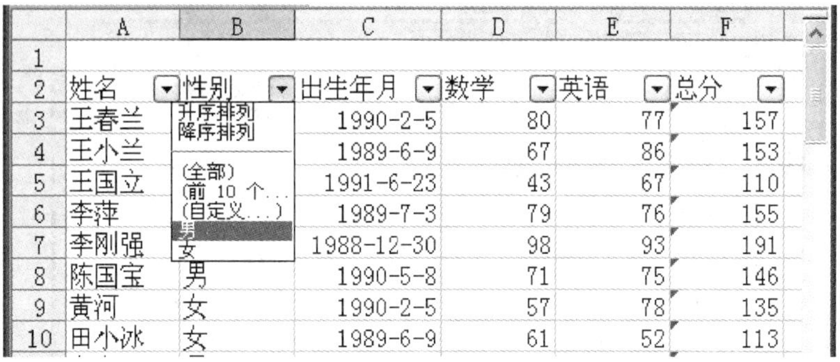

	A	B	C	D	E	F
1						
2	姓名	性别	出生年月	数学	英语	总分
3	王春兰		1990-2-5	80	77	157
4	王小兰		1989-6-9	67	86	153
5	王国立		1991-6-23	43	67	110
6	李萍		1989-7-3	79	76	155
7	李刚强		1988-12-30	98	93	191
8	陈国宝	男	1990-5-8	71	75	146
9	黄河	女	1990-2-5	57	78	135
10	田小冰	女	1989-6-9	61	52	113

图 5.91 筛选条件的选择

(4) 最后，选择列表中要显示的值“男”即可，筛选结果如图 5.92 所示。状态栏显示“在 22 条记录中找到 8 个”。

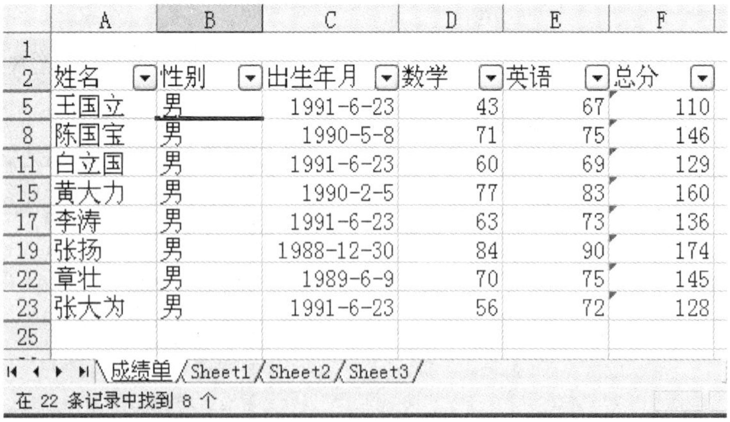

	A	B	C	D	E	F
1						
2	姓名	性别	出生年月	数学	英语	总分
5	王国立	男	1991-6-23	43	67	110
8	陈国宝	男	1990-5-8	71	75	146
11	白立国	男	1991-6-23	60	69	129
15	黄大力	男	1990-2-5	77	83	160
17	李涛	男	1991-6-23	63	73	136
19	张扬	男	1988-12-30	84	90	174
22	章壮	男	1989-6-9	70	75	145
23	张大为	男	1991-6-23	56	72	128
25						

图 5.92 筛选结果

在筛选条件下拉列表中，“升序排列”指数据记录按该列升序排列；“降序排列”指数据记录按该列降序排列；“(全部)”指显示出所有记录行；“(前 10 个……)”显示出数值列

中前 n 项或后 n 项，或显示该列记录总数的前 $n\%$ 或后 $n\%$；"（自定义……）"指在该列设定一个或两个自定义的筛选条件。

例如，在学生成绩数据清单中，要筛选出男生中数学成绩大于 75 分的记录，操作步骤如下。

首先，按上面操作步骤筛选出男生成绩记录。

图 5.93 "自定义自动筛选方式"对话框

然后，单击"数学"列的筛选下拉箭头，选择"（自定义……）"选项，弹出"自定义自动筛选方式"对话框，如图 5.93 所示。

最后，在"自定义自动筛选方式"对话框中设定筛选条件后，单击"确定"按钮即可，筛选结果如图 5.94 所示。

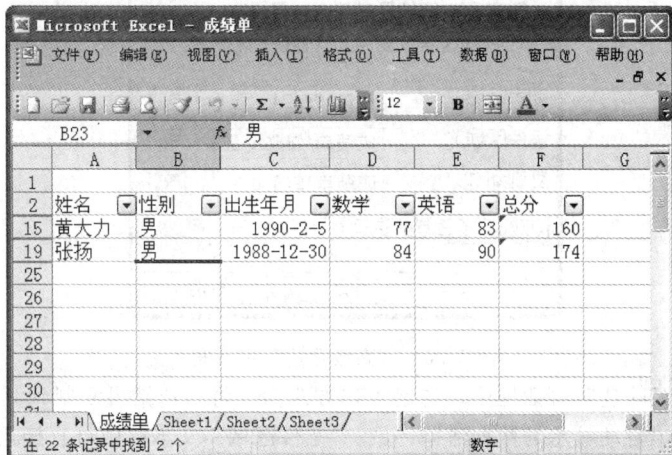

图 5.94 筛选结果

如果要取消"自动筛选"，可以再次选择"数据|筛选|自动筛选"命令。这样可以取消菜单"自动筛选"前面的"√"选中标记，数据清单中的自动筛选下拉箭头也就取消了。

2. 高级筛选

自动筛选的特点是在原来的数据区域上筛选，在原来的区域上显示筛选结果，不能明显地看到筛选条件。

如果需要将筛选出来的数据和原来数据区分开，并且能看到比较复杂的筛选条件，可以使用"高级筛选"。使用高级筛选的关键是设置筛选条件所在的条件区域。

例如,在学生成绩数据清单中,要筛选出男生中数学成绩大于 75 分或英语成绩大于 75 分的记录,操作步骤如下。

(1) 在数据清单下方的空白区域建立条件区域(条件区域第一行为筛选条件的字段名,最好从数据清单字段名行复制过来,以避免输入时因大小写或多空格而使其与数据清单字段名不一致;在字段名的下一行开始输入条件)。条件在同一行表示 AND("与")的关系,条件在不同行表示 OR("或")的关系,如图 5.95 所示。

23	张大为	男		1991-6-23
24	庄小丽	女		1989-7-3
25				
26	性别	数学	英语	
27	男	>75		
28	男		>75	

图 5.95　建立条件区域

条件区域内不能有空行,否则筛选结果显示为全部记录。

(2) 在数据清单中选定任一单元格,选择"数据|筛选|高级筛选"命令,弹出"高级筛选"对话框,如图 5.96 所示。

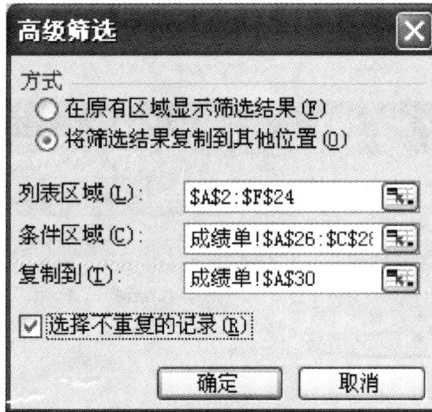

图 5.96　"高级筛选"对话框

(3) 在"高级筛选"对话框中,选定筛选方式为"将筛选结果复制到其他位置";"列表区域"文本框中自动显示为数据清单区域;"条件区域"文本框中可直接用鼠标选择指定条件区域;"复制到"文本框中可直接用鼠标单击指定筛选结果所在新位置的首单元格。

以首单元格为左上角的区域必须有足够的空间存放筛选结果,否则将覆盖该区域的数据。

(4) 单击"确定"按钮即可。筛选结果如图 5.97 所示。

30	姓名	性别	出生年月	数学	英语	总分
31	黄大力	男	1990-2-5	77	83	160
32	张扬	男	1988-12-30	84	90	174

图 5.97　筛选结果

在"高级筛选"对话框中，选中"选择不重复记录"复选框后再筛选，筛选结果将剔除相同的记录（先选中"将筛选结果复制到其他位置"单选按钮，此操作才有效）。这个特性可使用户将两个相同结构的数据清单合并，生成一个不含重复记录的新的数据清单。

具体做法是：先将两个数据清单的记录复制在一个数据清单中，再建立一个只有字段名而没有条件的条件区域，选中"选择不重复记录"复选框执行高级筛选，就可以生成一个不含重复记录的新的数据清单。

四、分类汇总

所谓分类，就是按指定字段排序，将同类的记录排列在一起；所谓汇总，就是按另外指定的多个字段对同类记录值进行汇总，汇总方式包括求和、求平均值、统计个数、求最大值、求最小值等。

例如，在学生成绩数据清单中，分类汇总求出男、女生的各科的平均成绩，操作步骤如下。

（1）首先以"性别"作为关键字进行排序，如图 5.98 所示。

	A	B	C	D	E	F
1						
2	姓名	性别	出生年月	数学	英语	总分
3	王国立	男	1991-6-23	43	67	110
4	陈国宝	男	1990-5-8	71	75	146
5	白立国	男	1991-6-23	60	69	129
6	黄大力	男	1990-2-5	77	83	160
7	李涛	男	1991-6-23	63	73	136
8	张扬	男	1988-12-30	84	90	174
9	章壮	男	1989-6-9	70	75	145
10	张大为	男	1991-6-23	56	72	128
11	王春兰	女	1990-2-5	80	77	157
12	王小兰	女	1989-6-9	67	86	153
13	李萍	女	1989-7-3	79	76	155
14	李刚强	女	1988-12-30	98	93	191
15	黄河	女	1990-2-5	57	78	135
16	田小冰	女	1989-6-9	61	52	113
17	陈桂芬	女	1989-7-3	87	82	169
18	周恩恩	女	1988-12-30	90	86	176
19	黄宫		1990-5-8	49	66	115

图 5.98 按"性别"进行排序

（2）单击要分类汇总数据清单中的任意一个单元格，选择"数据"→"分类汇总"命令，打开"分类汇总"对话框，"分类字段"选择为"性别"，"汇总方式"选择为"求和"，从"选定汇总项"列表框中选中"数学"、"英语"复选框，如图 5.99 所示。

（3）单击"确定"按钮，汇总结果如图 5.100 所示。在行号的左侧出现分级显示大纲控制符号。

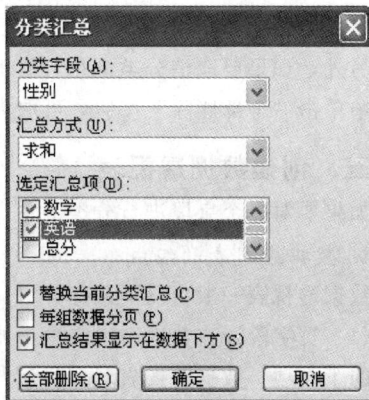

图 5.99 "分类汇总"对话框

1 2 3		A	B	C	D	E	F
	1						
	2	姓名	性别	出生年月	数学	英语	总分
·	3	王国立	男	1991-6-23	43	67	110
·	4	陈国宝	男	1990-5-8	71	75	146
·	5	白立国	男	1991-6-23	60	69	129
·	6	黄大力	男	1990-2-5	77	83	160
·	7	李涛	男	1991-6-23	63	73	136
·	8	张扬	男	1988-12-30	84	90	174
·	9	章壮	男	1989-6-9	70	75	145
·	10	张大为	男	1991-6-23	56	72	128
−	11		男 汇总		524	604	
·	12	王春兰	女	1990-2-5	80	77	157
·	13	王小兰	女	1989-6-9	67	86	153
·	14	李萍	女	1989-7-3	79	76	155
·	15	李刚强	女	1988-12-30	98	93	191
·	16	黄河	女	1990-2-5	57	78	135
·	17	田小冰	女	1989-6-9	61	52	113
·	18	陈桂芬	女	1989-7-3	87	82	169
·	19	周恩恩	女	1988-12-30	90	86	176
·	20	黄宜	女	1990-5-8	49	66	115
·	21	薛婷婷	女	1989-6-9	69	78	147
·	22	程维娜	女	1989-7-3	79	89	168
·	23	杨芳	女	1990-5-8	93	91	184
·	24	杨洋	女	1990-2-5	65	78	143
·	25	庄小丽	女	1989-7-3	81	59	140
−	26		女 汇总		1055	1091	
−	27		总计		1579	1695	

图 5.100　分类汇总结果

单击 2 级大纲控制符号，只显示分类汇总，如图 5.101 所示。

1 2 3		A	B	C	D	E	F
	1						
	2	姓名	性别	出生年月	数学	英语	总分
+	11		男 汇总		524	604	
+	26		女 汇总		1055	1091	
−	27		总计		1579	1695	

图 5.101　只显示分类汇总

另外，如果要取消分类汇总，单击"数据|分类汇总"命令，在打开的"分类汇总"对话框中单击"全部删除"按钮，可取消分类汇总显示结果，恢复至原始数据清单。

五、创建数据透视表

如果要对多个字段进行分类汇总，使用数据透视表则更为快捷、方便。

1. 数据透视表的组成

数据透视表一般由以下几部分组成。

（1）页字段：在数据透视表中被指定为页方向的源数据清单或表单中的字段。单击页字段的不同项，数据透视表就会显示与该项相关的汇总数据，就相当于翻开书的不同页码就会显示相应页码的内容。

（2）行字段：数据透视表中指定为行方向的源数据清单或表单中的字段。

（3）列字段：数据透视表中指定为列方向的源数据清单或表单中的字段。

（4）数据区域：数据透视表中含有汇总数据的区域。数据区域中的单元格用来显示行和列字段中数据项的汇总数据，数据区域每个单元格中的数值代表源记录或行的一个汇总。

2．创建数据透视表

创建数据透视表，首先从源数据清单中选中任意一个单元格，然后选择"数据|数据透视表和数据透视图"命令，在打开的"数据透视表和数据透视图向导"对话框中按向导进行如下操作：（1）指定透视表所基于的数据源的类型，并确定创建的是数据透视表还是数据透视图；（2）指出源数据的位置；（3）指出数据透视表显示的位置，然后指定数据透视表要显示的布局和要执行的数据计算方式即可。

3．编辑数据透视表

创建好数据透视表时，Excel 会自动打开一个"数据透视表"工具栏和数据透视表字段列表。选择"视图|工具栏|数据透视表"命令，也可打开或关闭"数据透视表"工具栏，如图 5.102 所示。根据需要，常利用该工具栏对数据透视表进行调整修改。

图 5.102　　"数据透视表"工具栏

（1）直接将字段拖出数据透视表区域，可删除数据透视表的字段；从数据透视表字段列表拖动到数据透视表中，可添加数据透视表的字段。或者利用"数据透视表"工具栏中的数据透视表向导调整布局。

（2）使用"数据透视表"工具栏的"图表向导"按钮可创建数据透视图。

（3）使用"数据透视表"工具栏的"字段设置"按钮可改变汇总方式。

（4）使用"数据透视表"工具栏的"更新数据"按钮可修改透视表中的数据。

（5）使用"数据透视表"工具栏的"显示/隐藏字段列表"按钮可显示/隐藏数据透视表的字段列表。

拓展与提高

1．练习 5.8：排序和筛选

（1）排序。

①打开工作簿 gzb13.xls，对 Sheet1 工作表中的数据清单按"平时成绩"降序排序；"平时成绩"相同时，按"学号"降序排列。完成后另存到 Excel 文件夹下，命名为 XXX1.xls。

②再打开工作簿 gzb13.xls，对 Sheet1 工作表中的数据清单按"姓名"列以笔画升序进行排序，完成后另存到 Excel 文件夹下，命名为 XXX2.xls。

③打开工作簿 gzb12.xls，插入"教师表 6"工作表，筛选出"教师表"工作表中不重复的记录存放至"教师表 6"工作表 A1 开始的区域，并将这些记录按"教授、副教授、讲师、助教"的顺序重新排列记录顺序，完成后将工作簿另存到 Excel 文件夹下，命名为 XXX3.xls。

（2）数据的筛选。

①打开工作簿 gzb12.xls，用自动筛选进行如下操作。

a. 在"教师表 1"中筛选出"讲师"的不重复记录。

b. 在"教师表 2"中筛选出"基础工资"大于 1000 的教授。

c. 在"教师表 3"中筛选出"基础工资"在 700 和 1000 之间的记录。

d. 在"教师表 4"中筛选出讲师和助教的记录。

e. 在"教师表 5"中筛选出 1970 年至 1980 年之间出生的男同志的记录。

完成后另存到 Excel 文件夹下，命名为 XXX4.xls。

②打开工作簿 gzb14.xls，完成下列高级筛选。

a. 在 Sheet1 中，筛选出中国银行和中国工商银行的记录，存放在 A23 开始的单元格区域内。

b. 在 Sheet2 中，筛选出中国银行 3 年期的记录，存放在 A23 开始的单元格区域内。

c. 在 Sheet3 中，筛选出期限为 3 年且金额超过 3000（包含 3000）的记录，存放在 A23 开始的单元格区域内。

d. 在 Sheet4 中，筛选出中国银行和中国工商银行的 3 年期和 5 年期的记录。

完成后另存到 Excel 文件夹下，命名为 XXX5.xls。

2. 练习 5.9：分类汇总和数据透视

打开素材工作簿"管理练习.xls"，完成下列操作。

①在"教师表"工作表中统计不同职称人员的基础工资的平均值。

②在"银行"工作表中统计各银行的金额总和。

③在"抗震救灾"工作表中统计出各专业捐赠人民币和衣物的总数。

④在"情况简表"工作表中用数据透视表统计各部门的不同性别的人数。

⑤在"销售列表"工作表中以 A18 开始的地址建立一个按商品统计的各商店总销售额列表。

3. 练习 5.10：图表

打开素材工作簿"图表练习.xls"，完成下列操作。

（1）在工作表"产量统计"中进行如下操作。

①在当前工作表中建立折线图，横坐标为月份，纵坐标为产量。

②将图形移到表格的下方。

③分别设置图例格式、坐标格式。清除图中的网格线、背景颜色和边框。

④设置产量曲线的线型和颜色，其中，一车间曲线用蓝色，数据标记用方块，前景用白色，背景用蓝色，大小为 4 磅；二车间曲线用绿色，数据标记用三角形，前景用白色，背景用绿色，大小为 4 磅。

（2）在工作表"VCD 管理"中按如下样张插入数据透视表和透视图。

①透视表放在 G4 开头的位置。

②在 G10：M24 的位置嵌入柱形统计图表，分类轴为"美国"和"中国"，系列为"动画片"和"故事片"，图标标题为"计个人 VCD 管理图表"。

③图表区的背景色设置为蓝白双色的过渡色，绘图区填充"雨后初晴"效果，如图 5.103 所示。

（3）在工作表"英语成绩"中对英语成绩的总评成绩进行计算，总评成绩＝平时成绩×30％＋考试成绩×70％，然后进行如下操作。

① 以姓名为系列，为平时成绩、考试成绩、总平成绩 3 列建立"簇状柱形"图表，系列产生在列，图表标题为"成绩单"，分类轴标题为"姓名"，数值轴标题为"分数"，图例位于底部，数值轴和分类轴都显示主网格线，将图表插入工作表的 A15：E25 区域内。

② 将 3 个标题设置成黑体、18 磅、红色字，数值轴和分类轴设置成宋体、16 磅、蓝色字，图例设置成隶书、18 磅、紫色字。

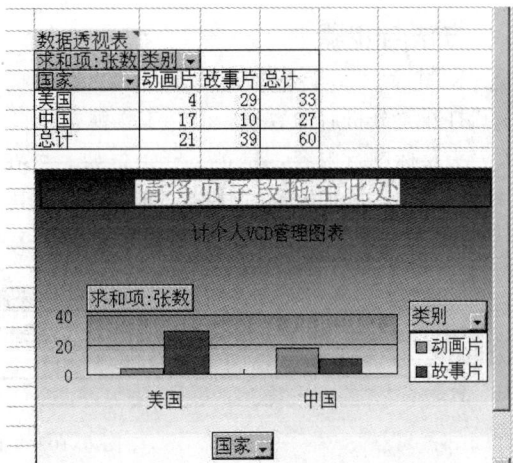

图 5.103　效果图

③ 将分类轴的对齐方向设置成 90°，并设置成黑体、18 磅、绿色字。

④ 删除"总评成绩"系列，再为图表增加"总评成绩"系列，并将该系列移到最前面。

⑤ 将图例中的文字设置成蓝色、黑体、14 磅字。

⑥ 将图表标题改成"英语成绩单"。

⑦ 将"平时成绩"系列的填充色设置成红色，边框设置成蓝色。

⑧ 将网格线设置成黄色。

⑨ 将绘图区的填充色设置成"雨后初晴"。

▶ 任务四　制作与打印工资条

任务描述

兴华科技有限公司要发放 5 月份的工资了，为了让每位员工了解自己工资的具体情况，同时发放如图 5.104 所示的工资条。

| 兴华科技有限公司——企业员工工资条 | | | | | | | | | | | | | | | | | | | |
月份	编　号	员工姓名	性别	所属部门	职位	基本工资	工龄工资	职位工资	奖金	住房补贴	伙食补贴	交通补贴	医疗补贴	应发合计	养老保险	医疗保险	失业保险	住房公积金	考勤与罚款	应扣合计	实发合计
2008年5月	XH1020	李志刚	男	销售部	职员	800	10	600	400	300	150	80	80	2420	112	28	14	140	0	294	2126

图 5.104　工资条

那么，应如何利用工资明细表中的数据快速制作出工资条并打印出来呢？

任务分析

工资条是发放工资时使用的一项清单，打印出来并裁剪开的每张工资条只包含工资明细表中的一条记录。此任务需要建立一张工资条工作表，使用 VLOOKUP 函数引用工资明细表中的数据，生成工资条，然后进行打印设置、打印。

方法与步骤

1. 建立"工资条"工作表

打开"分析后的数据.xls"工作簿,在最后插入一个工作表并且命名为"工资条",输入表头及标题行内容,建立工资条框架。可在复制"工资发放明细表"中相关数据的基础上进行修改,添加一列"月份"列,并参照其余表进行格式化,如图 5.105 所示。

图 5.105　工资条框架

2. 引用数据

在第 3 行输入月份和编号,选中 C3 单元格,输入函数"＝VLOOKUP(＄B3,工资发放明细表!＄A＄3:＄U＄26,2)",如图 5.106 所示,确认后即获取了编号为 XH1001 的员工的姓名。读者可以考虑,为什么第一个参数要使用混合地址引用?如果输入"＝VLOOKUP(B3,工资发放明细表!＄A＄3:＄U＄26,2)"会产生什么结果?

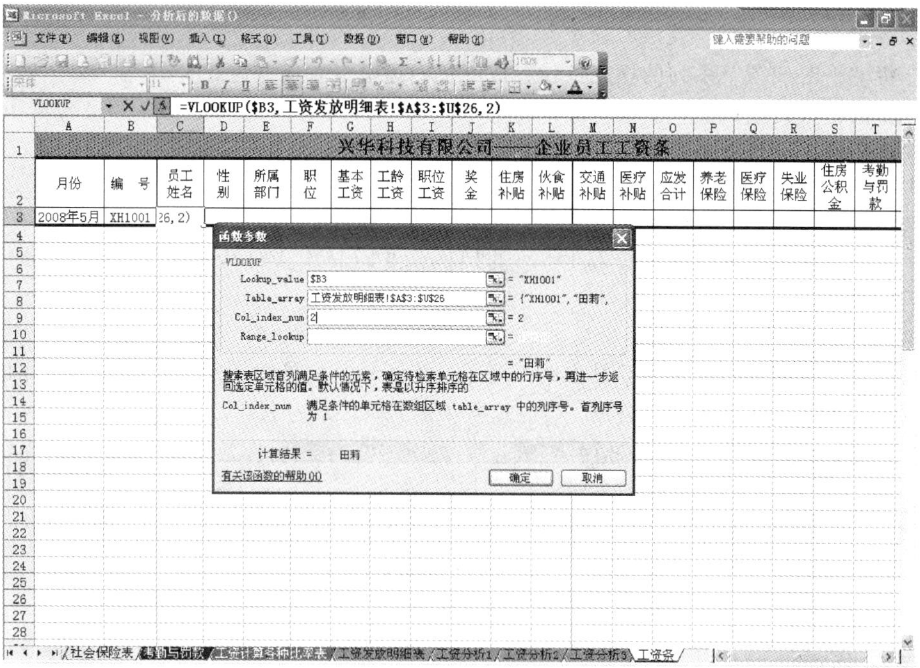

图 5.106　输入函数

使用鼠标拖动 C3 单元格右下角的填充手柄至 V3,此时 D3:V3 个单元格内被填充了函数,如图 5.107 所示。

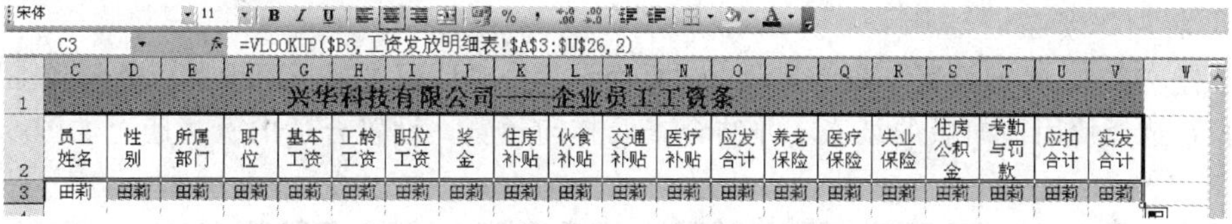

图 5.107　填充数据

选中 D3 单元格，在编辑栏中将公式改为"＝VLOOKUP（＄B3，工资发放明细表！
＄A＄3：＄U＄26，3）"，即将第 3 个参数由"2"改为"3"，然后分别更改其余单元格中
函数的第 3 个参数，直至 V3 单元格内容改为"＝VLOOKUP（＄B3，工资发放明细表！
＄A＄3：＄U＄26，21）"，如图 5.108 所示。

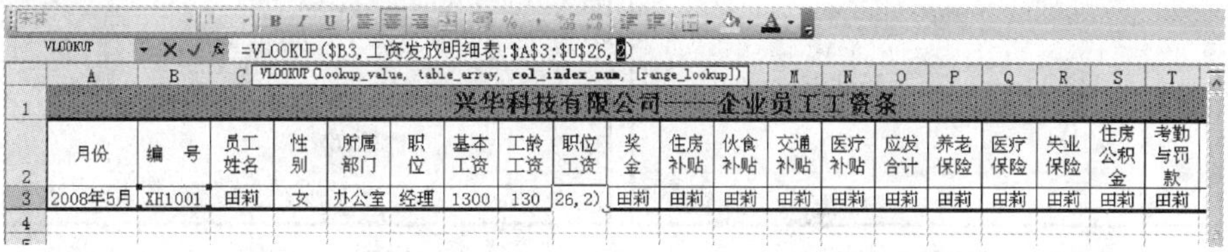

图 5.108　修改参数

此时在第 3 行获取了编号为 XH1001 的员工的详细工资条信息，如图 5.109 所示。

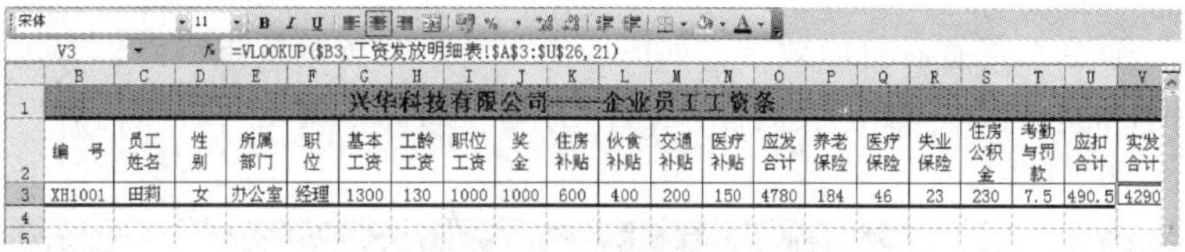

图 5.109　详细工资条信息

3. 生成工资条

选中 A1：V3 单元格区域，将光标定位在该区域的右下角，当光标变成黑十字时，按
住鼠标左键向下拖动至 V72，可得到如图 5.110 所示的每位员工的工资条。

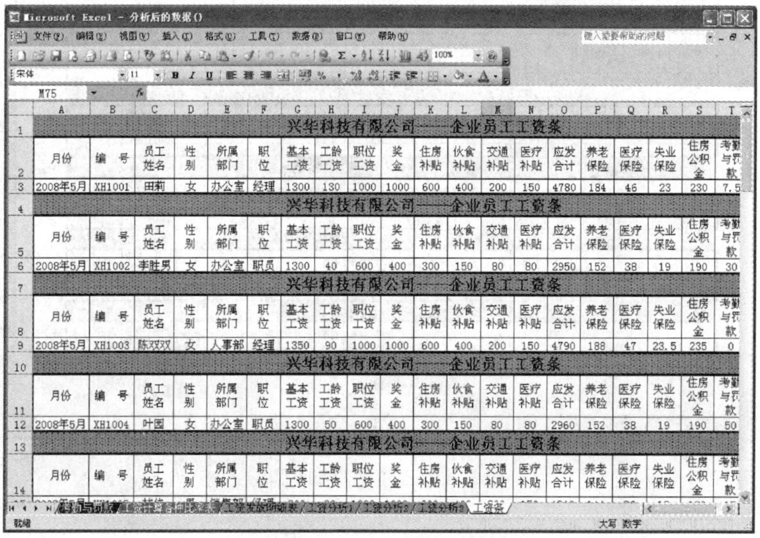

图 5.110　员工的工资条

4. 打印工资条

选择"文件|页面设置"命令，调出"页面设置"对话框进行页面设置。考虑到工资条比较长，选择使用横向版的纸张，并结合查看打印预览，设置合适的页边距，如图 5.111 和图 5.112 所示。

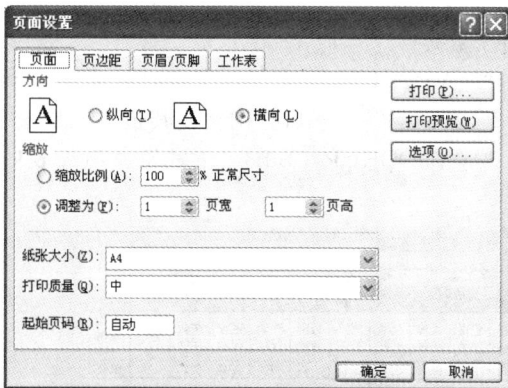

图 5.111 "页面"选项卡   图 5.112 "页边距"选项卡

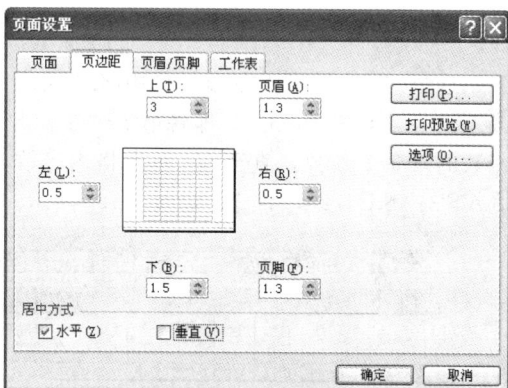

单击"页面设置"对话框上的"打印预览"按钮或工具栏上的 ⌕ 按钮，或执行"文件|打印预览"命令都可查看打印效果，如图 5.113 所示。预览效果满意，即可单击"页面设置"对话框上的"打印"按钮或执行"文件|打印"命令，调出"打印内容"对话框（图5.114）进行打印。

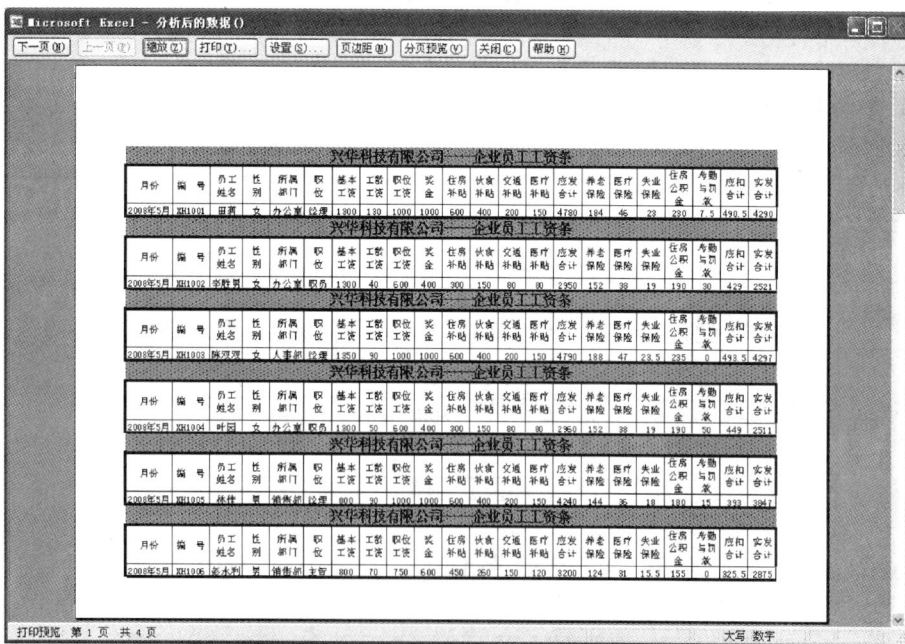

图 5.113 预览打印效果

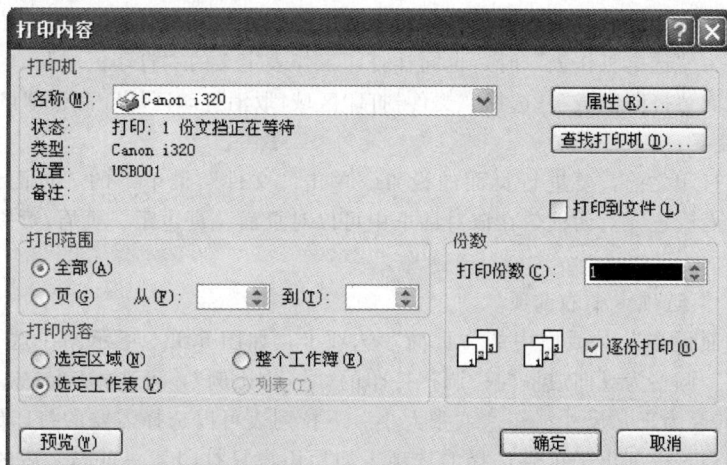

图 5.114 "打印内容"对话框

另外,也可单击工具栏上的 按钮直接打印。打印完成后可裁成条状。

如此制作的"工资条"表制作完成后,以后每个月份需要制作工资条时,只要在"工资发放明细表"表中进行数据更改即可自动生成新的工资条数据。读者可以考虑这是为什么?

以上 4 个步骤完成后,将工作簿另存为"兴华公司工资管理系统.xls"。

相关知识与技能

1. 设置打印内容

Excel 为打印输出提供了灵活的方式,在需要打印时,可以首先执行"文件|打印"命令,弹出"打印内容"对话框,根据需要选择相应的打印内容、范围、份数等。若进行页面设置或打印预览后再打印,也会弹出该对话框。

打印内容分为:打印活动工作表、某选定区域、整个工作簿。打印范围分为:打印全部、指定的单页或若干页。打印份数用户可以由自己指定。"逐份打印"是指从第 1 页到末页打印完一份后,再打印下一份。"打印到文件"是指将选中的数据发送到磁盘上的一个文件内,而不是发送到打印机。

可打印指定的单页。如打印第 3 页,可选择"打印范围"的"页"单选按钮,输入"从 3 到 3"。

如果要将工作表的某一部分打印出来,可以先选定需要打印的区域,再在上述"打印内容"对话框中选择"选定区域"单选按钮即可打印。

默认情况下,Excel 打印当前活动工作表的全部内容一份。

2. 设置选定打印区域

如果要将工作表的某一部分打印出来,除了上述方法外,还可以在打印工作表前,对打印的区域设置定义为"打印区域"。

(1)选中想要定义的区域,然后选择"文件|打印区域|设置打印区域"命令。

(2)选择"文件|页面设置"命令,在"页面设置"对话框的"工作表"选项卡上的"打印区域"文本框中输入想要打印的单元格区域。

设置定义"打印区域"后，即可打印定义的"打印区域"。当使用"打印内容"对话框中的打印内容为"选定工作表"时，也同样打印工作表定义的"打印区域"。

（3）要取消"打印区域"，选择"文件|打印区域|取消打印区域"命令即可。

3. 页面设置

工作表在打印之前，要进行页面的设置。单击"文件"菜单下的"页面设置"命令，就可打开"页面设置"对话框，在该对话框中可以对页面、页边距、页眉/页脚和工作表进行设置。

（1）"页面"选项卡中的选项。

选择"页面设置"对话框中的"页面"选项卡，如图 5.115 所示。在这个选项卡中，可以将"方向"调整为纵向或横向；调整打印的"缩放比例"，可选择 10％～400％尺寸的效果打印，100％为正常尺寸；在"纸张大小"下拉列表可以选择需要的打印纸类型；"打印质量"下拉列表中列出了可供选择的选项。如果用户只打印某一页码之后的部分，可以在"起始页码"文本框中设定。

（2）页边距的设置。

打开"页边距"选项卡，分别在"上、下、左、右"框中设置页边距。在"页眉、页脚"编辑框中设置页眉、页脚的位置。

在"居中方式"选项区域中，可选择工作表在页面中的"水平居中"和"垂直居中"两种方式。

（3）页眉/页脚的设置。

打开"页眉/页脚"选项卡，在选项卡中展开"页眉"下拉列表，可选定一些系统定义的页眉，同样在"页脚"下拉列表中可以选定一些系统定义的页脚。

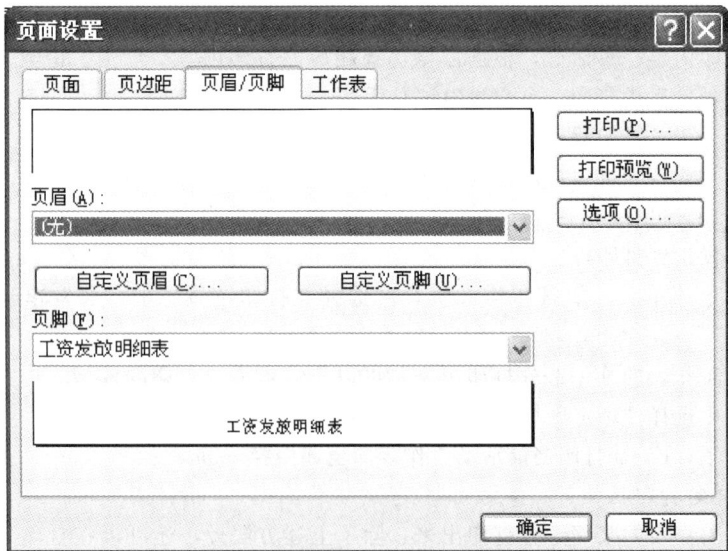

图 5.115　"页面设置"对话框

单击"自定义页眉"或"自定义页脚"按钮，在弹出的"页眉"或"页脚"对话框中，可以在"左""中""右"文本框中输入需要的的页眉或页脚。

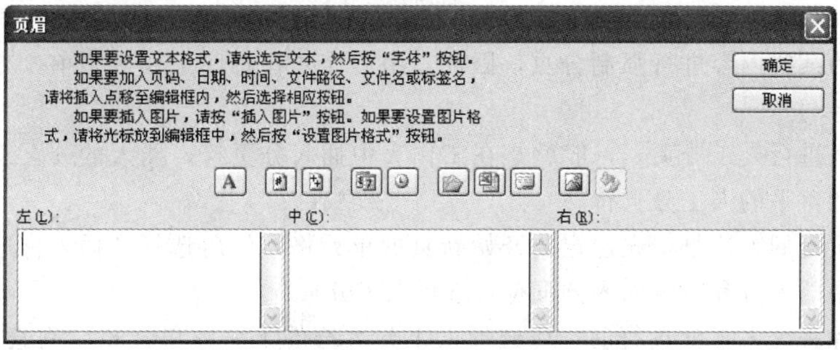

图 5.116　"页眉"对话框

在 Excel 2003 中，在其上方还有 10 个不同的按钮，它们的作用分别如下。

① "字体"按钮：单击此按钮可以对页眉、页脚进行字体的编辑。

② "页码""总页码"按钮：单击此按钮可在光标所在位置插入页码或总页码。

③ "日期""时间"按钮：单击此按钮可在光标所在位置插入日期或时间。

④ "路径/文件""文件名"和"标签名"按钮：单击此按钮可在光标所在位置插入 Excel 工作簿的路径和文件名或本工作表的标签名。

⑤ "插入图片""设置图片格式"按钮：单击"插入图片"按钮可在此位置插入图片，再设置图片大小格式。

（4）工作表的设置。

选择"工作表"选项卡，如图 5.117 所示。如果要打印某个区域，则可以在"打印区域"文本框中输入或直接选择要打印的区域。如果打印的内容较长，需要打印在两张纸上，而又要求在第二页上具有与第一页相同的行标题和列标题，则在"打印标题"框中的"顶端标题行"和"左端标题列"中分别指定标题行和标题列的行与列，还可以指定打印顺序等。

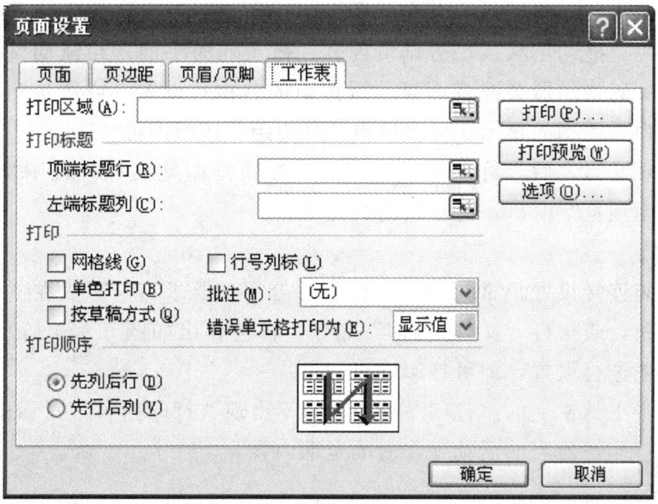

图 5.117　"工作表"选项卡

（5）设置分页。

一张 Excel 工作表可能很大，而能够用来打印的纸张面积是有限的。对于超过一页打印

内容的工作表，系统能够自动设置分页符，在分页符的位置将文件分页。而用户有时需要对工作表中的某些内容进行强制分页，因此，用户需要在打印工作表之前，先对工作表进行分页。

对工作表进行人工分页，一般就是在工作表中插入分页符，插入的分页符包括垂直的人工分页符和水平的人工分页符。

插入分页符的方法是：先选定要开始新页的单元格，然后选择"插入|分页符"命令，在选定单元格的上方和左侧插入分页符，进行人工分页。

当要删除一个人工分页符时，应选择人工分页符的下一行单元格（垂直分页符下方）或右一列单元格（水平分页符右侧），然后单击"插入"菜单，此时弹出的下拉菜单中的"分页符"命令将变为"删除分页符"命令，单击此命令就可删除这个人工分页符。如果要删除全部人工分页符，则应选中整个工作表，然后选择"插入|重设所有分页符"命令。

4. 打印预览和打印

（1）打印预览。

"打印预览"特性使用户预览工作表在纸面上显示的方式。可以检查分页符、页边距和设置格式的效果，而不必进行多次打印输出造成纸张的浪费，可使用如下方法打开"打印预览"窗口进行打印前的预览。

①选择"文件|打印预览"命令。

②在"常用"工具栏上单击"打印预览"按钮。

③按 Shift 键的同时单击"常用"工具栏上的"打印"按钮。

④单击"打印内容"对话框中的"预览"按钮，或单击"页面设置"对话框中的"打印预览"按钮。

如果对工作表的外观不太满意，可以在"打印预览"窗口中进行大多数的页面版式设置。单击"设置"按钮，显示出"页面设置"对话框，可更改任意页面设置。

通过单击"页边距"按钮，可以在不退出"打印预览"窗口的条件下改变页边距和列宽。若调整页边距，拖动点状线；若调整列宽，拖动列的手柄。在拖动鼠标的时候，显示在屏幕左下角的页码指示器会改变而显示页边距的名称和设置，或所选列的宽度。若关闭这些页边距线和列的手柄的显示，再次单击"页边距"按钮即可。

在对文档外观满意之后，可以单击"打印"按钮打印此文档。否则可以单击"关闭"按钮，离开"打印预览"窗口，返回以前的视图。

（2）打印。

当打印机安装连接设置正常，预览工作表符合用户要求后，可以在"打印预览"窗口单击"打印"按钮，或执行"文件|打印"命令，都会弹出如图 5.114 所示的"打印内容"对话框，如前所述进行设置，即可打印输出。

如果直接单击工具栏上的"打印"按钮，将不出现"打印内容"对话框，Excel 采用默认的打印设置来打印一份当前活动工作表的全部内容。

5. 保护数据

在某些情况下需要对数据进行保护，对于 Excel 来说，常用的主要就是对工作簿、工作表、允许用户编辑区域等进行保护，对这些对象的保护是各不相同的。下面就对其分别来进行介绍。

（1）保护工作簿。

对于普通工作簿，Excel 也能够提供一定程度的保护，防止对工作簿中所含工作表结构和工作簿窗口显示方式的修改。操作步骤如下。

①选择"工具|保护|保护工作簿"命令，出现如图5.118 所示的"保护工作簿"对话框。

②在对话框中进行如下设置。

选中"结构"复选框，可保护工作簿的结构。这样，在该工作簿中将不能进行复制、移动、删除、插入、隐藏、取消隐藏、查看隐藏、重命名工作表等操作。

图 5.118　"保护工作簿"对话框

选中"窗口"复选框，可保护工作簿的窗口。这样，工作簿窗口将不能移动、调整或关闭，而保持窗口固定的位置和大小，但用户可以进行复制、移动、隐藏或取消隐藏工作表窗口等操作。

输入"密码"后，当其他用户要取消工作簿保护时，提示输入该密码，否则不能取消工作簿保护。

（2）保护工作表。

"保护工作表"是指对一个当前工作表及锁定的单元格进行设置的保护。默认情况下，Excel 的所有单元格和图表都为"锁定"状态。即在默认状态下直接设置保护工作表，将保护当前整个工作表或图表。

设置保护工作表的操作步骤如下。

①打开需要设置保护的某一个工作表，选择"工具|保护|保护工作表"命令，出现如图 5.119 所示的"保护工作表"对话框。

②在该对话框中根据需要进行设置。

选中"保护工作表及锁定的单元格"复选框，即启动对工作表的保护。在"取消工作表保护时使用的密码"文本框中输入密码，则为密码保护；密码是可选的，如果没有密码，则任何用户都可以取消对工作表的保护。在"允许此工作表的所有用户进行"选项区域中选择设置所有用户可以进行的操作。

③单击"确定"按钮，启动对工作表的保护。

取消对工作表的保护，可以打开被保护的工作表，选择菜单"工具|保护|撤消工作表保护"命令，按提示输入密码，单击"确定"按钮即可。

实际工作中，还经常需要对保护工作表中的某单元格或单元格区域进行编辑，或将公式隐藏起来。可在设置保护工作表前进行如下操作。

首先，选定不需要保护而能够进行编辑的单元格或单元格区域，或选定有公式的单元格或单元格区域。

然后，选择"单元格|单元格格式"命令，在弹出"单元格格式"对话框（图 5.120）中的"保护"选项卡中，取消"锁定"选项，即设置保护工作表就取消了对该单元格的保护；选择"隐藏"选项，就可以隐藏单元格中的公式，只显示了公式的结果，但该公式仍在起作用。

最后，再按如上步骤进行设置保护工作表即可。

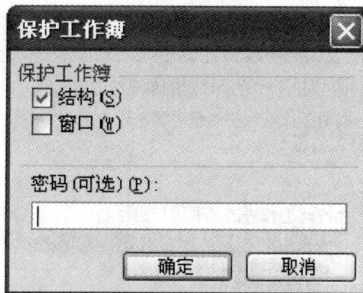

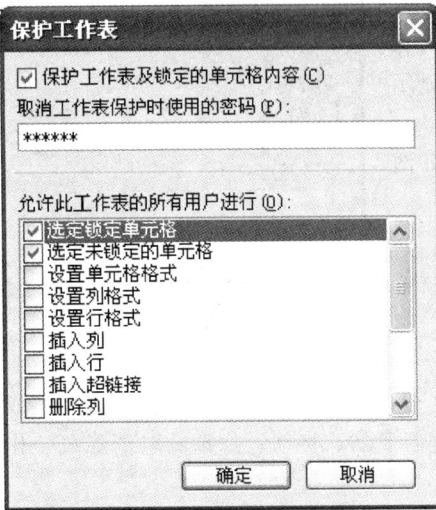

图 5.119 "保护工作表"对话框

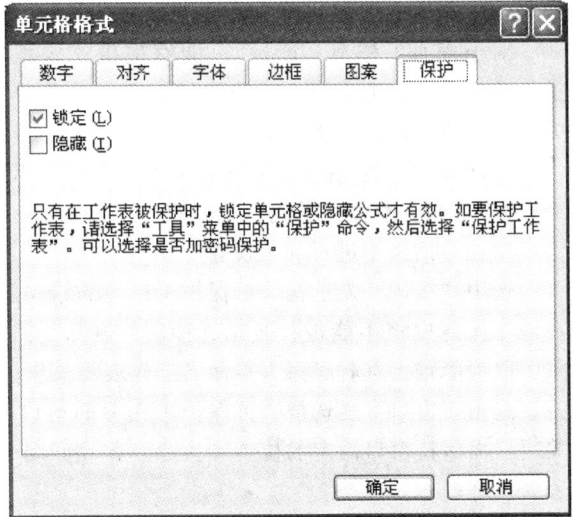

图 5.120 "单元格格式"对话框

（3）保护允许用户编辑区域。

上述取消"锁定"状态的单元格区域在保护工作表中没被保护，任何用户不需要任何密码都可以进行编辑。而"保护允许用户编辑区域"是指设置保护工作表后，允许用户通过密码访问编辑特定的单元格区域。具体操作步骤如下。

① 选择"工具|保护|允许用户编辑区域"命令（该命令只有在未设置工作表保护时才可以使用），出现如图 5.121 所示的对话框。

② 建立新的允许用户编辑区域。在"允许用户编辑区域"对话框中，单击"新建"按钮，出现如图 5.122 所示的对话框，重复进行以下操作，建立用户通过密码可以访问的每一个区域。

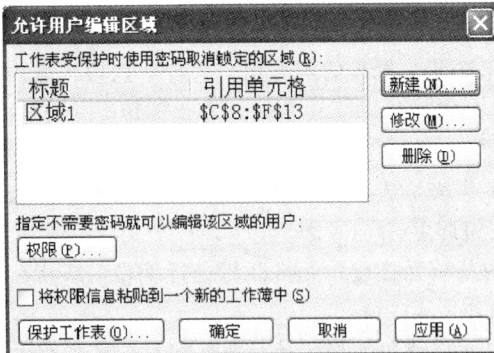

图 5.121 "允许用户编辑区域"对话框

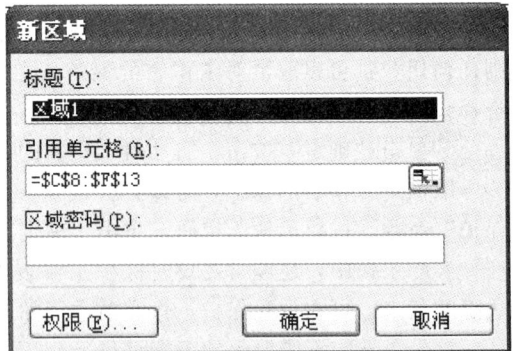

图 5.122 "新区域"对话框

在"标题"文本框中，输入保护区域的标题；在"引用单元格"文本框中，选择确定要保护的单元格区域；在"区域密码"文本框中，输入访问该区域的密码。单击"权限"按钮，可设置用户和用户的权限。单击"确定"按钮，返回"允许用户编辑区域"对话框。"区域密码"是可选的，如不设置密码，任何用户都可以编辑该区域。

③ 设置保护工作表。可以在"允许用户编辑区域"对话框中直接单击"保护工作表"

按钮设置保护工作表。或者单击"确定"按钮后，再设置保护工作表。

建立"允许用户编辑区域"后，必须再设置保护工作表，才能保护允许用户编辑区域。

（4）保护文件。

为了提高整个 Excel 工作簿文件的安全性，还可以对该文件的打开和修改权限进行密码保护。操作步骤如下。

①打开某工作簿后，选择"工具|选项"命令，打开"选项"对话框，如图 5.123 所示。

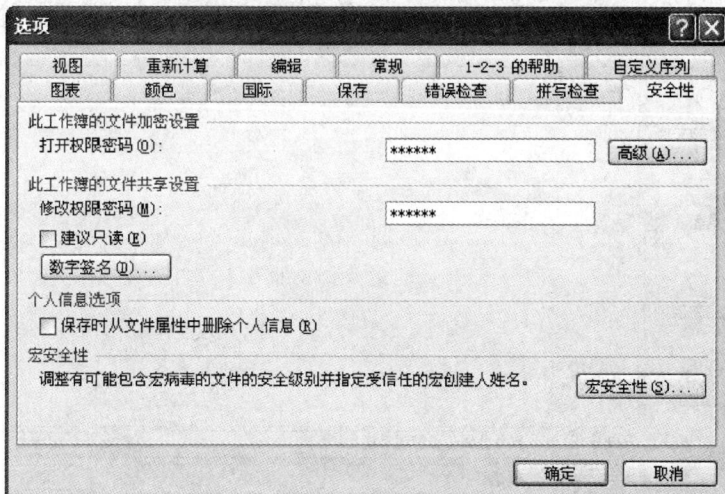

图 5.123　"选项"对话框

②打开"安全性"选项卡，在"安全性"选项卡中设置工作簿文件的"打开权限密码""修改权限密码"，如图 5.123 所示。密码可以多达 15 个字符，并且区分大小写。

当设置了文件的"打开权限密码"时，在重新打开该文件前，Excel 提示用户输入打开密码，否则不能打开该文件；当只设置了文件的"修改权限密码"时，任何人都可以打开该文件，如不用密码打开，则不能按原文件名称保存。

▶ 任务五　创建企业工资管理系统模板

任务描述

由于业务拓展，兴华科技有限公司在 6 月份招聘了几名新员工，原有员工的岗位也进行了部分调整，6 月份员工的出勤和请假情况也与 5 月份不同。在制作 6 月份工资的时候是否还需要重复在制作 5 月份工资时进行的原始数据录入、美化表格、计算、引用等多项工作呢？

任务分析

使用 Excel 2003 提供的模板功能，将之前所制作的"兴华公司工资管理系统.xls"保存为模板，需要制作 6 月份工资的时候基于该模板来建立工作簿，根据 6 月份的情况修改员工的相关原始数据，即可快速得到 6 月份员工的工资明细表和工资条。

方法与步骤

1. 保存"兴华公司工资管理系统.xls"为模板

打开工作簿"兴华公司工资管理系统.xls",执行"文件|另存为"命令,调出"另存为"对话框,如图 5.124 所示。在"保存类型"下拉列表中选择"模板"选项,并在 Templates 文件夹中新建文件夹"兴华公司",单击"保存"按钮,出现如图 5.125 所示的提示对话框,单击"是"按钮,模板即被保存。

图 5.124 "另存为"对话框

图 5.125 提示对话框

2. 使用模板

启动 Excel 后执行"文件|新建"命令,调出"新建工作簿"任务窗格(图 5.126),单击"本机上的模板"图标,可调出"模板"对话框(图 5.127),在"兴华公司"选项卡上可看到"兴华公司管理系统"的工作簿模板,选中它之后单击"确定"按钮即可。

在出现的"查询刷新"提示对话框中可进行启用或禁用自动刷新的选择。单击"启用自动刷新"按钮,得到新建的工资管理系统。只需根据新的情况在系统中修改某些数据即可快速建立工资明细表、生成工资条。

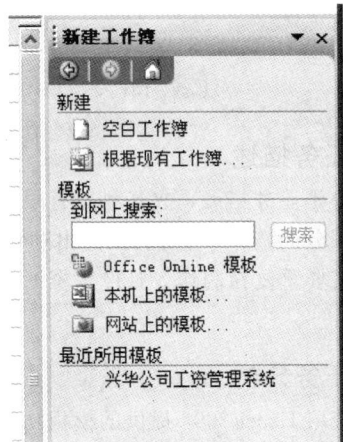

图 5.126 "新建工作簿"任务窗格

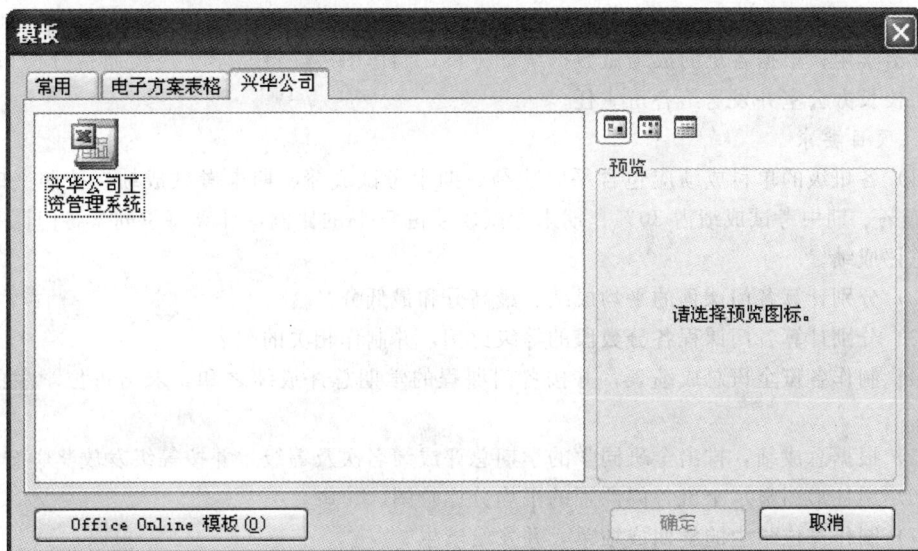

图 5.127 "模板"对话框

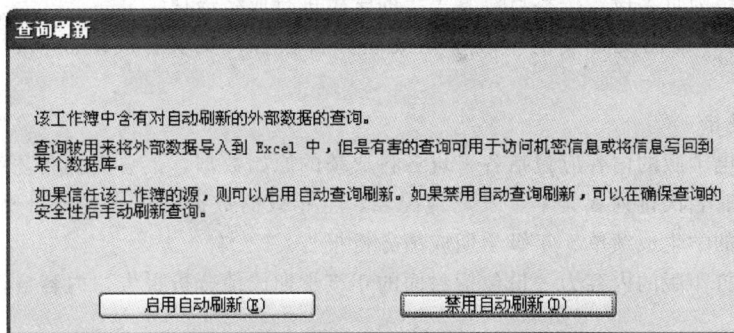

图 5.128 "查询刷新"提示对话框

▶ Excel 2003 综合实训

1. 项目

学生成绩管理。

2. 项目描述

每个学期，学校都要对各班、各门考试科目的考试成绩，如班级平均分、最高分、最低分、各分数段等级所占比例等各项成绩做数据统计分析。

教务处通过对各班级、各门课程的成绩做统计分析，从而了解各任课教师的教学水平和教学质量，了解学生掌握知识的程度，比较不同班级、不同教师的教学差异，及时发现与反馈教学工作中出现的问题，为各班下学期的课程设置和教师配备提供合适的建议，有利于提高学校的整体教学质量。

本项目实训要求学生以所在年级的成绩数据处理为例，模拟教务处实施学生成绩管理（此年级至少有 3 个班，每个班至少有 30 名学生，考试科目不少于 4 门课程）。其中包含：

根据各任课老师传来的单科成绩表，汇总成班级成绩总表；打印每位学生的个人学期成绩单，发给学生；根据各班的成绩做数据统计分析，制作图表、撰写学生成绩质量分析报告，上报给校长办公室并发送给各班主任。

3．项目要求

（1）各班级的单科成绩应包含平时成绩、期中考试成绩、期末考试成绩。按照平时成绩占 20％、期中考试成绩占 30％、期末考试成绩占 50％的比例，计算每位同学各门课程的学期总评成绩。

（2）分别计算各门课程的平均成绩、最高分和最低分。

（3）分别计算各门课程各分数段的等级比例，并制作相关的图表。

（4）制作各班全班总成绩表，并按各门课程的学期总评成绩之和，求出每位学生的总成绩。

（5）根据总成绩，排出全班同学的学期总评成绩名次及等级，并按等级发放奖学金。

（6）用柱形图显示全班各门课程的平均分比较图。

（7）制作每位学生的学期成绩单，并发给学生。

（8）用饼形图演示各门课程各分数段的等级比例。

（9）以班级为页字段，按科目对各等级的学生进行成绩透视。

（10）书写一篇图文并茂的年级学期成绩分析报告，要求有成绩表格、图表和文字说明。

4．项目提示

（1）上交电子版的内容应包括各个班各科成绩的原始数据、汇总后的各班级的成绩单、各班等级划分、名次排列和奖学金发放情况表、全年级的数据透视表、项目要求中的各种图表、可打印的学生成绩单、年级学期成绩分析报告。

（2）上交打印版的内容为一份包括封面的年级学期成绩分析报告，内容自行组织。

单元六　PowerPoint 2003 的应用

Microsoft PowerPoint 2003 是 Office 家族中一种专门用于设计演示文稿的软件，它能帮助用户设计出包含图文、影音、动画等丰富内容的多媒体幻灯片，并且能够在不同应用领域发挥重要的演示作用。

1. 制作演示课件

多数人都会想到在学校上课时老师播放的课件，很多教师都会应用演示文稿辅助教学。将课本中的知识用多种演示形式并加入动态效果呈现出来，不但能使课堂的讲解更加生动，而且能省去老师在黑板上繁重的重复性书写工作，提高了效率，并且使课堂效果更好。

此外，一些学术演讲或是其他形式的教学活动也可以借助演示文稿将需要演讲的内容以图片、示意图或图解、表格、图表等形式完美地呈现出来，甚至可以加入声音旁白，实现自动演讲的效果。

2. 会议演示文稿

演示文稿的另一个重要应用就是工作会议幻灯片。一般公司或企业在召开会议时，都会先使用 PowerPoint 2003 完成会议内容纲要的演示文稿设计。例如，财务会议可制作财务数据表或是分析图表，工作总结会议则可将总结内容提要清晰地列出来，帮助会议演讲者顺利、高效地完成会议上发言。

3. 互动宣传

PowerPoint 2003 还能够通过制作按钮或超级链接的方式，设计具有互动效应的演示文稿，实现多媒体信息与浏览者互动交流的目的。浏览者可以按照自己的意志控制幻灯片的放映，获得所需的详细资料。演示文稿还可以应用于一些宣传设计。例如介绍一家公司，可通过精美的示意图来介绍公司的企业文化、组织结构，或是以丰富的图片制作成宣传画册，让更多的人了解公司的背景、产品、合作项目等信息，以扩大公司或企业的知名度。

4. 网络出版

网络宣传提供将演示文稿另存为网页的功能，用户可将已完成内容设计的幻灯片转换成网页，然后将网页发布到网站空间，实现借助网络平台传播更多信息的目的。

PowerPoint 2003 同时提供邮件发送功能，可将完成的演示文稿以电子邮件或电子邮件附件的形式发送。此外，为了方便携带演示文稿到会议场合中播放，PowerPoint 2003 还提供将演示文稿和相关的播放工具快速打包，并直接刻录成 CD 光盘的功能。这样，即使计算机未安装 PowerPoint 2003 软件，也可以实现幻灯片放映。

5. 其他用处

PowerPoint 2003 幻灯片设计并不只是简单地进行文本处理，还可以加入包括音乐、视频影片、Flash 动画等对象，实现真正的多媒体演示效果，极大地延伸了演示文稿的应用领域。而且凭借出色的图形设计功能，用户也可以使用其来设计平面海报或是商务名片等，使演示文稿及幻灯片的设计范围更加广阔。

设计工作重在灵感和发挥，然而先期的准备工作同样不可缺少。为了高效地完成演示文稿设计工作，需要有一整套完善的流程。演示文稿设计与其他的平面、网页等设计不同，它拥有一个特别的设计过程。此过程大致归纳为收集资料、编写摘要、设计幻灯片、输出演示文稿。

1. 收集资料

（1）幻灯片设计涉及文本、图片、音效、影片以及不同类型的动画元素，可以通过委托他人专业创作的方式，获得设计素材。如此即不必考虑应用版权问题，同时，这也是一种高效地获得大量素材的方法。

（2）通过网络搜索。现在网络搜索服务非常发达，很多专业的网络搜索引擎都提供了图片类型的搜索，可以通过输入关键字快速地寻找所要的图片。通过此方式收集图片应注意版权问题。

（3）除此之外还可以自己创作相关素材。在条件允许的情况下，可通过自行制作或拍摄而获得第一手的素材资料，另外，也可以利用专业的编辑工具自行设计，包括影片或声音素材等。

2. 编写摘要

文本是幻灯片编辑最基本的内容，以会议演示文稿为例，就需要在幻灯片中安排内容众多的文本资料，因此有必要在幻灯片设计之前先编写摘要资料。

事先编写文本摘要的好处在于：不仅能够直接将文本应用于幻灯片编排，还能够为整份演示文稿的设计提供蓝本，例如确定幻灯片内容的顺序和结构，从而使设计结果更加合理。

编写文本摘要可使用诸如记事本、写字板或 Word 等文字处理工具，而 Word 作为 Office 家族软件之一，在文本处理上拥有完备的功能，特别是通过 Word 编排的大纲内容可直接输入演示文稿，快速建立幻灯片，在综合应用上拥有较大优势，因此推荐使用 Word 作为编写摘要的首选工具。

3. 设计幻灯片

制作演示文稿的主要工作就是设计幻灯片，而一份成功的演示文稿离不开设计精美的幻灯片效果。在完成素材资料收集与处理之后，便可以着手设计幻灯片。幻灯片设计一般由以下两项内容组成。

（1）幻灯片版面设计。

为了使演示文稿拥有统一的设计风格，可通过套用设计模板、版面配置以及设置色彩配置等操作来完成。

（2）主体内容设计。

幻灯片的主体内容设计包括编排文本，插入表格、图片，绘制图形及其他的图表、影音多媒体素材等，投入这些对象后，再通过调整与设置其位置、大小、格式等，从而完成幻灯片的内容设计。

其中，利用 PowerPoint 2003 所提供的"自选图形"功能可绘制多种多样的图案效果；而剪贴画则是 PowerPoint 2003 所提供的一个多媒体素材库，可为幻灯片加入精美的装饰效果，特别是可以连接到 Office Online 下载更多的剪贴画素材。

完成基本的幻灯片对象编排后，可按需设置动态效果。主要有两种方式：一种是套用幻灯片切换特效，使幻灯片在放映时产生动态切换效果。另一种是针对幻灯片中的对象来添加动画效果，包括"进入""强调""退出"和"路径动画"4 种类型，使幻灯片上的内容呈现丰富的动态效果。

4. 输出演示文稿

制作演示文稿的目的是为了呈现与传达信息，因此，当完成幻灯片设计之后，需要考虑以何种形式输出演示文稿内容。下面介绍输出演示文稿的几种主要方式。

（1）输出为放映格式：PowerPoint 2003 提供了将演示文稿保存为放映格式的功能，可将完成设计的演示文稿文件保存为能直接放映的文件，然后拿到专门的放映场合便可以马上放映。

（2）打印：PowerPoint 2003 提供了强大的文件打印功能，可将演示文稿中的幻灯片以不同的色彩类型打印出来，同时可指定打印的幻灯范围。此外，若是演示文稿在设计过程中加入了备注资料，既可以将这些资料一起打印，也可以将幻灯片打印成讲义文件。

（3）发布为网页：PowerPoint 2003 提供了将演示文稿另存为网页文件的功能，并可设置网页标题、导航栏等 Web 属性，最后直接将网页文件发布至网络空间，便可实现通过网络共享演示文稿信息的需求。

（4）打包成 CD 光盘：PowerPoint 2003 为用户新增了一项"打包成 CD"功能，可将演示文稿和与之相关的支持文件一同打包，并刻录成 CD 光盘，或是包装到文件夹再保存于 U盘等储存设备，为演示文稿的传送提供最大的方便。在计算机系统未安装 PowerPoint 2003程序的情况下，也能使演示文稿正常地播放。

单元六能力分解图表

任务名称	能力目标	具体技能	建议课时
任务一 会议会标的制作 ——创建和编辑演示文稿	1. 掌握创建演示文稿 2. 简单编辑演示文稿	1. 创建演示文稿 2. 编辑演示文稿 3. 简单动画设置 4. 幻灯片的播放	2
任务二 贺卡设计制作——设置幻灯片背景和动画	1. 掌握设计幻灯片 2. 掌握幻灯片各种对象的使用	1. 素材的搜集 2. 幻灯片背景的设置 3. 动画方案 4. 幻灯片切换方式	2
任务三 主题报告制作——设置超级链接、添加多媒体素材	1. 掌握超级链接的使用 2. 使用多媒体素材 3. 放映幻灯片	1. 设置超级链接 2. 修改母版 3. 多媒体素材的使用 4. 使用动作按钮 5. 设置幻灯片放映方式	2
PowerPoint 2003 综合实训	综合使用 PowerPoint 处理实际问题	综合使用以上各任务的技能	课外完成

▶ 任务一　会议会标的制作——创建和编辑演示文稿

任务描述

新春之际，长江集团在中国饭店多媒体会议厅召开了一次面向全国各地经销商的新产品发布会，集团的外交部门决定负责此次的准备工作。为了达到良好效果，公司公关部门决定使用 PowerPoint 2003 制作各种类型的文稿在会议上使用。首先制作的是会议的文字标题，要求该文稿在放映时始终显示会议名称并用滚动文字显示几个主要经销商的名单。制作的第一张会标幻灯片的结果如图 6.1 所示。

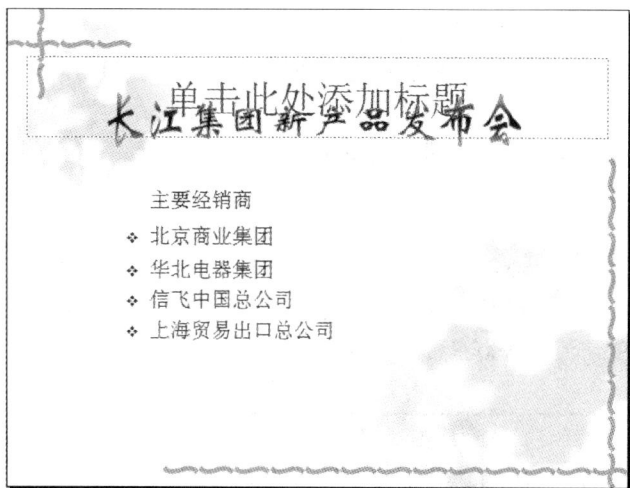

图 6.1　制作的第一张会标幻灯片

任务分析

需要制作的第一个演示文稿是会议召开之前在会场中放映的会议文字会标。召开会议时，一般都有一个会议会标悬挂在会场之中。使用 PowerPoint 2003 制作演示文稿在会场中放映，可以代替悬挂的文字会标。

由于既要一直显示会议文字会标（长江集团新产品发布会），又要用 4 行文字滚动显示 6 个主要参会经销商的名单，用一张幻灯片不能完成任务。可以采用制作 6 张幻灯片，在 6 张幻灯片上的相同位置设置相同的会议文字会标，在每张幻灯片上的不同位置显示不同的参会经销商的名单。放映时，自动循环播放这些幻灯片，实现文字滚动的效果。

方法与步骤

1. 演示文稿的建立和编辑

（1）启动 PowerPoint 2003，可以得到如图 6.2 所示的界面。此时 PowerPoint 2003 会自动在文档中插入了一张"标题幻灯片"。

（2）单击工具栏上的"设计"按钮，在任务窗格中选择"标题和文本"文字版式。

（3）在幻灯片窗口中调整新幻灯片文本区域的大小和位置，输入第一张幻灯片的内容，

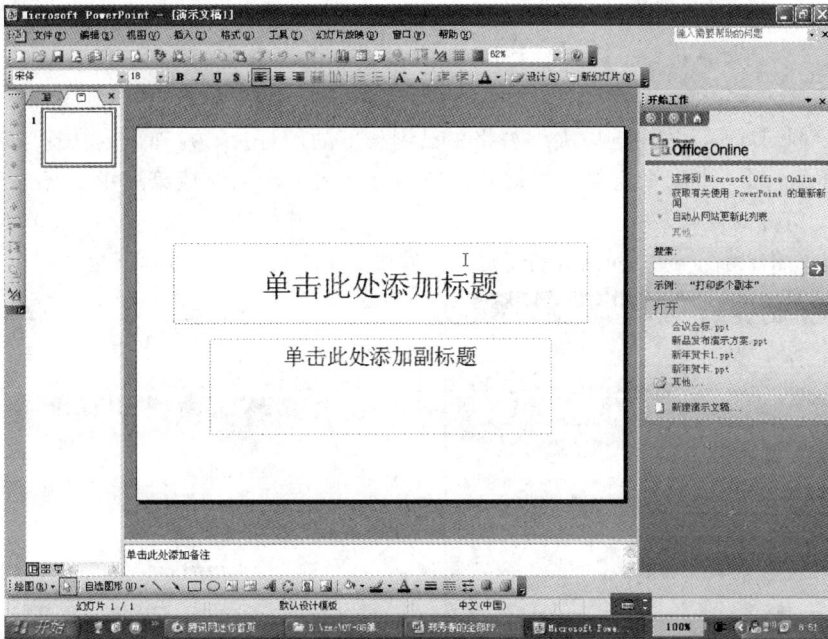

图 6.2　PowerPoint 2003 启动界面

如图 6.3 所示。

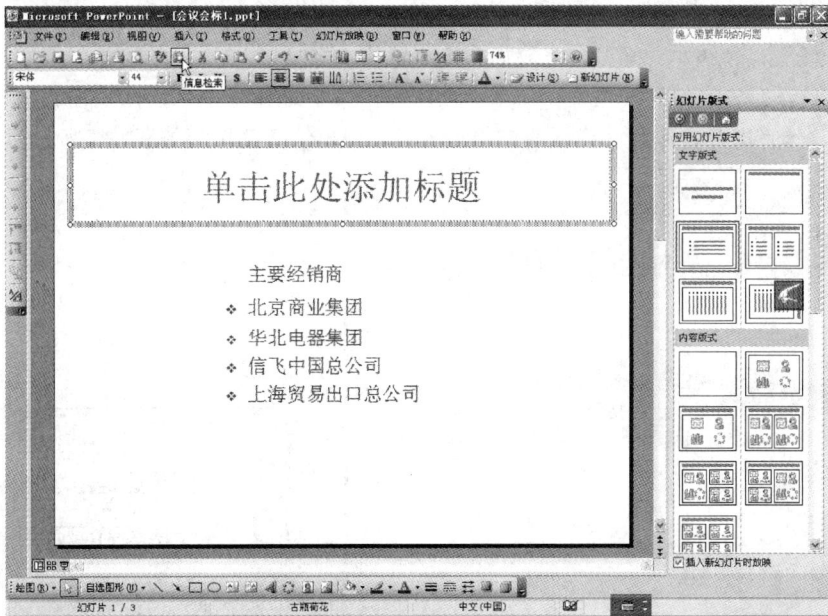

图 6.3　建立的第一张幻灯片

　　（4）插入艺术字标题。执行"插入|图片|艺术字"命令，在弹出的"艺术字库"对话框（图 6.4）中选择第 1 行第 4 列样式后单击"确定"按钮。在弹出的"编辑'艺术字'"对话框中输入会议的标题"长江集团新产品发布会"，设置字体为"华文中宋、字号为 48、加

粗"，单击"确定"按钮。然后单击"艺术"工具栏上的设置"艺术字格式"按钮，弹出"艺术格式"对话框，选择合适的艺术字颜色和线条颜色，单击"确定"按钮。

（5）调整艺术字的大小和位置，"艺术字"制作完成，效果如图 6.1 所示。

（6）复制幻灯片。右击选中大纲窗格中已制作好的幻灯片，在弹出的快捷菜单中执行"复制"命令；再单击大纲窗格中幻灯片的空白处，在弹出的快捷菜单中执行"粘贴"命令，完成幻灯片的复制。

（7）编辑幻灯片。选中复制好的幻灯片，修改文字内容，如图 6.5 所示。

图 6.4 "艺术字库"对话框

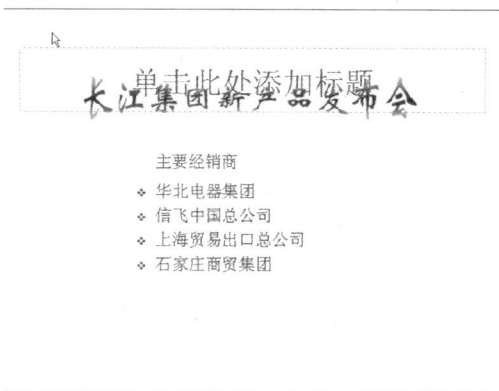

图 6.5 第二张幻灯片的内容

（8）重复步骤（6）～（7），完成如图 6.6 所示幻灯片以及其他的制作。

（9）执行"格式|幻灯片设计"命令，在任务窗格中选择一个自己满意的模版。本例第一张幻灯片选择的是古瓶荷花模板，右击该模板，弹出快捷菜单，如图 6.7 所示。

图 6.6 第三张幻灯片内容

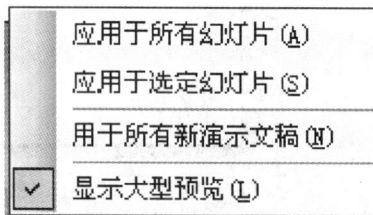

图 6.7 选择模板的应用范围

（10）该快捷菜单中提供了"应用于所有幻灯片""应用于所选幻灯片"等命令供用户选择，执行"应用于所有幻灯片"命令后，最后一个很专业的演示文稿就制作好了。应用完模板的幻灯片效果如图 6.8 所示。

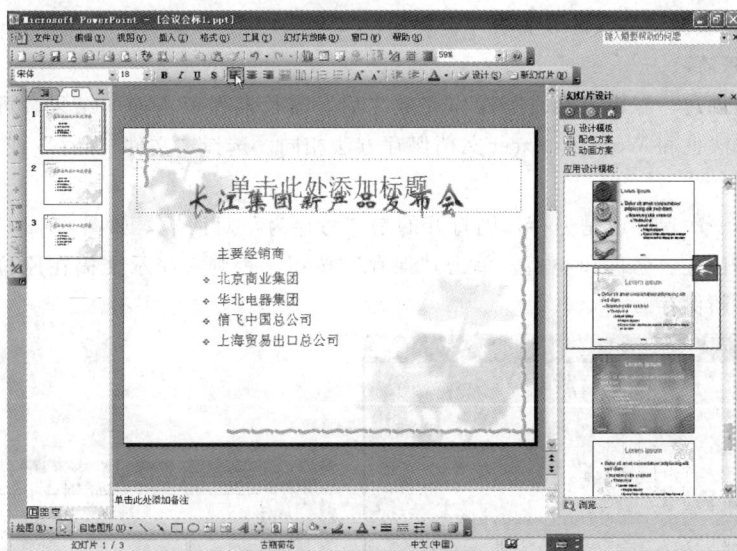

图 6.8 应用完模板的幻灯片效果

2．排练计时

为了实现自动播放幻灯片，实现滚动字幕的效果，需要使用排练计时的功能，录制排练计划。具体方法是将全部幻灯片放映一遍，并记录下放映的过程，然后再设置循环放映时使用这一排练计划。

（1）执行"幻灯片|排练计时"命令，开始放映幻灯片，此时屏幕上除了放映的幻灯片外，在左上角出现一个"预演"对话框，如图 6.9 所示，在该对话框中显示当前幻灯片的放映时间及总的放映时间。

（2）按照需要确定每张幻灯片的放映时间，幻灯片放映结束后，会弹出如图 6.10 所示的询问是否保留幻灯片排练时间对话框。

图 6.9 "预演"对话框   图 6.10 询问是否保留幻灯片排练时间

（3）单击"是"按钮，结束排练计时。如果对本次排练不满意，可以重新进行排练，直到满意为止。录制了排练计划之后，可以使用这一排练时间来播放幻灯片。

3．设置循环播放

如果不需要滚动显示主要经销商的名单，在放映会标时，只需要播放一张幻灯片就可以长时间显示会议文字会标。但要滚动显示主要经销商的名单，则需要使幻灯片能够循环播放。

执行"幻灯片|设置幻灯片放映方式"对话框，会弹出如图 6.11 所示的"设置放映"方式对话框，在对话框中可以设置各种放映方式。本任务根据设置滚动会标的要求，选中"循环放映，按 ESC 键终止"复选框及"如果存在排练时间，则使用它"单选按钮，单击

"确定"按钮完成循环播放的设置。

4. 文稿保存

演示文稿创建、编辑或修改等操作完成之后，需长期保留当前的结果，可以把它保存下来。操作方法也和 Word 或 Excel 文档保存方法相同。选择"文件|保存"或"文件|另存为"命令实现。

如果是第一次保存或是另存，则打开的是"另存为"对话框，如图 6.12 所示。在对话框中设置保存位置、名称和类型，单击"保存"按钮；否则，演示文稿在原位置以原文件名和原类型更新保存。

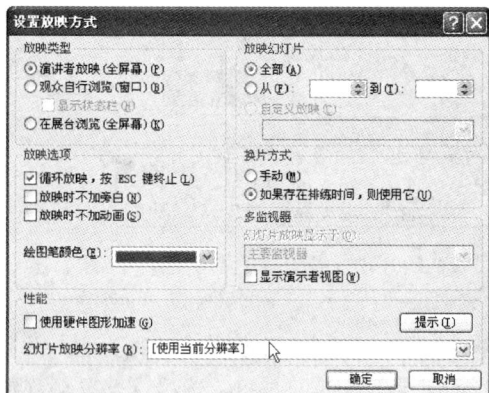

图 6.11　"设置放映方式"对话框　　　　图 6.12　"另存为"对话框

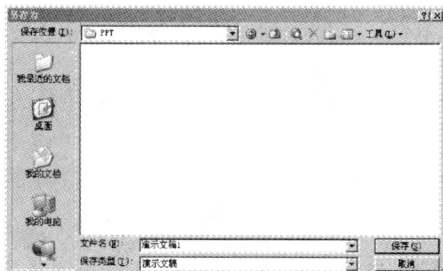

相关知识与技能

一、了解 PowerPoint 2003

PowerPoint 2003 是幻灯片制作软件，可以制作出集文字、图形、图像、动画、声音和视频等多种媒体元素于一体的各种类型的幻灯片演示文稿，然后在计算机屏幕或投影仪上播放幻灯片，动态地演示文稿的内容。

启动 PowerPoint 2003，然后单击工具栏上的"设计"按钮，可得到如图 6.13 所示的界面。此界面主要由大纲窗格、幻灯片演示窗格、备注窗格、任务窗格、大纲工具栏、视图切换按钮等部分组成。

在大纲窗格中可以通过"幻灯片"标签和"大纲"标签选择幻灯片和大纲两种模式。在幻灯片模式中可以快速地选定幻灯片，在大纲模式中可以直接输入、编辑幻灯片的标题和文本。单击大纲窗格中的"关闭"按钮可以关闭这个窗格，通过执行"视图|普通"命令来恢复这个窗格。

在幻灯片演示文稿窗格中可以直观地输入编辑幻灯片的标题和文本、插入图片、艺术字等 PowerPoint 2003 允许使用的对象，这是制作幻灯片的主要工作区域。

任务窗格中的内容会随选择对象的变化而变化，它主要是为了方便操作而设置的。可以单击任务窗格的"关闭"按钮关闭这个窗格，也可以通过执行"视图|工具栏|任务窗格"命令来打开这个窗口。

在备注窗口中可以输入每张幻灯片的注解或提示信息，但这些信息不会在幻灯片上显

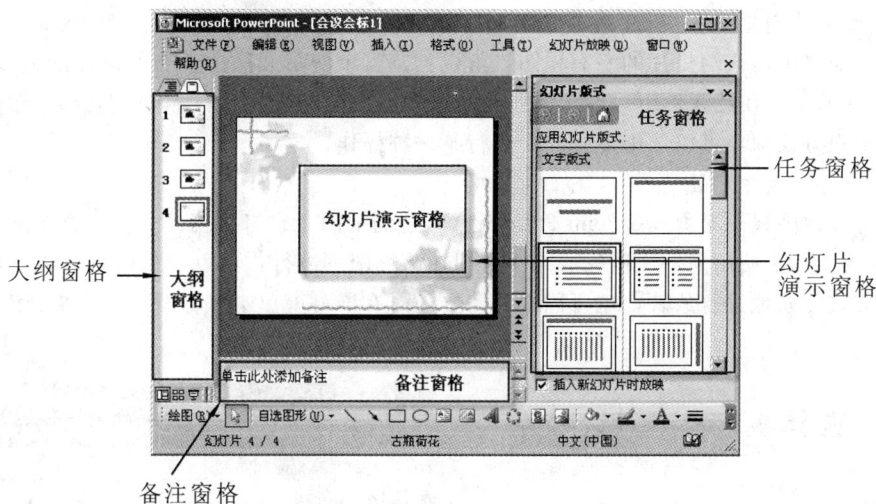

图 6.13　PowerPoint 2003 界面介绍

示出来。

　　大纲工具栏包含在大纲窗格中。制作幻灯片时，大纲窗格中包含对文本内容进行升级、降级、展开、折叠等操作的常用工具按钮。

　　PowerPoint 2003 的视图方式一般为 3 种：普通视图、幻灯片浏览视图和幻灯片放映视图。视图的转换通过"视图切换"按钮或"视图"菜单来完成。

　　1. 普通视图

　　普通视图如图 6.13 所示，它包括大纲窗格、幻灯片演示窗格和备注窗格，主要工作区是幻灯片演示窗格。用户可在此进行本张幻灯片对象的插入和编辑、超链接的插入和编辑以及动画设置，也可以插入新幻灯片和幻灯片副本。它是制作演示文稿的主要视图。

图 6.14　幻灯片浏览视图

2. 幻灯片浏览视图

它是缩略图形式幻灯片的专有视图，可以浏览整个演示文稿中所有幻灯片的大致外观，如图 6.14 所示。在此视图下，对于多张连续或不连续的幻灯片进行移动、复制、删除及美化操作是很方便的，可以选中多张同时进行某一种操作。

3. 幻灯片放映视图

幻灯片放映视图是 PowerPoint 2003 最具特色的视图，它将占据计算机的整个屏幕，如图 6.15 所示。在使用演示文稿完成工作时即在此视图下进行，可以看到幻灯片将以设置好的放映方式逐张地进行放映，也可以根据需要随时在屏幕上单击鼠标右键，从快捷菜单中定

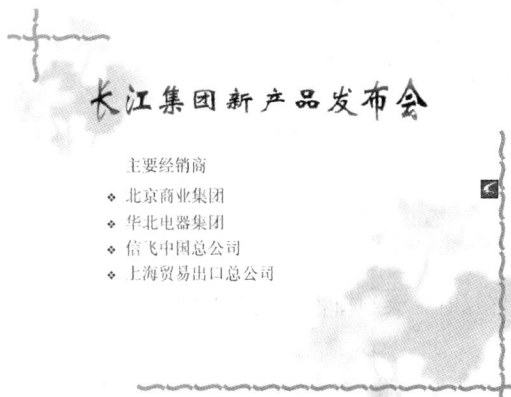

图 6.15　幻灯片放映视图　　　　　　图 6.16　"自定义"对话框

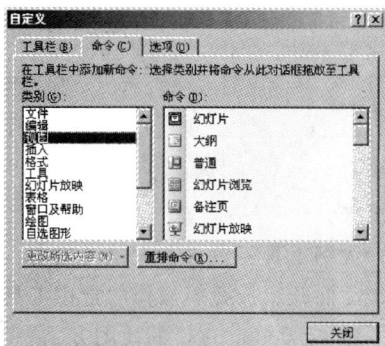

位到某一张幻灯片。如果需要做标记，还可以从快捷菜单中把鼠标指针改变成笔进行写、画，并且笔的颜色也能改变。如果想结束放映，按 Esc 键或选择快捷菜单中的"结束放映"命令，否则放映完最后一张幻灯片将返回到原来的视图。

提示：如果有特殊需要，可以把其他视图命令或按钮从"自定义"对话框的"命令"选项卡中调出来，如图 6.16 所示。

二、PowerPoint 2003 使用的文件类型

PowerPoint 2003 通常使用以下几种文件类型：①扩展名为 .ppt 的是常规演示文稿文件，这是 PowerPoint 2003 使用的默认文件。一般制作完成的演示文稿没有特别需要，都使用这种类型。②扩展名为 .pps 的是打开时始终以"幻灯片放映"模式显示的演示文稿文件。③扩展名为 .pot 的文件是 PowerPoint 2003 的模板文件，PowerPoint 2003 提供的设计模板可以快速创建演示文稿，用户也可以根据需要自己创建模板文件。

三、新建、打开和关闭演示文稿

1. 新建演示文稿

选择"文件"→"新建"命令，在窗口右侧显示"新建演示文稿"任务窗格，如图 6.17 所示，可以通过"空演示文稿""根据设计模板""根据内容提示向导"3 种主要方式来新建演示文稿。

（1）空演示文稿。

它是 PowerPoint 2003 启动成功时默认的类型。单击"新建演示文稿"任务窗格中的

"空演示文稿"图标，此时新建一份只包含一张标题幻灯片的演示文稿，同时出现"幻灯片版式"任务窗格，可以根据需要选择合适的应用幻灯片版式来改变这张幻灯片的版式。

（2）根据设计模板。

单击"新建演示文稿"任务窗格中的"根据设计模板"图标，此时新建一份只包含一张标题幻灯片的演示文稿，同时出现"幻灯片设计"任务窗格，如图 6.18 所示，其中包含了最近用过的和可供使用的模板类型，还可以单击"浏览"打开其他位置的模板，根据需要选择合适的模板应用到当前幻灯片中。

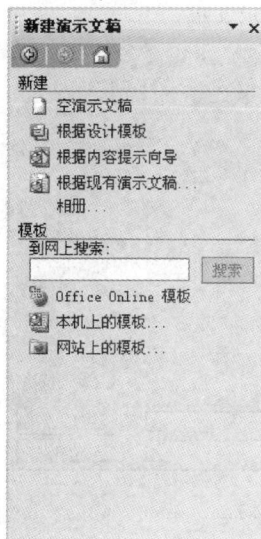

图 6.17　"新建演示文稿"任务窗格　　　　图 6.18　"幻灯片设计"任务窗格

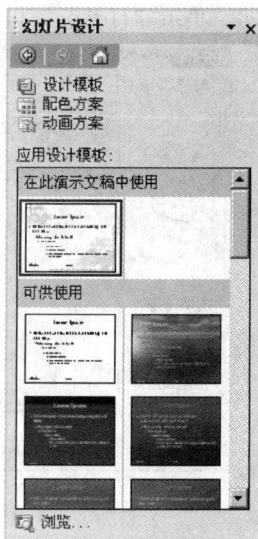

（3）根据内容提示向导。

单击"新建演示文稿"任务窗格中的"根据内容提示向导"图标，此时打开"内容提示向导"对话框，如图 6.19 所示。向导中包括"开始""演示文稿类型""演示文稿样式""演示文稿选项"和"完成"5 个对话框，从相应的对话框中根据需要进行设置，单击"下一步"按钮，依次操作，最后单击"完成"按钮，就可完成演示文稿的创建。

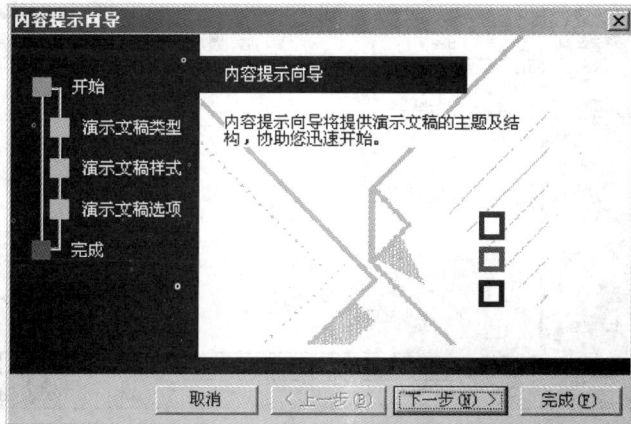

图 6.19　"内容提示向导"对话框

2. 打开演示文稿

打开演示文稿与打开 Word 或 Excel 文档的操作方法相同，打开已存在的演示文稿有以下两种情况。

（1）从 Windows 中打开演示文稿时，直接找到需打开的文档，双击它的图标即可打开演示文稿。

（2）从 PowerPoint 2003 中打开演示文稿时，选择"文件|打开"命令，或单击"常用"工具栏中的"打开"按钮，从"打开"对话框中找到要打开的演示文稿图标，选中图标，如图 6.20 所示。单击"打开"按钮，这样就打开了演示文稿。

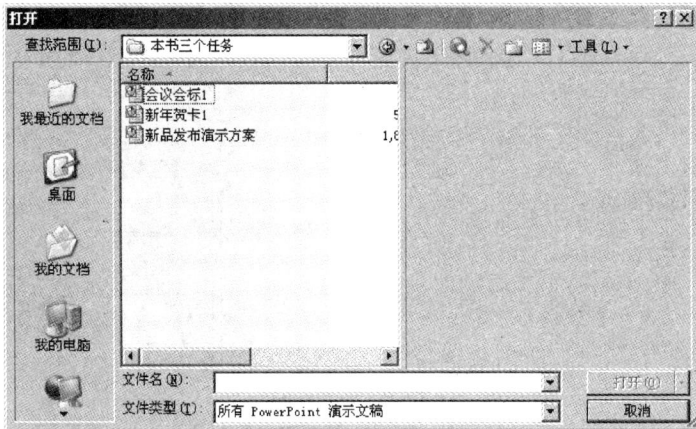

图 6.20　"打开"对话框

3. 保存演示文稿

演示文稿的创建、编辑或修改等操作完成之后，需长期保留当前的结果，可以把它保存下来。操作方法与 Word 或 Excel 文档的保存方法相同。

方法一：选择"文件|保存"或"文件|另存为"命令来实现。

方法二：单击"常用工具栏"中的"保存"按钮。

方法三：利用快捷键 Ctrl＋S。

如果是第一次保存或是另存，则打开的是"另存为"对话框，如图 6.21 所示。从对话

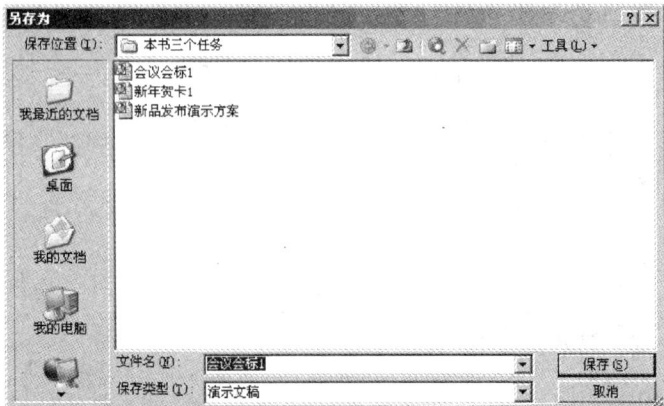

图 6.21　"另存为"对话框

框中设置保存位置、名称和类型，单击"保存"按钮。否
则，实现演示文稿在原位置以原文件名和原类型更新
保存。

4．关闭演示文稿

关闭演示文稿时选择"文件|关闭"命令，或单击演
示文稿窗口的"关闭"按钮均可实现。另外退出 Power-
Point 2003 环境的同时也就关闭了演示文稿窗口。

四、编辑演示文稿

编辑演示文稿是指对演示文稿中的幻灯片进行插入、
移动、复制、删除等操作。这些操作通常在幻灯片浏览视
图下完成，下面就在幻灯片视图中来介绍如何完成演示文
稿的编辑。

1．选中演示文稿中的幻灯片

（1）选中一张幻灯片：把鼠标指针放在幻灯片上，单
击鼠标左键。

（2）选中连续的几张幻灯片：首先选中要选取范围内
的第一张幻灯片，按住 Shift 键的同时再选中要选取范围
内的最后一张幻灯片。

（3）选中不连续的几张幻灯片：按住 Ctrl 键的同时再
去选中每一张在选取范围内的幻灯片。

2．插入新幻灯片

新建的演示文稿在大多情况下只包含一张幻灯片，要
增加新幻灯片，首先确定插入新幻灯片的位置，再选择
"插入|新幻灯片"命令或单击格式工具栏上的 [新幻灯片(M)] 按

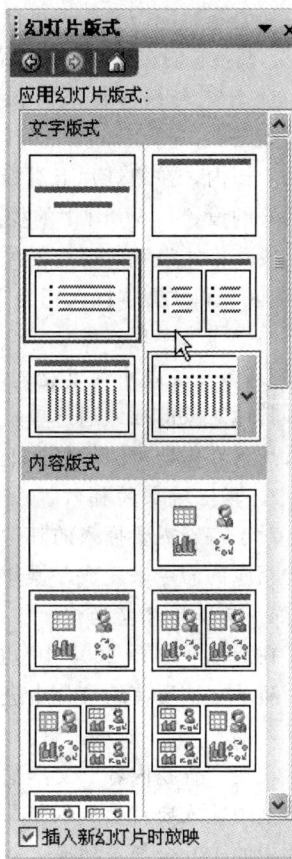

图 6.22 "幻灯片版式"
任务窗格

钮，增加一张新幻灯片，并同时打开"幻灯片版式"任务窗格，如图 6.22，从任务窗格列
表中选择应用于本幻灯片的合适的版式。演示文稿中的每一张幻灯片的版式随时都可以更
改。选择"格式|幻灯片版式"命令，从"幻灯片版式"任务窗格中来完成。

注意：若选中的是幻灯片，则插入的新幻灯片放于选中幻灯片之后，并成为当前幻灯
片；若把插入点定位于两张幻灯片之间，则新幻灯片放于原两张幻灯片之间。

3．移动幻灯片

选中被移动的幻灯片，通过在 Word 中对文本进行移动的方法来完成幻灯片的移动。

4．复制幻灯片

选中被复制的幻灯片，通过 Word 中对文本进行复制的方法来完成幻灯片的复制。除此
之外，选择"插入|幻灯片副本"命令也可以实现幻灯片的复制。

5．删除幻灯片

选中被删除的幻灯片，通过按 Back Space 键或 Delete 键，也可以选择"编辑|删除幻灯
片"命令完成删除操作。

幻灯片基本编辑完成后，按照每张幻灯片的不同版式，在幻灯片上输入文本或插入对

象。如果有特殊需要，还可以再在幻灯片上插入文本框、图片、艺术字、自选图形和其他对象，调整它们在幻灯片上的位置，并设置它们的格式。这些操作基本都在普通视图下进行。

1. 输入标题和文本内容

如图 6.23 所示，单击幻灯片的"标题区"或"文本区"占位符，插入点即定位在相应的文本框内，在幻灯片上对标题和文本内容的录入与编辑、字符格式的设置以及项目符号和编号的设置与 Word 中的操作基本相同，只是可设置的格式项目少了很多，这里不再赘述。段落格式设置时通过标尺和"格式"菜单来完成，但没有"段落设置"对话框。另外，"标题区"和"文本区"相当于是文本框，对这些框的位置调整和格式设置按照 Word 中文本框的操作来实现。

2. 插入版式中的其他对象

其他对象的插入通过单击幻灯片中相应的图标，打开对应的对象库，选择合适的对象进行插入操作即可。幻灯片上对象的位置调整和格式设置都同在 Word 页面上操作相同。

3. 其他对象的插入

对于特殊需要插入的其他对象，可以通过"绘图"工具栏上对应的按钮或"插入"菜单中相应的命令来完成，操作也与 Word 中相同。

4. 查找和替换功能

在 PowerPoint 2003 中也提供了在幻灯片中对内容实现"查找和替换"的功能，它是在整个演示文稿所有幻灯片中进行的查找和替换。选择"编辑|查找"命令，打开"查找"对话框，如图 6.24 所示。单击对话框中的"替换"按钮可切换到"替换"对话框，如图 6.25 所示，在"查找内容"文本框中输入要在幻灯片中查找的具体内容如"126"，在"替换为"文本框中输入要替换成的结果如"456"，单击"全部替换"按钮，则演示文稿中的所有幻灯片中的 126 全部被替换为 456。

图 6.23　幻灯片

图 6.24　"查找"对话框

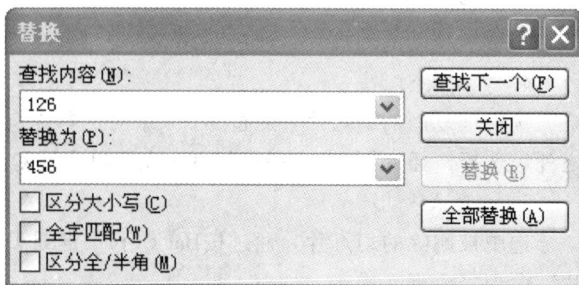

另外，幻灯片中所有对象的选中、移动、复制和删除操作也均与 Word 中相同，同样也可以实现多个对象的组合。

5. 在大纲窗格中制作幻灯片

制作幻灯片一般主要在演示文稿窗口中进行，如果需要，也可以在大纲窗格中进行。在大纲窗格中可以快

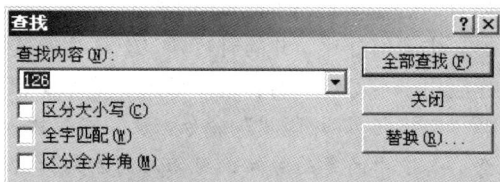

图 6.25　"替换"对话框

速地创建出演示文稿的主要框架，而不必考虑过多的细节。可以通过在大纲窗格中创建每张幻灯片的标题和版式来构造演示文稿的框架。构造完成框架后再在幻灯片窗格中添加图片、背景等其他内容。

选择大纲窗格后，可以得到如图 6.26 所示的界面，在大纲窗格中可以使用大纲工具栏进行添加、删除、移动和编辑幻灯片的操作。

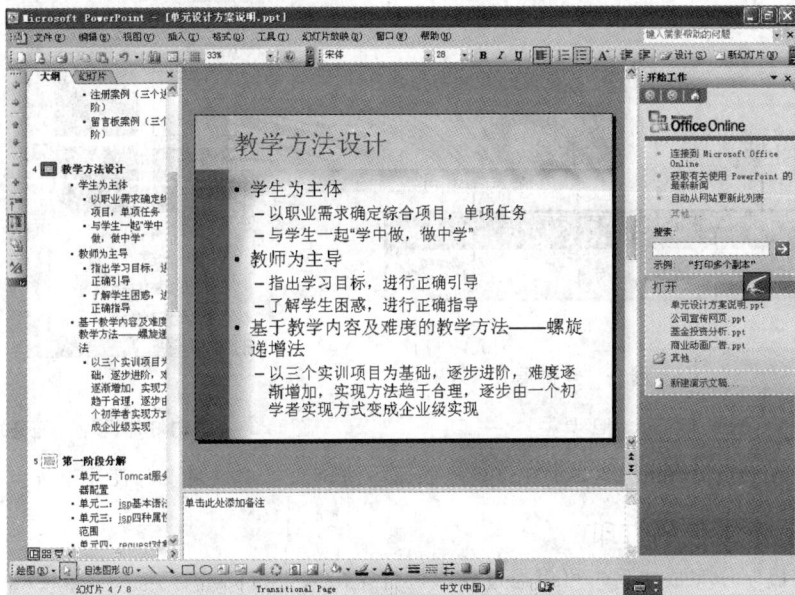

图 6.26　含有大纲窗格的 PowerPoint 2003 设计界面

在大纲窗格中，演示文稿以大纲形式显示，大纲由每张幻灯片的标题和正文组成。每张幻灯片的标题都会出现在编号和图标的旁边，正文在每个标题的下面设置多级项目符号，按项目符号的级别逐级多层缩进。

在大纲窗格中选择文本时，图 6.27 中大纲工具栏中用于操作大纲的按钮将被激活。可以使用这些按钮快速组织演示文稿。例如，单击"升级"或"降级"按钮可增加或减少字符的缩进层次；单击"显示格式"按钮可在大纲中打开或关闭格式；单击"全部展开"按钮可显示大纲中的所有细节或仅看见幻灯片标题。

使用大纲是组织和开发演示文稿内容的好方法，因为工作时可以看见屏幕上所有的标题和正文。可以在幻灯片中重新安排要点，将整张幻灯片从一处移到另一处，或者编辑标题和正文等。例如，如果要重排幻灯片或项目符号，只要选定要移动的幻灯片图标或文本符号，再拖动到新位置上即可。

五、应用设计模板

设计模板包含演示文稿的整体格式，它包括占位符的大小及位置、项目符号和字体的类型及大小、背景和填充、配色方案、幻灯片母版和可选用的标题母版。应用设计模板可以大大简化幻灯片编辑的复杂程度，并且能够统一幻灯片的设计风格。具体操作步骤如下。

（1）打开演示文稿，选定要应用新设计模板的幻灯片。

（2）选择"格式|幻灯片设计"命令，弹出"幻灯片设计"任务窗格。单击"设计模

板"图标，再单击需要的应用设计模板右侧的下拉按钮，如图 6.28 所示，选择相应的菜单项，即可实现不同的应用效果。

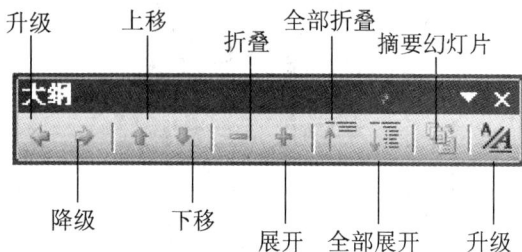

图 6.27　大纲工具栏

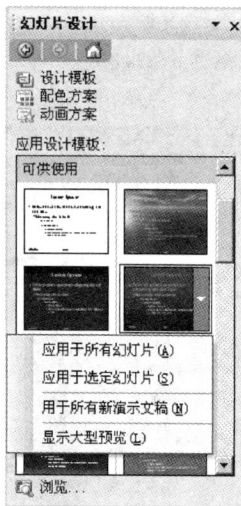

图 6.28　"幻灯片设计"任务窗格

注意：在 PowerPoint 2003 中可以实现在同一演示文稿中应用多种设计模板。

六、演示文稿的打印

演示文稿制作完成之后，可以通过打印机打印出来供审阅或存档。PowerPoint 2003 可以使用 4 种方式打印演示文稿，即打印幻灯片、讲义、备注和大纲。选择"文件|打印"命令可以得到如图 6.29 所示的"打印"对话框。

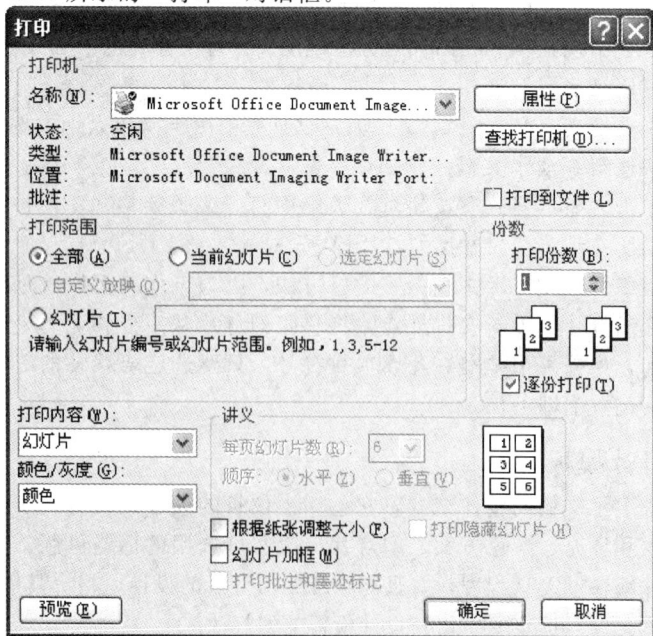

图 6.29　"打印"对话框

在"打印"对话框的"打印内容"下拉列表中可以选择打印内容，当选择"讲义"选项时可选择每页打印几张幻灯片，共有每页打印 1、2、3、4、6、9 张幻灯片 6 种选择。选择好打印内容后，再根据需要进行其他选项的设置，然后单击"确定"按钮即可打印输出所需要的演示文稿。

拓展与提高

在 PowerPoint 2003 中可以插入其他应用程序创建的大纲文档，如 Word 中的大纲文档。从其他字处理程序导入大纲文档时，PowerPoint 2003 以 rtf 格式和纯文本格式读入文档。导入大纲文档的第一级标题成为幻灯片标题，而正文成为缩进级别。

将文档从 .doc、.rtf、或 .txt 文件插入 PowerPoint 2003 文件时，所得到的演示文档将按照源文档中设置的标题样式进行格式设置。如果源文档不包含标题样式，PowerPoint 2003 将根据段落创建大纲文档。从 .htm 文档插入大纲文本时，将保留源标题的绘声绘色，但是来自该文件的所有文本将显示在幻灯片的一个文本框内。

如果已有一个设计好的标题样式的 Word 大纲文档，执行下列操作之一，即可以将其插入 PowerPoint 2003 中，快速地创建演示文稿。

1. 基于其他文件中的文本新建演示文稿

①在 PowerPoint 2003 中选择"文件|打开"命令。

②在"文件类型"下拉列表中，单击所有大纲。

③在"文件"列表中，双击要使用的文档。

2. 将 Word 中的文本发送到新演示文稿

①在 Word 中，打开要发送至演示文稿中的文档。

②选择"文件|发送|Microsoft Office PowerPoint"命令。

3. 在现有演示文稿中插入文本

①在大纲窗格中选择要在其后插入的大纲文本的幻灯片。

②执行"插入|幻灯片"命令。

③在"插入大纲"对话框中，找到要将其中的文本插入演示文稿的文档。

④双击该文件，以插入文档。

在本任务中已经创建一个"会议会标.ppt"文件，但是这个文件中的参会经销商的数量太少。在素材文件中已用 Word 创建了一份参会经销商的所有名单。对这个名单做一些简单的修改和设置，然后保存成 Word 类型的大纲文件，再将大纲文件发送到 PowerPoint 2003，就可以快速地创建演示文稿框架了。

≫≫≫≫≫≫≫≫≫≫≫≫≫≫≫≫≫≫ 复习思考题 ≪≪≪≪≪≪≪≪≪≪≪≪≪≪≪≪≪≪≪≪≪≪≪

1. 可以用哪些方法创建演示文稿？

2. 如何将 Word 格式的文档直接转换成演示文稿？

3. 设计主题班会的"班会会议.ppt"演示文稿。要求：拟订班会会议的主题名称；会议议程安排 6 项以上，并在放映时循环滚动播放；为设计好的演示文稿设置合适的设计模板。

▶ 任务二　贺卡设计制作——设置幻灯片背景和动画

任务描述

2008 新年来临之际，石家庄信息工程学院工会准备在新年晚会上代表校领导向全体教职员工送上一份真诚的节日祝贺。这份节日祝贺是在晚会开始之前，用大屏幕投影仪放映通过 PowerPoint 2003 精心制作的幻灯片，幻灯片中含有祝贺辞、动画、图片等内容，以此向一年中辛勤工作的教职工表示诚挚的问候。此新年贺卡创建完成后如图 6.30、图 6.31、图 6.32 所示。

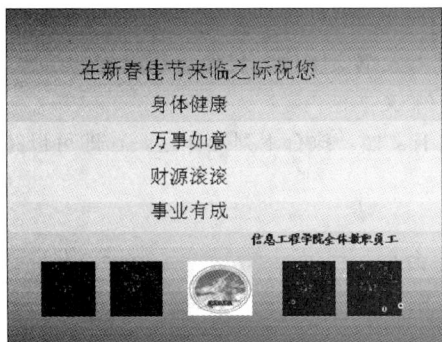

图 6.30　贺卡 1

图 6.31　贺卡 2

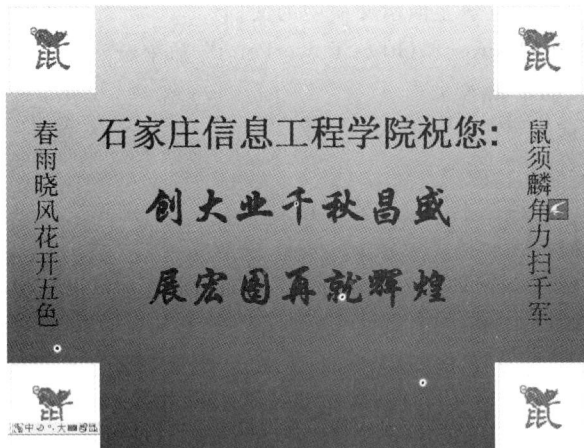

图 6.32　贺卡 3

任务分析

贺卡一般都有一个祝贺主题，按照中国的传统，辞旧迎新、新年祝福、拜年应该都可以成为比较自然的主题。

春节是个充满喜庆祥和气氛的节日，红色是喜庆时最常用的颜色，因此贺卡的主色调可以使用红色。2008 年是鼠年，加上的内容最好是与鼠年有关的文字和图片。贺卡要有祝贺单位的图形标志。

一般的贺卡都有着精美的印刷、漂亮的背景、美丽的图片、深深的祝福。使用 Power-Point 2003 制作贺卡应该充分显示 PowerPoint 2003 的特点，使用背景、动画、图片等形式，使贺卡尽可能地"动"起来。

方法与步骤

1. 收集合适的图片素材

制作贺卡需要图片，图片可以自行设计，但这需要有一定的美术功底和使用图片制作软件的能力。对于普通的操作者，可以利用网络寻找、收集可供使用的图片。如果找到的图片不符合要求，可以利用图片处理软件进行简单的加工和处理，使之满足使用的要求。

以下是在网上搜索下载的几幅图片，如图 6.33～图 6.36 所示。

图 6.33　图片 1

图 6.34　图片 2

图 6.35　图片 3

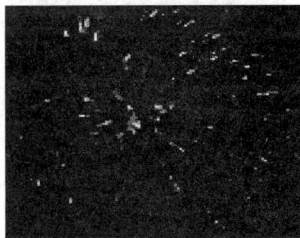

图 6.36　图片 4

2. 创建幻灯片

（1）打开 PowerPoint 2003，选择"插入|新幻灯片"命令或单击工具栏上的"新幻灯片"按钮，添加 1 张"标题幻灯片"。单击任务窗格中内容版式下的"空白"版式，将第 1 张幻灯片的版式改成空白。然后在幻灯片的合适位置添加 3 个文本框，并按照图 6.37 输入相应的第 1 张幻灯片的文字内容，并设置幻灯片中合适的字体和字号。

（2）选择"格式|背景"命令，弹出如图 6.38 所示的"背景"对话框，在"背景"对话框的下拉列中选择"填充效果"命令。

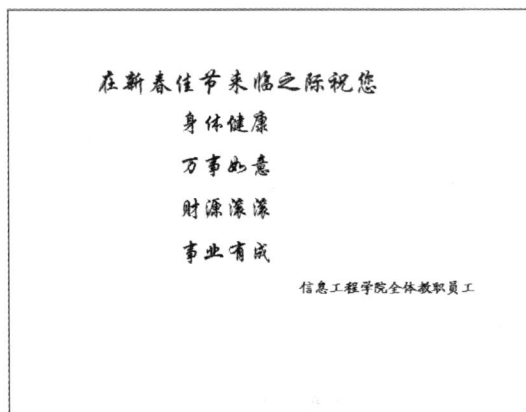

图 6.37　第 1 张幻灯片的文字内容

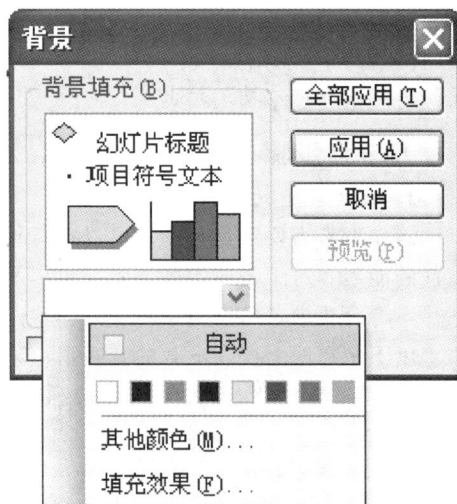

图 6.38　"背景"对话框

（3）弹出如图 6.39 所示的"填充效果"对话框。

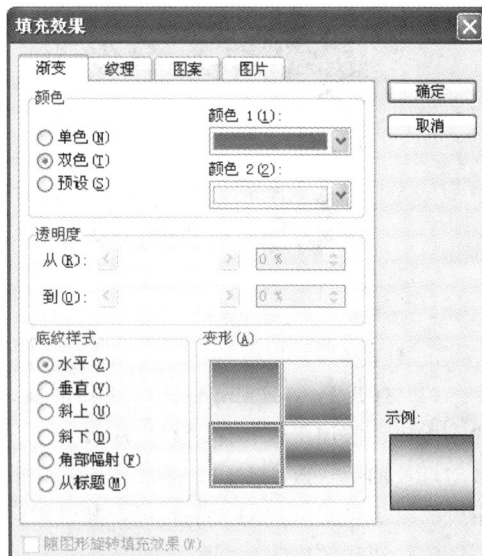

（4）在对话框中选择"双色"选项，然后选择"颜色 1（1）"为红色，选择"颜色 2（2）"为黄色，最后选择底纹样式为"水平"、变形效果选第 2 行第 1 个，如图 6.40 所示，单击"确定"按钮，返回到图 6.38。

（5）单击图 6.38 中的"应用"按钮，将所设置的背景应用于当前幻灯片，完成幻灯片的背景设置。

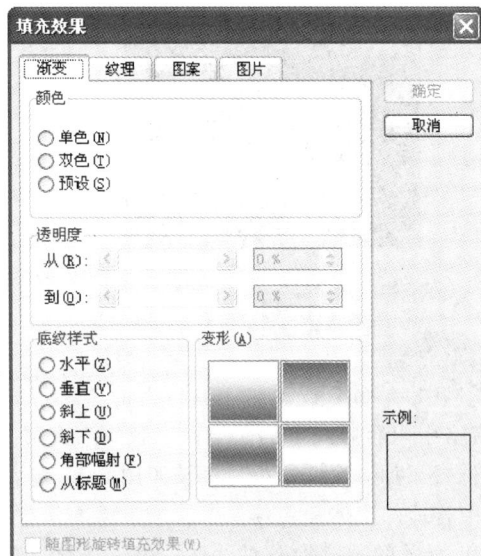

图 6.39　"填充效果"对话框

图 6.40　选择双色背景

3．在第 1 张幻灯片中插入图片

（1）选择"插入│图片│来自文件"命令，在弹出的"插入图片"对话框中选择素材文件夹中的"学校标志"图片文件，然后单击"插入"按钮，将标志图片插入幻灯片，按图调整图片的大小和位置。

（2）按照上述办法将焰火图片插入幻灯片，然后调整图片的大小和位置并复制3个相同图片，按图6.30贺卡1调整其大小和位置。火焰图片是个动态片，放映时会产生动态的火焰放映效果，以增加贺卡的动态效果。

4．在第1张幻灯片中加入自定义的动画

为了使贺卡在放映时产生动画效果，对于贺卡中的各种对象，可以进行自定义动画设置。自定义动画的步骤如下。

（1）选择"幻灯片放映|自定义动画"命令，然后选中包含"在新春……"这段文字所在的文本框。

（2）单击任务窗格中的"添加效果|进入"按钮，选择"挥舞"效果，如图6.41所示。

（3）选中包含"身体健康……"这段文字的文本框，在任务窗格中单击"添加效果|进入"按钮，选择"上升"效果。

（4）选中包含"信息工程学院……"这段文字的文本框，在任务窗格中单击"添加效果|进入"按钮，选择"轮子"效果。动画设置完毕后效果如图6.42所示。

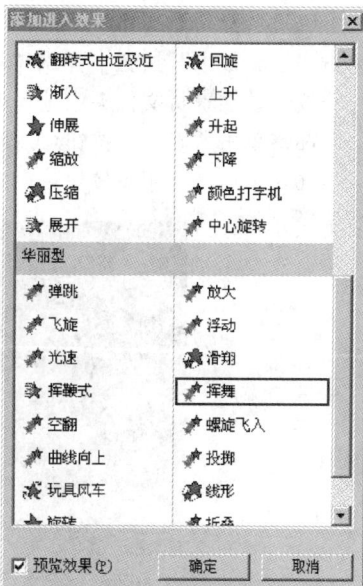

图6.41　定义动画效果

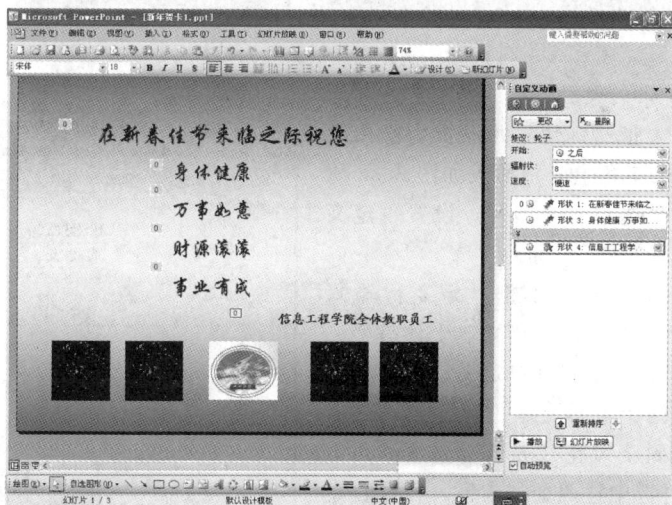

图6.42　设置了动画的幻灯片

5．创建第2张幻灯处

（1）选择"插入|新幻灯片"命令，添加一张"空白"版式的幻灯片。添加两个竖排文本框，分别输入上下联"爆竹声声除旧岁，梅花朵朵迎新春"，并设置其动画效果为"挥舞"。

（2）插入艺术字，内容为"石家庄信息工程学院祝大家"，并设置自定义动画为"圆形扩展"效果。插入艺术字，内容为"新年好"，并设置自定义动画为"轮子"效果。

（3）插入学校标志图片，并设置自定义动画为"飞入"效果。

（4）选择"格式|背景"命令，弹出"背景"对话框，在"背景"对话框的下拉列表中单击"填充效果"按钮，弹出"填充效果"对话框。打开"图片"选项卡，单击"选择图片"按钮，在素材文件夹中选择如图6.43所示图片插入。

（5）单击"确定"按钮，返回"背景"对话框。

（6）单击"应用"按钮，完成背景图片的插入。制作好的幻灯片如图6.43所示。

图6.43　制作完成的第2张幻灯片

6．创建第3张幻灯片

（1）再添加一张幻灯片，并设置为空白版式。在幻灯片的4个角上分别插入如图6.32所示的图片，并同时选中4个图片，设置自定义动画为"圆形扩展效果"。

（2）添加一个横排文本框，分3行输入"石家庄信息工程学院祝您：创大业千秋昌盛展宏图再就辉煌"，并设置其自定义动画为"上升"效果。添加两个竖排文本框，分别输入对联的内容为"春雨晓风花开五色　鼠须麟角力扫千军"，并同时选中这两个文本框，设置自定义动画为"上升"效果。

（3）选择"格式|背景"命令，在"背景"对话框的下拉列表中选择"填充效果"命令，弹出如图6.44所示的对话框。在对话框中打开"渐变"选项卡，然后选择"预设颜色"下拉列表中的"熊熊火焰"选项，然后再选中"水平"底纹样式，单击"确定"按钮，返回到图6.38所示的"背景"对话框。

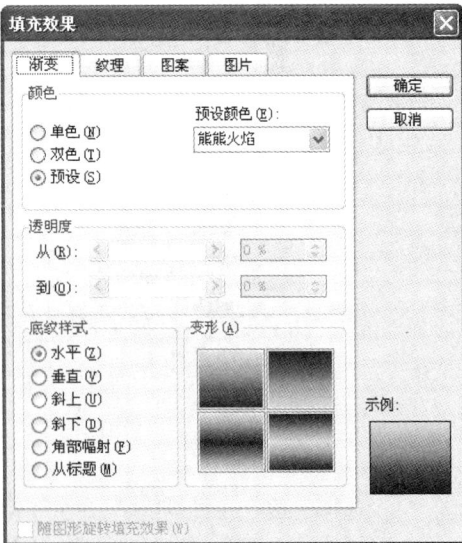

图6.44　"填充效果"对话框

（4）单击图 6.38 中的"应用"按钮，将所设置的背景应用于当前幻灯片，完成幻灯片的背景设置，制作完成的第 3 张幻灯片的效果如图 6.45 所示。

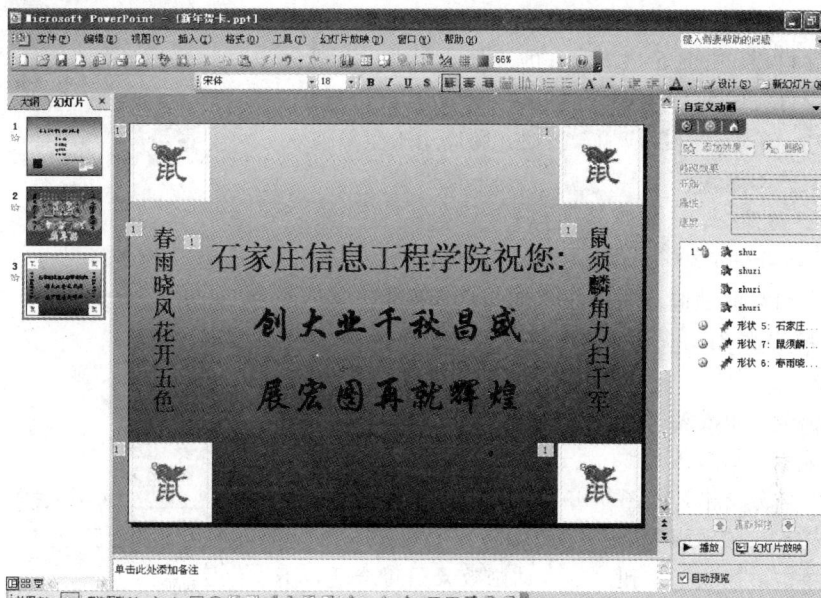

图 6.45　制作完成的第 3 张幻灯片

7. 设置换片方式

放映所创建的贺卡演示文稿，可以发现，虽然设置了自定义动画的演示文稿在放映时都有动画效果，但是放映时每单击一次，只能出现一个设置好的动画，画面显得不太连贯。为了使贺卡的放映效果连贯，需要对换片方式进行设置。具体方法如下。

选择"幻灯片放映|幻灯片切换"命令，选择任务窗格中的换片方式下的"每隔"复选框，设置间隔时间为"00：05"，取消选中"单击鼠标时"复选框，设置如图 6.46 所示，保存"贺卡"幻灯片演示文稿，完成加上的创建。

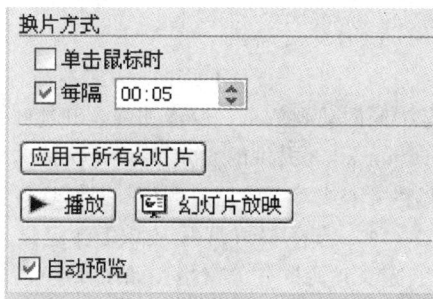

图 6.46　设置换片方式

相关知识与技能

1. 背景设置

如果演示文稿中的幻灯片无背景或背景不合适，可以进行添加或改变，操作步骤如下。

（1）选中需要设置成相同背景的幻灯片，选择"格式|背景"命令，弹出"背景"对话框，如图 6.47 所示。

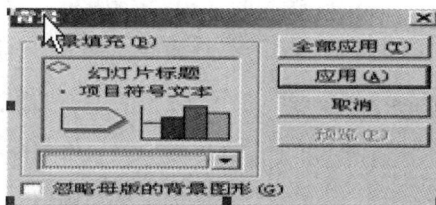

图 6.47　"背景"对话框

（2）单击对话框中"背景填充"的下拉按钮，选择自动、其他颜色或填充效果来更改背景，如图 6.48 所示。具体操作与幻灯片中文本框中填充颜色的设置相同。如果应用了设计模板，并且希望不受它的背景的影响，需选中复选框。设置完成单击"应用"按钮，则当前背景应用于选定幻灯片，单击"全部应用"按钮，则应用于整篇演示文稿中所有的幻灯片。

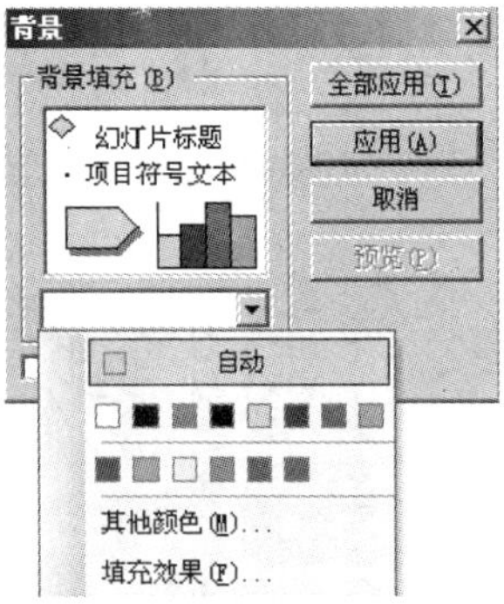

2. 动画方案

在 PowerPoint 2003 的演示文稿中，可以为幻灯片上的文本指定预设的动画，并同时附加幻灯片的换片方式。允许一张或多张幻灯片同时加上同一效果。操作步骤如下。

（1）选中一张或多张带主题文本的幻灯片。

（2）选择"幻灯片放映|动画方案"命令，弹出"幻灯片设计"任务窗格，如图 6.49 所示，从"动画方案"列表框中选择需要的动画效果。

（3）单击"播放"按钮，观察动画效果是否合适，不合适则重新选择其他的动画效果。

注意：动画方案一次改变的是整张幻灯片的所有文字效果。

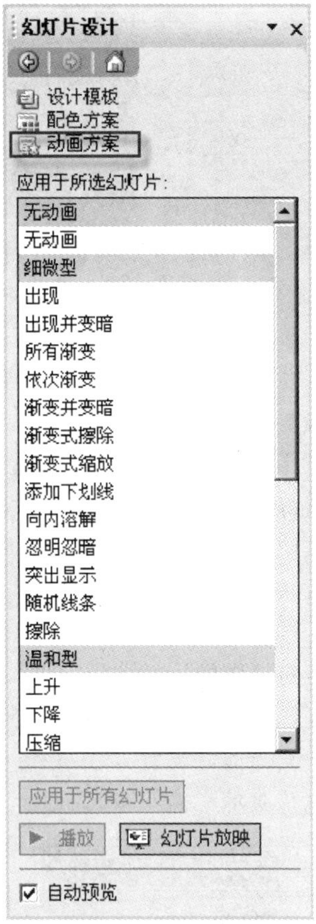

3. 自定义动画

如果想让一张幻灯片中的文本和各种对象在播放时具有不同的动画效果，以增加强调和趣味性，必须通过 PowerPoint 2003 提供的自定义动画功能来实现。用它还可以调整文本或对象的播放顺序。操作步骤如下。

（1）选择"幻灯片放映|自定义动画"命令，出现"自定义动画"任务窗格，如图 6.50 所示。

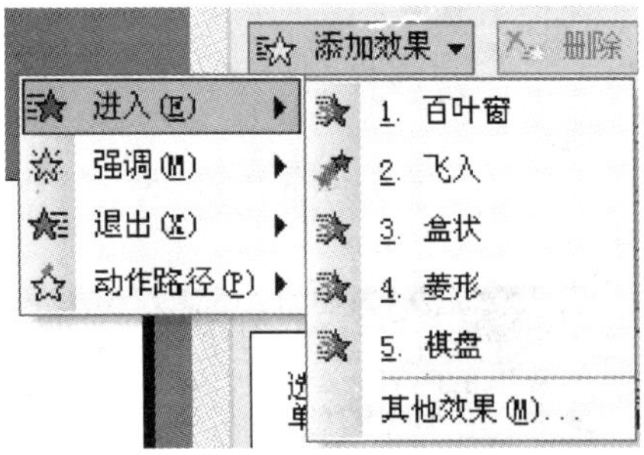

图 6.48 "背景填充"下拉列表

图 6.49 "幻灯片设计"任务窗格

图 6.50 "自定义动画"任务窗格

（2）选中幻灯片上要定义动画的元素，打开任务窗格中的"添加效果"菜单，可以设置元素的进入、强调、退出和动作路径 4 种动画效果，通过相应的子菜单来设置需要的效果。如果列出的动画方式不能满足需求，再选择"其他效果"命令，从效果列表框中选取即可。设置完成后自动添加到下面的列表框中。

（3）继续改变设置的动画效果属性，即在任务窗格中单击"开始""方向"和"速度"对应下拉按钮，如图 6.51 所示，从下拉列表中进行设置即可。在"开始"下拉列表中有"单击时""之前""之后"3 项选择，其中"单击时"表示放映幻灯片时，需通过单击鼠标而激发动画效果；"之前"表示在幻灯片放映中，当前一项动画开始时，当前动画跟随开始；"之后"表示在幻灯片放映中，当前动画完成后，前一项动画接着开始。此外，也可以通过展开"动画项目"下拉列表选择所需的开始选项，其中分别为"单击开始""从上一项开始""从上一项开始之后"，分别代表"单击时""之前""之后"。在"方向"和"速度"下拉列表中相应的选项与通常的理解相同。单击"动画效果"列表框中某项下拉按钮，还可以设置动画播放时是手动还是自动及其他进一步的设置。

（4）重复前 3 步操作来定义多个元素的动画效果，依次进入任务窗格中的列表框。在列表框中的上下排列顺序代表它们在播放时的先后顺序，通过下面的"重新排序"两边的按钮（图 6.52）来调整它们的播放顺序。

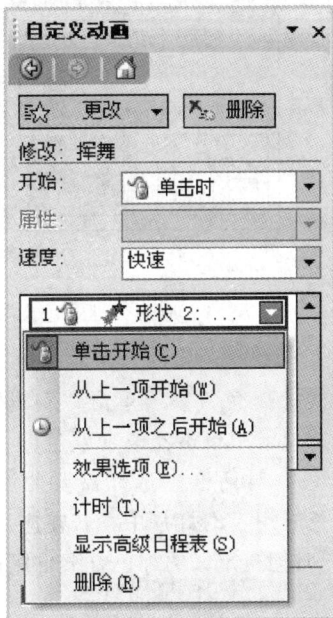

图 6.51　继续改变设置的动画效果属性　　图 6.52　调整动画效果的播放顺序

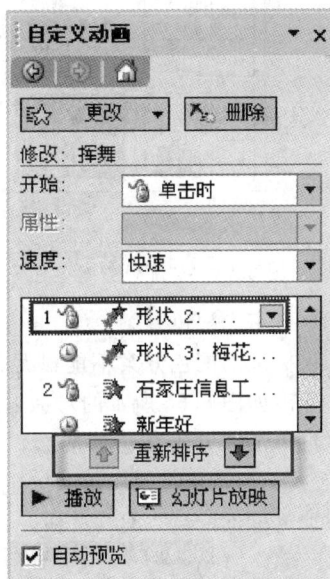

如果设置的动画效果不满意，选中列表框中项，单击上面的"修改"按钮进行修改；如果不要这些效果，可单击"删除"按钮把原设置的效果删除。

注意：幻灯片上的元素可以分别添加进入、强调、退出和动作路径 4 种动画效果。

拓展与提高

1. 配色方案

PowerPoint 2003 中提供了配色方案，它是多种协调颜色的组合，包括背景颜色、线条、文本的颜色及其他 8 种颜色，用于演示文稿中主要对象如图形、图表、表格、文本或图片的重新着色。根据不同需要，可以在同一演示文稿的不同幻灯片中应用各自的配色方案，

也可以应用相同的配色方案。

（1）选择"格式|幻灯片设计"命令，弹出"幻灯片设计"任务窗格，再单击其中的"配色方案"图标，显示出"配色方案"任务窗格，如图 6.53 所示。

（2）应用标准配色方案。

如果要应用标准的配色方案，则单击相应配色方案右侧的下拉按钮，如图 6.54 所示。选择应用范围，即可改变指定幻灯片的各部分的颜色。

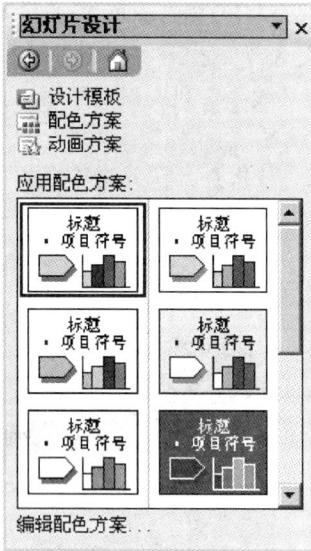

图 6.53 "配色方案"任务窗格

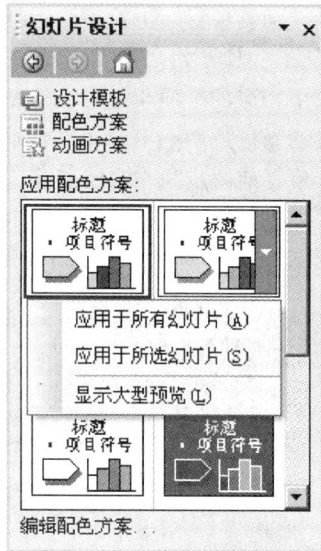

图 6.54 应用标准配色方案

（3）自定义配色方案。

如果标准的配色方案不能满足需要，还可以自定义配色方案。单击"编辑配色方案"按钮，弹出如图 6.55 所示的对话框。从"自定义"选项卡中单击需改变颜色的项目对应的色块，再单击"更改颜色"按钮，从弹出的"背景色"对话框中选择需要的颜色，单击"确定"按钮。再单击"应用"按钮，则把改变的颜色应用于幻灯片中，若在应用之前先单击"添加为标准配色方案"按钮，则在应用颜色的同时把自定义的配色方案也保存了下来。

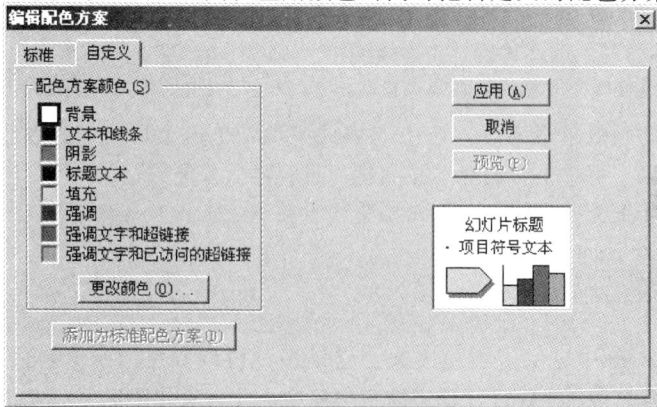

图 6.55 "编辑配色方案"对话框

（4）应用已有幻灯片的配色方案。

如果要应用已有幻灯片的配色方案，则需要在幻灯片浏览视图中完成。方法为：在幻灯片浏览视图中选中已设置好配色方案的幻灯片，单击常用工具栏上的"格式刷"按钮，再单击在幻灯片浏览视图中的目标幻灯片，即可实现配色方案的复制。

注意：双击"格式刷"可以实现多次复制，直到取消为止。具体操作与文字或段落中格式刷的使用相同。

2. 更改自定义动画

在本任务中制作的贺卡，为了显示动态效果，对贺卡中的各种对象设置了 PowerPoint 2003 预设的自定义动画效果。如果对这些设置不满意，可以对预设的自定义动画效果做修改。在图中双击序号为 2 的动画效果，会出现"上升"的对话框，在对话框中可以修改动画效果。

（1）设置"效果"选项卡。

如图 6.56，在"效果"选项卡中可分别设置动画放映时的声音、动画播放后的画面以及动画文本的发送方式。例如，如果需要使动画播放以后不显示，可以选择"播放动画后隐藏"选项；如果需要使动画逐字播放，可以选择"按字母"选项。

（2）设置"计时"选项卡。

在"计时"选项卡中可分别设置动画放映时的开始方式、延迟时间、放映速度、重复次数等内容。例如，如果需要使动画在单击时播放，可以选择"之后"选项；如果需要使动画

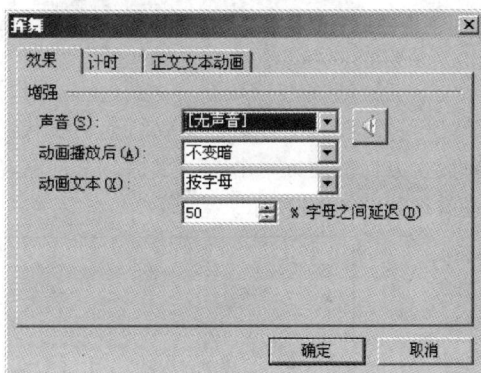

图 6.56　修改动画效果

在播放操作发生后延迟一段时间播放，可以设定延迟时间表；如果需要调整动画播放快慢，可以选择"中速""快速"等选项；如果需要重复放映次数，可以选择重复下拉列表中的某一项。

（3）设置"正文文本动画"选项卡。

在"正文文本动画"选项卡中可分别设置动画放映组合文本以什么形式放映。例如，如果需要使一个有几段的文本动画在播放时逐行显示，可以选择"按第一级段落"选项；如果要使每逐行的文本播放时有一定的时间间隔，可以选择"每隔"复选框并设置时间间隔。

3. 设置动画路径

如果对系统内置的动画路径（动画运动轨迹）不满意，可以设定动画路径。设定动画路径的方法如下。

（1）选中需要设置动画的对象，单击"添加效果"右侧的下三角按钮，选择"动作路径|绘制自定义路径"命令，选中其中的某个选项（如曲线），如图 6.57 所示。

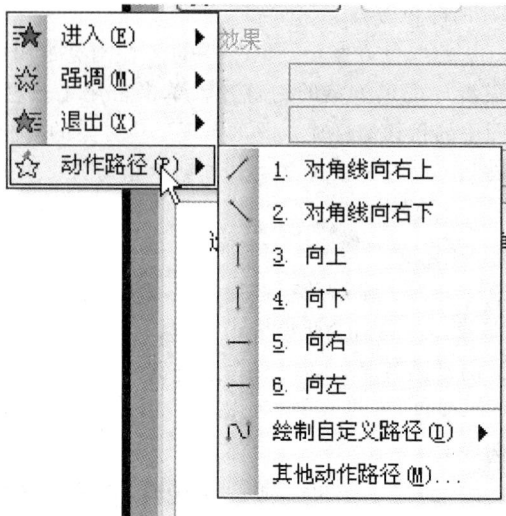

图 6.57　设置路径的菜单选项

（2）这时，鼠标指针变成细十字线状。根据需要，在工作区中描绘动画的路径。在需要变换方向的地方单击一下鼠标。全部路径描绘完成后，双击鼠标结束路径设置，路径设置效果如图 6.58 所示。

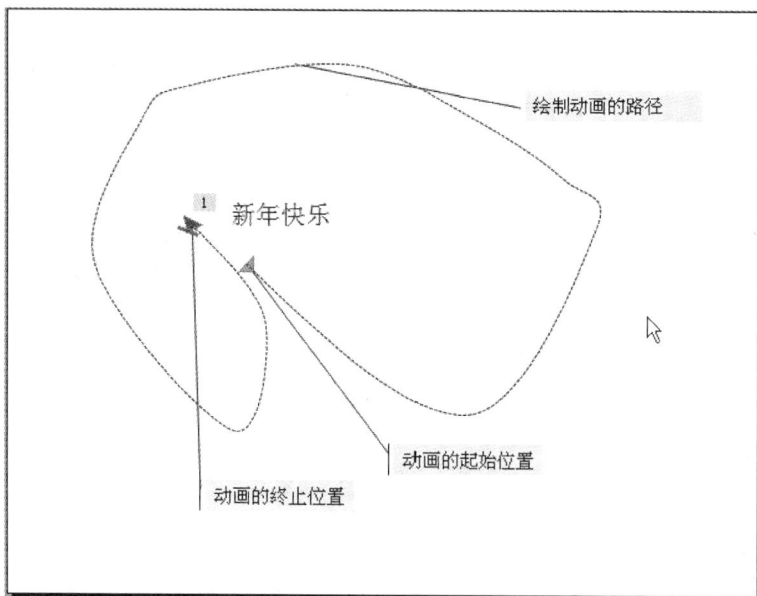

图 6.58　路径的绘制效果

如果需要描绘的路径更加准确，可选择"视图网格和参考线｜网格线和参考线"命令，打开"网络线和参考线"对话框，如图 6.59 所示，在对话框中设置相应的参数。

4．修改贺卡

贺卡制作完成后，决定对第一张贺卡进行以下两点的修改。

（1）在贺卡放映时显示学校各部门的名称并发出提示声。贺卡中的贺辞："身体健康

万事如意　财源滚滚　事业有成"4 句要行显示。

（2）在幻灯片上逐个显示以下学校部门的名称：各行政机构、基础部、计算机系、经贸系、外语系、电子商务系、会计系、管理系、印刷系、国际教育部、餐旅系。

这么多的名单在一张贺卡上同时显示，显然不太合适，可以使用动画，在相同的位置每次显示一个部门的名称，然后隐藏这个部门的名称，接着用同样的方法依次显示其余的部门的名称，并用设置动画路径确定部门名称在画面中进入和消失的位置及运行轨迹。具体方法如下。

图 6.59　"网格线和参考线"对话框

（1）在贺卡演示文稿的第一张幻灯片上添加一个横排文本框并输入各部门的名称，然后将这个文本框移到幻灯片之外的右下角，如图 6.60 所示。

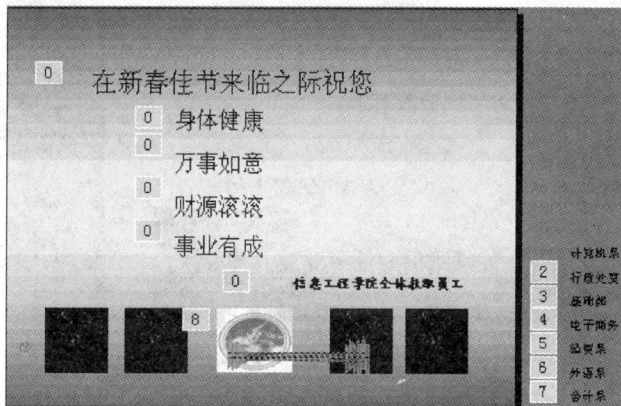

图 6.60　加入系部名称的贺卡

（2）选中含有部门名称的文本框，单击"添加效果"右侧的下三角按钮，单击"动作路径|绘制自定义路径|直线"按钮，此进鼠标变成细十字线状，在图中的合适的位置拖一根直线。

（3）在"任务列表框"窗格中双击"效果"列表中包含部门的文本框的效果，在弹出的对话框的"正文文本动画"选项卡中选择"组合文本"下拉列表的"按第一级段落"选项，效果如图 6.61 所示。

（4）将图中所有含有起始箭头的轨迹线仔细地逐根叠加放到第一根轨迹线上，如图 6.62 所示。

（5）双击图中包含部门名称的文本框的效果下拉列表，在"效果"选项卡中选择"声音"下拉列表中的"照相机"选项以及"动画播放后"下拉列表的"播放动画后隐藏"选项即可。

（6）设置循环播放并保存文件，放映设置后的效果。至此，演示文稿修改完成。

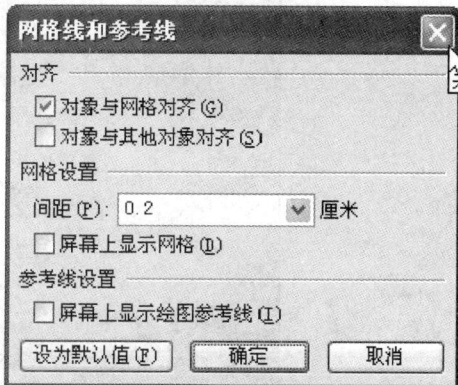

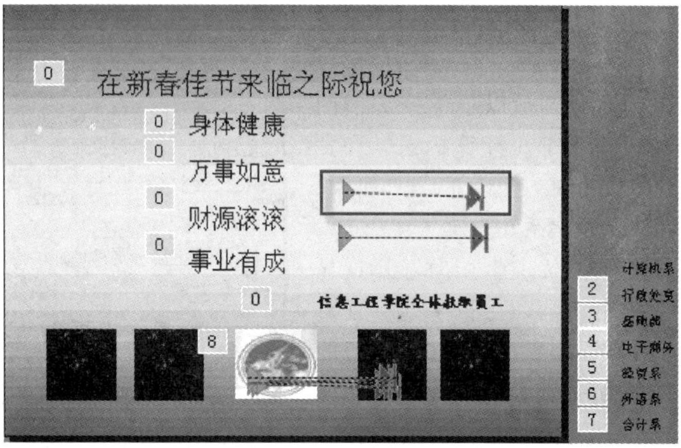

图 6.61　设置直线路径后的轨迹线

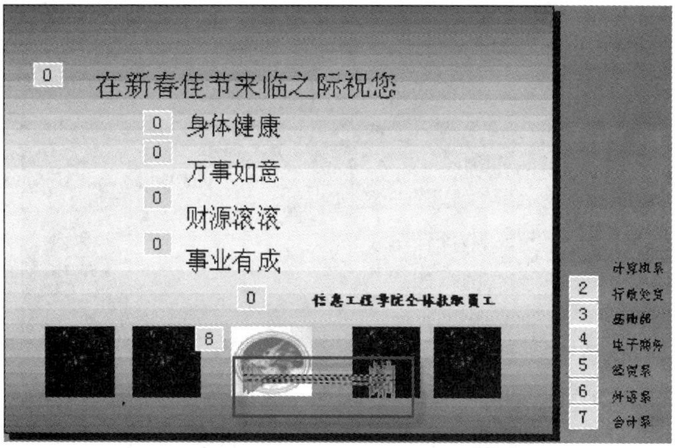

图 6.62　调整路径后的轨迹线

>>>>>>>>>>>>>>>>>>>>>>>>> 复习思考题 <<<<<<<<<<<<<<<<<<<<<<<<<

1. 设置背景与使用配色方案有什么不同？

2. 使用动画方案与自定义动画有什么不同？

3. 设置动画路径的路径指的是什么？

4. 给父母、同学、朋友、班主任、任课老师中的任何一个人或部分人制作一组（至少5张）别具一格的贺卡。要求：从网上收集资料及素材；贺卡要含有各种贺辞、图片、艺术字，含有各种动画效果、背景、图片背景，含有自定义动画路径，能循环播放。

▶ 任务三　主题报告制作——设置超级链接、添加多媒体素材

任务描述

在新产品发布会上，将由某集团销售部门做新产品发布的主题报告，向全体经销商全面介绍本次发布的新产品——诺基亚 5300。销售部希望将主题报告的内容简洁地制作成演示文稿，在发布会上使用。要求演示文稿在放映时能根据报告内容自由切换，并能在放映时调用 Word、Excel、网络资料，以增强报告的吸引力和说服力，还可以加入包含多媒体声音、视频的资料，为幻灯片添加光彩。最终制作完成的演示文稿以"主题报告.ppt"为文件名进行保存。部分演示文稿的样张如图 6.63 所示。

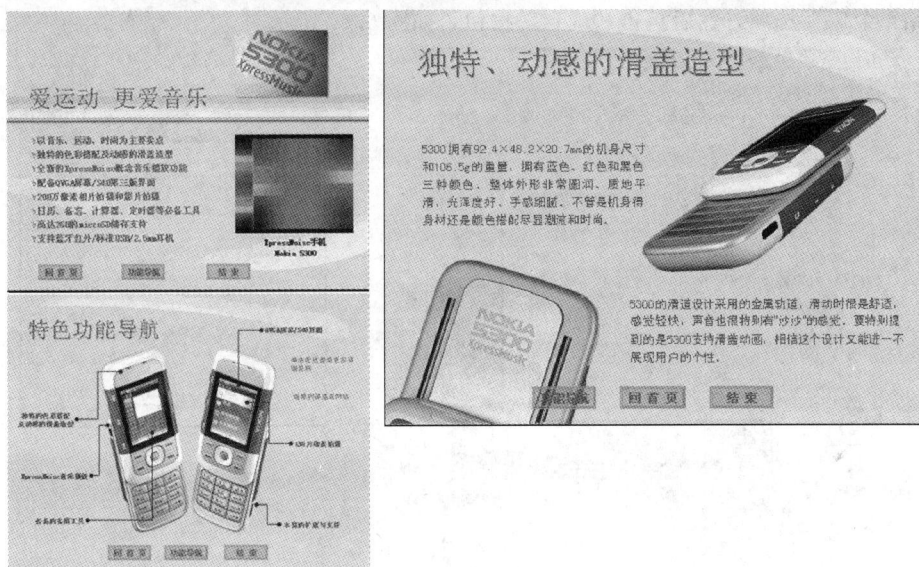

图 6.63　制作完成的演示文稿

任务分析

主题报告需要一个主题，并要围绕这个主题展开报告内容，将主题报告的主题定为"爱运动　更爱音乐"。在此主题下，将产品的介绍作为导航功能放在第二张幻灯片上，以便浏览者能快速地根据需要跳转到介绍某个功能的幻灯片上，并能够快速地返回导航界面以选择浏览其他的功能界面，如此就必须设计专门的控制按钮和导航链接，最后取消单击自动切换幻灯片的默认控制，产生完全由浏览者控制播放的演示文稿。由此得出以下结论：在每张幻灯片上加上返回首页、结束、功能导航 3 个按钮，并在每个按钮文本上设置超级链接，指向与该标题相关的幻灯片。可以在幻灯片母版上设置一组动作按钮来快速完成任务。

为使幻灯片播放时更能吸引听众的注意力，可为每张幻灯片设置合适的切换效果。

方法与步骤

1. 创建纪灯片

启动 PowerPoint 2003，按照主题报告的内容创建若干张幻灯片，在幻灯片中按主题报告的内容输入文本、插入图片。要求运用前面所学知识设计最佳的图片显示效果，为对象添加丰富多彩的动画，使演示文稿呈现多元的动态效果。并为浏览者设计一个动态的导航界面，让浏览者能由此详细地了解产品的特点和功能。

2. 修改母版

（1）选择"视图|母版|幻灯片母版"命令，在母版中删除页脚部分的所有内容。

（2）在母版页脚区域选择绘图工具栏中的"自选图形|动作按钮|自定义"命令，在页脚区域拖动绘制按钮图案，随之打开"动作设置"对话框，在"超链接到"下拉列表中选择"结束放映"选项，然后单击"确定"按钮，如图 6.64 所示。

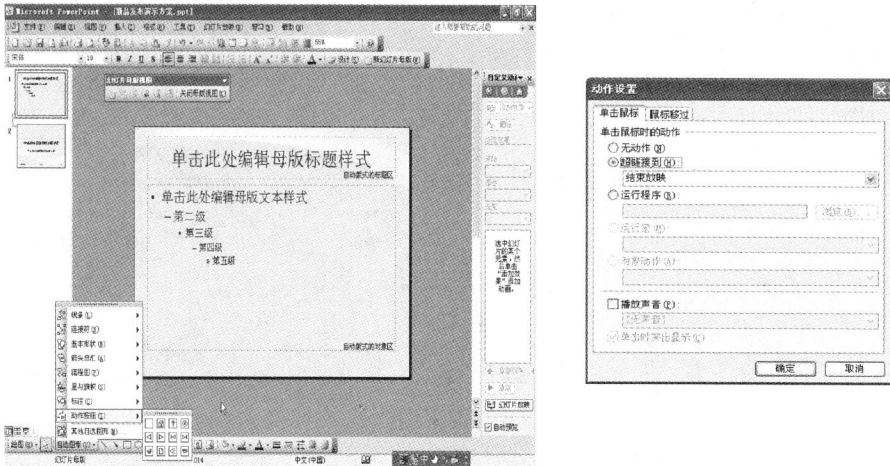

图 6.64　绘制按钮图案

（3）双击按钮图形打开"设置自选图形的格式"窗口，设置按钮的填充色和线条颜色，本任务中设置填充色为"橘色"，透明度为 60%，线条颜色为"橘红色"，粗细为"0.25磅"。

（4）在按钮中输入文字"结束"，并设置其字体为"华文新魏"、大小为"16"，样式为"粗体"、颜色为"橘红色"。

（5）在母版页脚区域选择绘图工具栏中的"自选图形|动作按钮|自定义"命令，在页脚区域拖动绘制按钮图案，随之打开"动作设置"对话框，在"超链接到"下拉列表中选择"幻灯片"选项，打开"超链接到幻灯片"对话框，选择"爱运动　更爱音乐"选项，然后单击"确定"按钮，在按钮中输入文字"回首页"，如图 6.65 所示。

（6）使用与上一步同样的方法再制作一个按钮，并修改文字为"功能导航"，同时修改其动作链接至"特色功能导航"幻灯片。关闭母版视图。

设置了超链接后，在幻灯片放映时，单击按钮上的文字，能快速地切换到与之相应的幻灯片上。

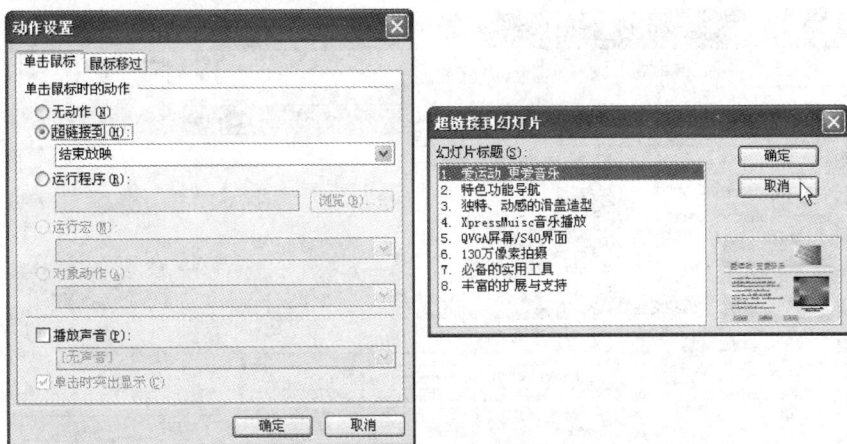

图 6.65　超链接到"爱运动 更爱音乐"幻灯片

3. 在幻灯片中链接 Word 文档

在第 2 张特色功能导航幻灯片的右侧，如图 6.66 所示，有一行文本提示："单击此处查看更详细资料"。通过为该提示文本设置超链接，可以在幻灯片放映时，单击此提示文本而直接打开被链接的 Word 文档。

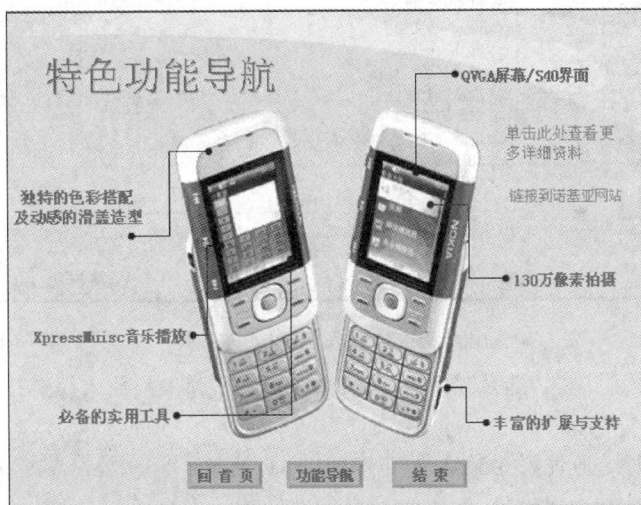

图 6.66　特色功能导航幻灯片

（1）选中该提示文本，选择"插入|超链接"命令，弹出"插入超链接"对话框，如图6.67 所示。

（2）选择素材文件中相应的"nokia.doc"文件，单击"确定"按钮，完成超链接设置。

4. 在幻灯片中链接网页

在第 2 张特色功能导航幻灯片的右侧，如图 6.66 所示，还有一行文本提示："链接到诺基亚网站"。通过为该提示文本设置超链接，可以在幻灯片放映时，单击此提示文本而直接打开被链接的网页。

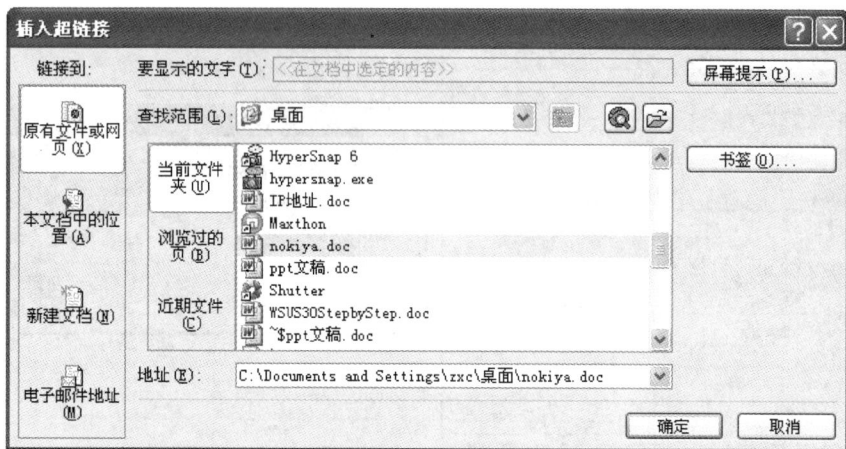

图 6.67　"插入超链接"对话框

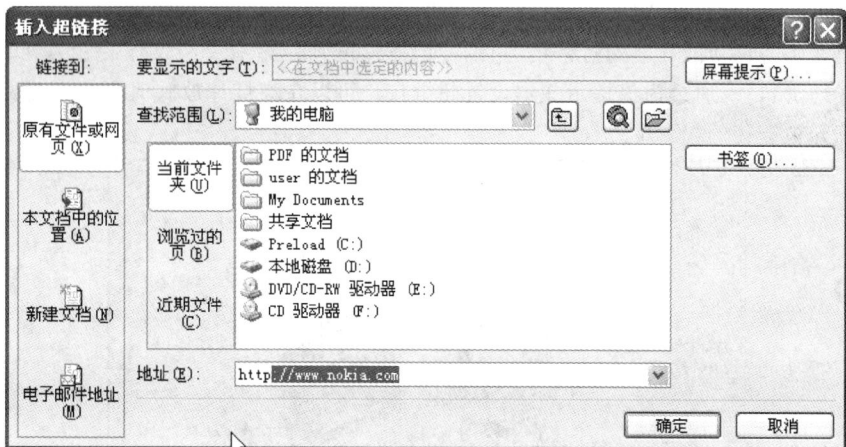

图 6.68　"插入超链接"对话框

（1）选中该提示文本，选择"插入|超链接"命令，弹出"插入超链接"对话框，如图 6.68 所示。

（2）在对话框的地址栏中输入要链接的 URL 地址：http：//www. nokia. com，单击"确定"按钮，完成超链接设置。

5．制作导航功能

本小节在第 2 张幻灯片中编排了多个文本框，并绘制了连接线，将文本资料与相机图案中的相应部分连接起来，然后为各文本设置动作，链接至介绍手机的不同功能的幻灯片中，完成一个产品功能导航界面的设计，结果如图 6.69 所示。

注：图 6.69 中的手机图片以及连接符都设置了相应的动画效果。效果可参照所给资料。

设置方法：选择其中一个文本框，再选择"幻灯片放映|动作设置"命令，在弹出的"动作设置"对话框中，从"超链接到"下拉列表中选择幻灯片，弹出"超链接幻灯片"对话框，选择需要链接的相应的幻灯片名称，然后单击"确定"按钮，如图 6.70 所示。

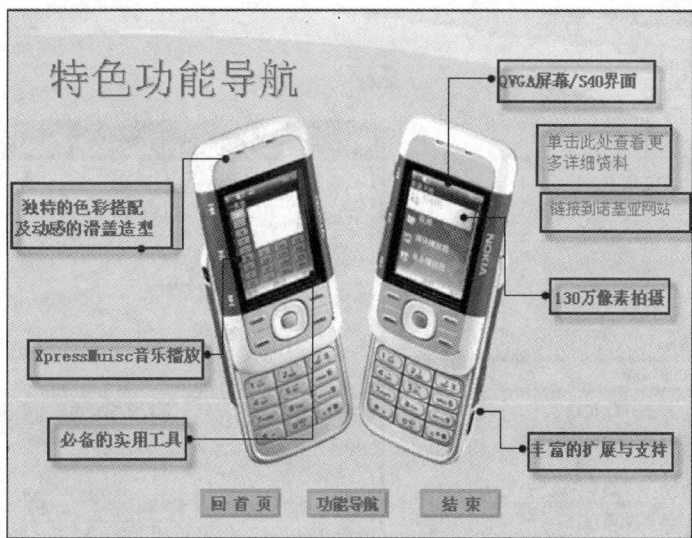

图 6.69　产品功能导航设计幻灯片

按照相同的办法将其他的文本框链接到相应的幻灯片。

6. 在幻灯片中插入多媒体

（1）选择第一张幻灯片，选择"插入|影片和声音|文件中的声音"命令，选择素材文件中的"2008.mp3"文件后将弹出如图 6.71 所示的提示对话框。

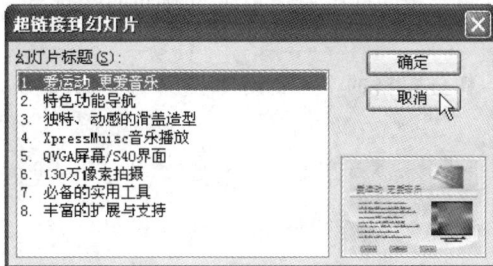

图 6.70　"动作设置"对话框

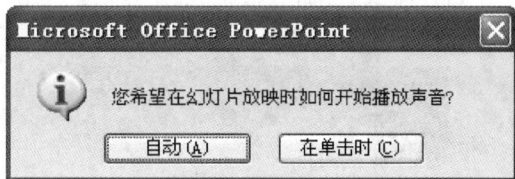

图 6.71　插入声音文件时的提示对话框

（2）由于要求放映幻灯片时自动播放这个背景音乐，在此对话框中单击"自动"按钮。

（3）此时在第一张幻灯片中有个喇叭图标，在放映时将显示这个图标，需要通过设置使幻灯片放映时隐藏这个图标（提示：如果在图 6.71 中单击"在单击时"按钮，则幻灯片放映时需要单击喇叭图标才能播放声音）。

（4）选择"幻灯片放映"→"自定义动画"命令，打开"自定义动画"任务窗格。插入的声音文件出现在任务窗格的效果列表中，单击效果列表框中的"2008.mp3"，在弹出的选项中选择"效果选项"选项，如图 6.72 所示。

（5）选择"效果选项"选项之后弹出"播放声音"对话框，为使幻灯片播放时背景音乐延续到最后一张幻灯片放完时停止，在"停止播放"区域选择并设置"在 8 张幻灯片后"。为使播放动画时隐藏喇叭图标，选择"动画播放后"下拉列表中的"播放动画时隐藏"选项，如图 6.73 所示。

图 6.72 "自定义动画"任务窗格

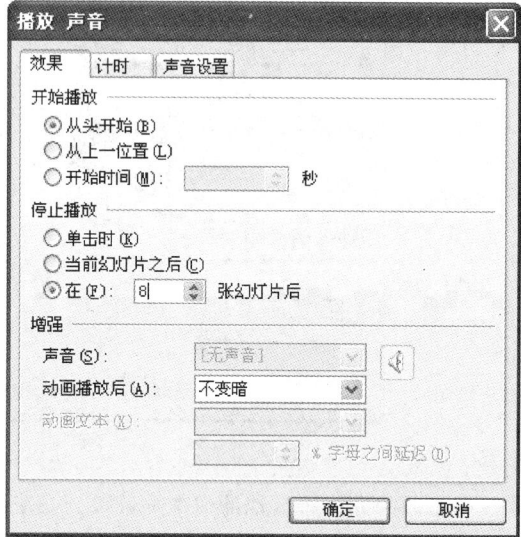

图 6.73 "播放声音"对话框

7. 设置幻灯片切换

演示文稿放映时，设置合适的幻灯片换片切换方式，可以有效地吸引观众的注意力。幻灯片切换可以全部设置，也可以单张设置。

（1）选择"幻灯片放映|幻灯片切换"命令，任务窗格的上半部分如图 6.74 所示，任务窗格的下半部分如图 6.75 所示。

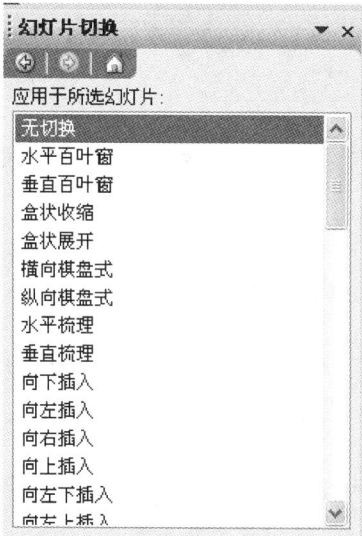

图 6.74 "幻灯片切换"任务窗格的上半部分

图 6.75 "幻灯片切换"任务窗格的下半部分

（2）在图 6.74 中选择一个效果，本任务选择的是"水平百叶窗"切换效果。

（3）在图 6.75 中选择合适的速度，本任务选择的是"慢速"，单击"应用于所有幻灯片"按钮。

注意：如果要单张设置幻灯片切换，只要逐张选择幻灯片，然后在图中逐一选择切换效果就可以了。

相关知识与技能

一、幻灯片母版

每一篇演示文稿都有幻灯片母版，它是一类特殊的幻灯片，可以用来定义整个演示文稿中除标题幻灯片外的所有幻灯片的格式。如果要改变演示文稿的整体外观，如在除标题幻灯片外的所有幻灯片中应用某些特殊格式或插入某些对象，只要在幻灯片母版上修改即可，改变将应用于本演示文稿中除标题幻灯片外的所有幻灯片，而不用逐张去修改。

幻灯片母版的显示方式有以下两种。

（1）选择"视图|母版|幻灯片母版"命令。

（2）按住 Shift 键，在除幻灯片放映视图下的任意其他视图下，原"普通视图"按钮变为"幻灯片母版视图"按钮，单击此按钮即可。

幻灯片母版的样式如图 6.76 所示。

在默认情况下其中包含标题区、对象区、日期区、页脚区和数字区 5 个占位符，功能分别如表 6-1 所示。

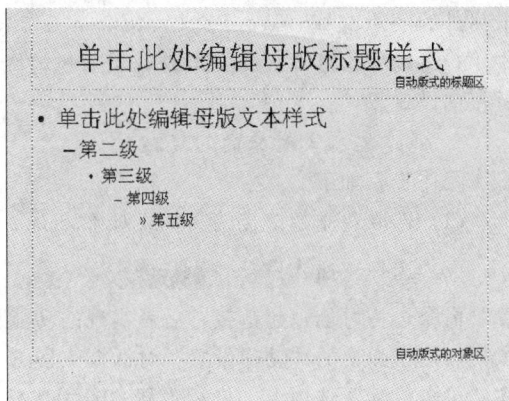

图 6.76　幻灯片母版

表 6-1　各占位符的功能

占位符	功能
标题区	设置演示文稿所有幻灯片中的标题文字的格式、大小和位置
对象区	设置演示文稿所有幻灯片中所有对象的文字格式、大小和位置，项目符号的风格
日期区	为演示文稿的每一张幻灯片自动添加日期，并指定日期文字的位置、字号和字体
页脚区	为演示文稿中的每一张幻灯片自动添加页脚，并指定页脚文字的位置、字号和字体
数字区	为演示文稿中的每一张幻灯片自动添加序号，并指定序号文字的位置、字号和字体

更改幻灯片母版格式时的操作方法和在幻灯片视图下对一般对象的操作完全相同，修改完成后，单击"幻灯片母版视图"工具栏（图 6.77）上的"关闭母版视图"按钮即可。

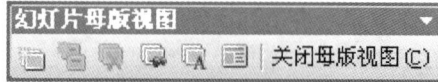

图 6.77　幻灯片母版视图工具栏

注意：如果只想改变演示文稿中个别幻灯片中的效果，则不要修改幻灯片母版效果，否则此效果将应用于整个演示文稿中的所有幻灯片以及基于本母版而生成的其他演示文稿中的幻灯片。

除幻灯片母版外，PowerPoint 2003 还提供了标题母版、讲义母版和备注母版，修改时的操作方法和幻灯片母版基本相同，这里不再赘述。

二、创建超级链接

在演示文稿的放映中，可以通过超级链接来实现与当前演示文稿中的另外一张幻灯片或另外的演示文稿、Word 文档、Excel 工作表、Internet 地址间的跳转。PowerPoint 2003 中用户可以为幻灯片上的文本或对象创建超级链接，也可以通过插入动作按钮来完成超级链接的设置。

1. 创建文本或对象的超级链接

操作步骤如下。

（1）选取建立超链接的文本或对象。

（2）选择"插入｜ 超链接(I)… Ctrl+K "命令，或选择"幻灯片放映｜动作设置"命令，均可创建超链接。后者实现的功能更多，这里以后者为例进行讲解。

（3）在弹出的"动作设置"对话框（图 6.78）中，若用单击鼠标来启动超级链接，则在"单击鼠标"选项卡中进行设置；若用鼠标移动来启动，则在"鼠标移动"选项卡中进行设置；如果对一个对象设置两种效果，则两个选项卡都设置。

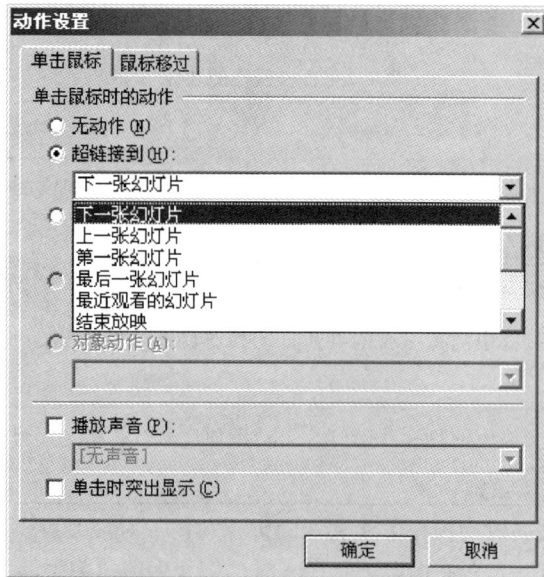

图 6.78　"动作设置"对话框

（4）选中"超链接到"单选按钮，再单击"下一张幻灯片"下拉按钮，从下拉列表中选择要跳转的目标。如果是链接到其他幻灯片，最好再从其他幻灯片链接回来。

（5）若是想运行某一程序，可选中"运行程序"单选按钮，再单击"浏览"按钮，从对话框中选需要运行的程序文件，单击"确定"按钮后返回。

（6）若在超链接时要播放声音，则选中"播放声音"复选框，并从下拉列表中选择合适的声音。

（7）单击"确定"按钮，完成创建。

如果需要修改和删除超链接，仍要选中原创建时的源文本或源对象，重新进行动作设置。

注意：删除源文本或对象时，会连同超链接一并删除。

2. 插入动作按钮

在 PowerPoint 2003 中提供了一组动作按钮，这些按钮都预先定义了特定的功能，如："开始""上一张""下一张""结束"等，共有 12 种按钮，需要哪一种直接插入即可。具体操作步骤如下。

（1）在幻灯片视图中，切换到要插入动作按钮的幻灯片为当前幻灯片，选择"幻灯片放映|动作按钮"命令下的合适按钮选项，如图 6.79 所示。

（2）在幻灯片中的合适位置拖动鼠标画出按钮并同时打开"动作设置"对话框，如图 6.80 所示，单击"确定"按钮即可。若插入的是自定义的按钮或原按钮动作设置不合适，则直接按需要设置好后再确定。设置方法与前边介绍的动作设置相同。

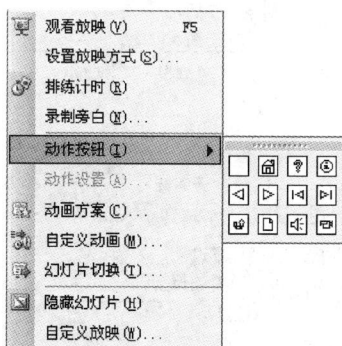

图 6.79　选择合适的动作按钮　　　　图 6.80　"动作设置"对话框

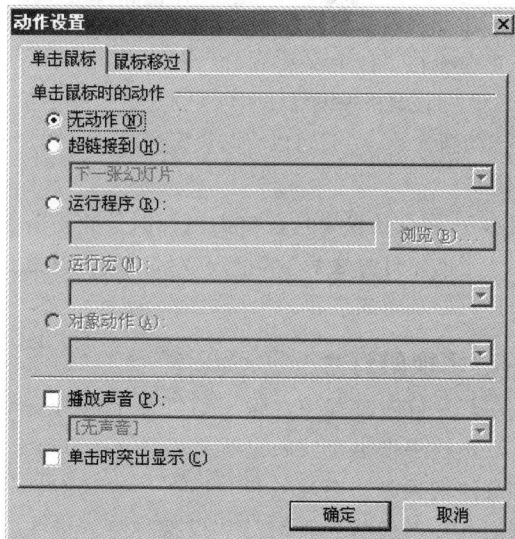

注意：不需要的动作按钮可直接删除，按钮删除后动作也就不存在了。

三、添加多媒体声音、视频文件

PowerPoint 2003 提供了强大的音视频处理功能，能够将外部的音视频文件快速地插入幻灯片。

（1）使用"插入|影片和声音"命令来插入声音，声音文件可以是扩展名为 .mp3，.mid 等格式的音频文件，视频文件可以是扩展名为 .mpg，.wmv 等格式的文件。在插入之前，系统将出现询问提示框，询问希望如何播放声音或影片。

（2）如果希望声音或视频文件在幻灯片放映时自行播放，单击"自动"按钮。这时如果幻灯片上没有其他媒体效果，则会在显示幻灯片之后播放声音或影片。如果幻灯片上已有其他效果（如动画、声音、视频），则会在播放这些效果之后再播放声音或视频。

（3）如果希望在单击幻灯片上的声音图标或影片区域时播放声音或影片，可单击"在单击时"按钮。

（4）设置了声音或影片播放播放方式之后，如果需要改变它，可以更改"自定义动画"任务窗格中的设置。

（5）如果在同一张幻灯片上插入其他声音，则声音图标会交叠在一处。如果计划通过单击每个声音的图标来播放它，需要在插入声音之后拖动它们的图标，使其互相分离。

（6）连续播放声音。

在插入声音文件之后，可能不需要进行任何操作。如果插入的声音文件很短，在按照所设置的方式进行播放时，它瞬间会停止。

但是如果插入的声音文件是音乐片段，但希望在单击其他对象时，在幻灯片中连续播放这些声音或在幻灯片结束后仍播放，需要设置停止选项，指定应当在何时停止它。否则它将在下次因某种原因而单击该幻灯片时停止。

停止选项在"自定义动画片"任务窗格中，如图 6.51 所示。可以在该窗格中设置许多声音选项，这是由于此处的声音相当于动画效果，并且可以将其设置为与动画和其他媒体效果配合播出。

图 6.51 中默认设置是在单击鼠标时停止声音。另外两个选项"当前幻灯片之后""指定数量的幻灯片之后"会在满足条件时停止播放声音。

四、切换幻灯片

在幻灯片放映过程中，除了幻灯片上的每一个元素可以设置动画效果来丰富放映过程外，PowerPoint 2003 还提供了幻灯片切换时的出现效果，即由一张幻灯片切换到另一张幻灯片时使另一张幻灯片以某种特殊效果出现。具体操作步骤如下。

（1）在幻灯片浏览视图下，按住 Ctrl 或 Shift 键选定几张要设置成相同换片方式的幻灯片。

（2）选择"幻灯片放映|幻灯片切换"命令，出现"幻灯片切换"任务窗格，如图 6.81 所示。从"应用于所选幻灯片"的列表框中选择需要的切换方式，并在"速度"和

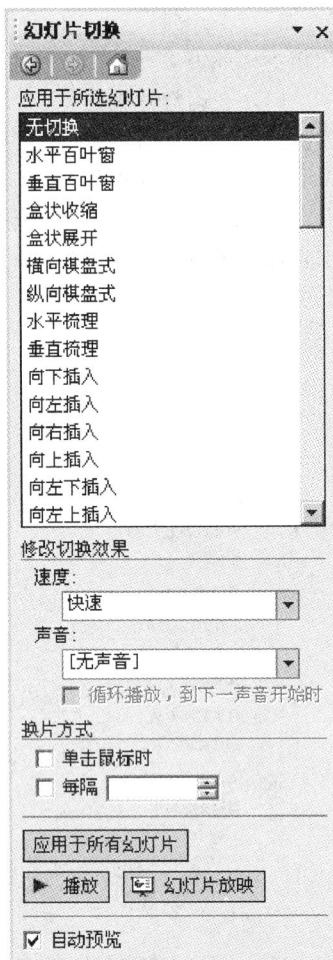

图 6.81　"幻灯片切换"
任务窗格

"声音"下拉列表中进行合适的设置。

（3）在"换片方式"选项区域中设置手工换片还是间隔多长时间自动换片，如果是自动，需设置间隔的时间长度。

（4）重复前3步的操作，继续设置其他的幻灯片换片方式。若演示文稿中的所有幻灯片同时应用相同的换片方式，可单击"应用于所有幻灯片"按钮。

注意：如果想取消已经设置的换片方式，选择"应用于所选幻灯片"的列表框中的"无切换"选项，此时在此选取的幻灯片就没有任何换片方式了。

五、设置放映方式

处于不同的放映环境需要不同的放映方式，PowerPoint 2003 为用户提供演讲者放映（全屏幕）、观众自行浏览（窗口）和在展台浏览（全屏幕）3种方式。

（1）演讲者放映（全屏幕）方式下，以全屏幕显示幻灯片，演讲者具有完全的控制权，可以采用自动或人工两种方式进行放映，其间可以暂停放映，也可添加会议记录和即时反映。

（2）观众自行浏览（窗口）方式下，将以小型窗口播放演示文稿，可以通过按 Page Down 或 Page Up 键向下或向上翻动幻灯片，也可以通过提供的工具栏进行控制。

（3）在展台浏览（全屏幕）方式下，自动进行演示文稿播放，若要使用这种方式，用户必须设置排练时间，否则幻灯片播完后5分钟会自动重播，永远播放第一张。

设置放映方式的具体操作步骤如下。

（1）选择"幻灯片放映|设置放映方式"命令，弹出"设置放映方式"对话框，如图6.82 所示。

（2）根据具体情况，在对话框中设置需要的放映类型、放映幻灯片范围、放映选项、换片方式以及放映时绘图笔的颜色。

（3）单击"确定"按钮，即完成放映方式的设置。

注意："显示状态栏"复选框只是针对于观众自行浏览（窗口）方式来设置的。

六、放映幻灯片

对于幻灯片的一系列设置操作完成之后就可以进行演示了，启动放映的方法有4种，分别如下所列。

（1）选择"幻灯片放映|观看放映"命令。

（2）选择"视图|放映幻灯片"命令。

（3）按 F5 键。

（4）单击屏幕左下方的"幻灯片放映"按钮。

其中前3种方法均从当前演示文稿的第一张幻灯片开始放映，最后一种方法是从本演示文稿的当前幻灯片开始播放。放映时可以通过鼠标或键盘对放映过程进行控制，也可以在屏幕的任意位置单击鼠标右键，通过快捷菜单进行控制。

幻灯片放映时的快捷键及功能如表6-2所示。

图 6.82 "设置放映方式"对话框

表 6-2 快捷键及其功能

快捷键	功能
N、回车或空格键	进入下一张幻灯片
P 或退格键	返回上一张幻灯片
B	黑屏或从黑屏返回幻灯片放映
W	白屏或从白屏返回幻灯片放映
S	停止或重新启动自动幻灯片放映
Esc	退出幻灯片放映
E	擦除屏幕上的注释
H	切换
Ctrl＋P	将鼠标指针转换成绘图笔
Ctrl＋A	将绘图笔转换成鼠标指针
Shift＋F10	显示快捷菜单

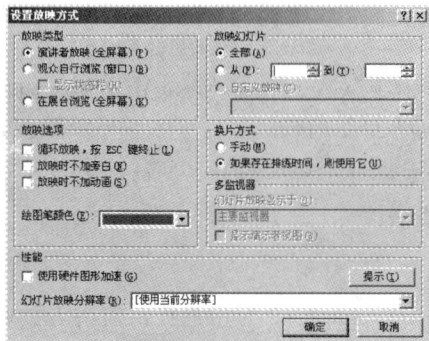

注意：如果已经设置了放映方式，则播放时按设置的放映方式进行播放。

拓展与提高

一、打包

如果制作完成的演示文稿需要到其他的计算机上进行放映，为了防止因计算机的环境不同而在放映时改变放映效果或出现错误，用户可以用 PowerPoint 2003 提供的打包功能把演示文稿进行打包。这时将会把演示文稿、字体及播放器打包到一起，复制到目标计算机上后，即使没有安装 PowerPoint 2003，也可以正常地放映演示文稿。

本操作包括两个阶段：打包和解包。

1. 打包成 CD

具体操作步骤如下。

（1）打开需要打包的演示文稿。

（2）选择"文件|打包成 CD"命令，弹出"打包成 CD"对话框，如图 6.83 所示。

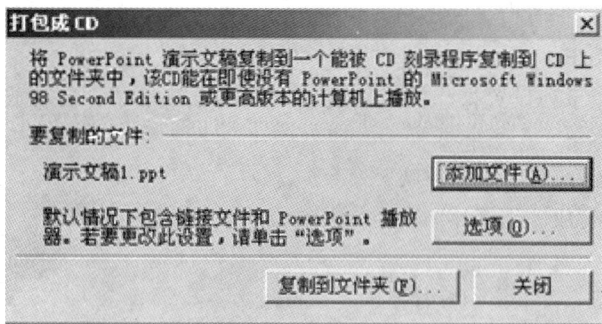

图 6.83 "打包成 CD"对话框

（3）如果要把除本演示文稿外的其他文件同时打包到一个压缩文件，需单击"添加文件"按钮，从弹出的"添加文件"对话框（图 6.84）中选择要添加的文件，单击"添加"按钮。

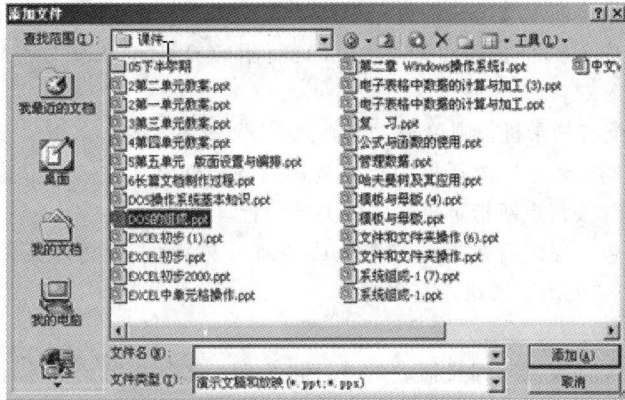

图 6.84 "添加文件"对话框

含有多个文件时还需要设置播放顺序，如图 6.85 所示。

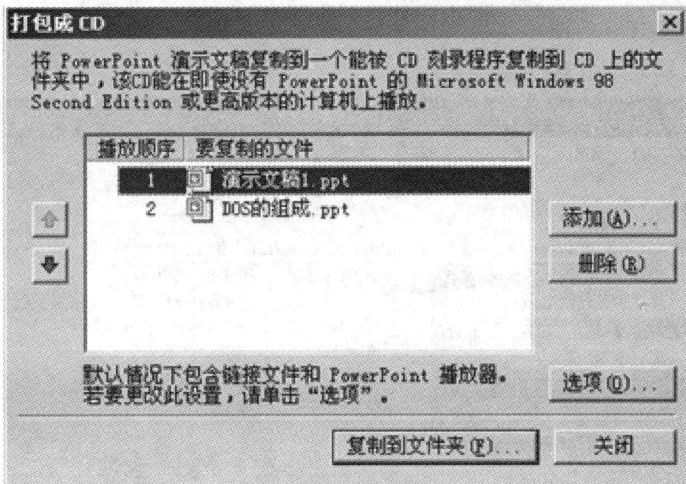

图 6.85 设置播放顺序

（4）单击"选项"按钮，从弹出的"选项"对话框（图 6.86）中选中"PowerPoint 播

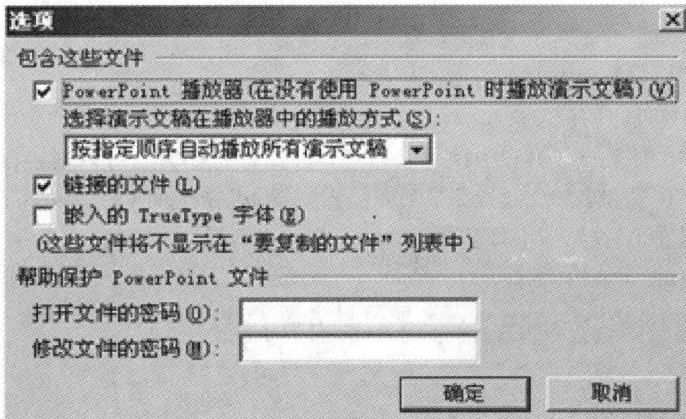

图 6.86 "选项"对话框

放器"复选框,并指定演示文稿在播放器中的播放方式;如果有链接的文件和 TureType 字体,同样需选中对应复选框。还可以为演示文稿指定打开和修改的密码。单击"确定"按钮。

(5) 若计算机配有刻录机,则单击"复制到 CD"按钮,否则单击"复制到文件夹"按钮,在弹出的"复制文件夹"对话框中指定复制到的文件夹名称和位置。如果不是默认位置时要单击"浏览"按钮重新指定复制文件夹的位置。单击"选择"按钮,再单击"确定"按钮,程序开始打包,完成后在指定位置生成"演示文稿 CD"文件夹。返回到"打包成CD"对话框,单击"关闭"按钮,完成打包。

2. 解包

把打包生成的文件夹复制到要播放的计算机上后,必须进行解包才能被正常播放,具体操作步骤如下。

(1) 找到并打开演示文稿文件夹窗口,如图 6.87 所示。

(2) 双击"pptview. exe"图标,运行"Microsoft Office PowerPoint 2003 Viewer",并从对话框中选择需要打开的演示文稿文件,单击"打开"按钮;或直接运行"play. bat",都可以进行演示文稿的播放。

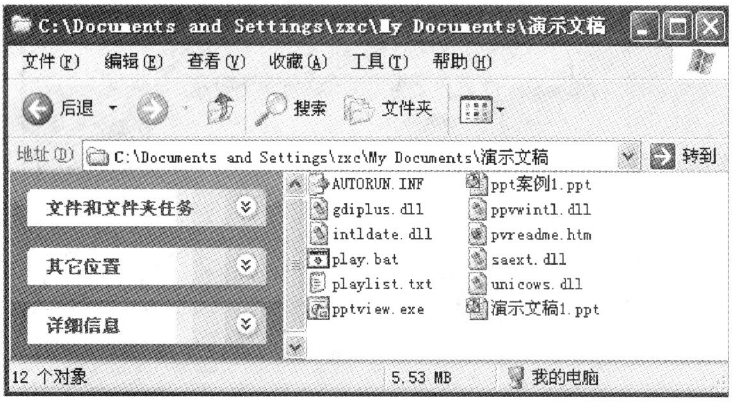

图 6.87　演示文稿文件夹窗口

二、网上发布

如果需要在网上发布演示文稿,必须将演示文稿转换成 HTML 格式,才能通过浏览器观看演示文稿的内容。网上发布的操作步骤如下。

(1) 打开需要发布的演示文稿。

(2) 选择"文件"→"另存为网页"命令,弹出"另存为"对话框,在"另存为"对话框中设置保存位置和名称。设置完成后,单击"发布"按钮即可实现发布。

这样就可以在 IE 浏览器中打开并观看演示文稿中的幻灯片放映了。

>>>>>>>>>>>>>>>>>>>>>>>>>> 复习思考题 <<<<<<<<<<<<<<<<<<<<<<<<<<

1. 本任务中为什么要在母版中设置超级链接?

2. 如何改变超级链接的字体颜色？

3. 动画方案与幻灯片切换有什么区别？

4. 动作设置和动作按钮的操作结果有何区别？

5. 自己任选一门所学课程，制作一个教学演示文稿。要求演示文稿中要有图片、超级链接、动作按钮、幻灯片切换方式，幻灯片的数量在 10 张以上。

▶ PowerPoint 2003 综合实训

为了使学生巩固 PowerPoint 部分所学知识，进一步提高对 PowerPoint 文档的操作水平与技巧，增强灵活运用所学知识解决实际问题的能力，特制定本实训项目。要求如下：

（1）幻灯片排版合理、色彩搭配协调。

（2）演示文稿内容健康、主题明确、风格统一，至少 8 页。

（3）使用字体设置、段落设置、艺术字、图片插入、动画功能（能设置动画、能使用自定义动画）、多媒体素材（能使用音频/视频、能设置音频/视频播放）、设置动作、链接文件、页面切换、图表等功能。

（4）将作业和使用的音乐文件或视频文件放在同一个文件夹中。